园林工程管理**必读书系**

# 园林工程监理
# 从入门到精通

YUANLIN GONGCHENG JIANLI
CONG RUMEN DAO JINGTONG

宁平 主编

化学工业出版社

·北京·

本书有针对性地阐述园林工程建设监理的理论及各阶段的监理方法。全书主要内容包括工程建设监理相关知识，园林工程项目投资控制监理，园林土方工程施工现场监理，园林道路、桥梁工程施工现场监理，园林绿化工程施工现场监理，园林给排水工程监理，园林水景工程监理，园林假山、叠石工程施工现场监理等。本书语言通俗易懂，体例清晰，具有很强的实用性和可操作性，既可供园林工程监理人员、园林工程施工人员工作时参考，也可供高等学校园林工程等相关专业师生学习使用。

**图书在版编目（CIP）数据**

园林工程监理从入门到精通/宁平主编．—北京：化学工业出版社，2017.5（2019.1重印）

（园林工程管理必读书系）

ISBN 978-7-122-29168-4

Ⅰ.①园⋯ Ⅱ.①宁⋯ Ⅲ.①园林-工程施工-施工监理 Ⅳ.①TU986.3

中国版本图书馆 CIP 数据核字（2017）第 038712 号

责任编辑：董　琳　　　　　　　　　　　　文字编辑：谢蓉蓉
责任校对：宋　夏　　　　　　　　　　　　装帧设计：韩　飞

出版发行：化学工业出版社（北京市东城区青年湖南街 13 号　邮政编码 100011）
印　　装：北京虎彩文化传播有限公司
787mm×1092mm　1/16　印张 13½　字数 326 千字　2019 年 1 月北京第 1 版第 2 次印刷

购书咨询：010-64518888　　　　　　　　售后服务：010-64518899
网　　址：http://www.cip.com.cn
凡购买本书，如有缺损质量问题，本社销售中心负责调换。

定　　价：58.00 元

# 编写人员

主　　编　　宁　平

副 主 编　　陈远吉　　李　娜　　李伟琳

编写人员　　宁　平　　陈远吉　　李　娜　　李伟琳

张　野　　张晓雯　　吴燕茹　　闫丽华

马巧娜　　冯　斐　　王　勇　　陈桂香

宁荣荣　　陈文娟　　孙艳鹏　　赵雅雯

高　微　　王　鑫　　廉红梅　　李相兰

随着国民经济的飞速发展和生活水平的逐步提高，人们的健康意识和环保意识也逐步增强，大大加快了改善城市环境、家居环境以及工作环境的步伐。园林作为城市发展的象征，最能反映当前社会的环境需求和精神文化的需求，也是城市发展的重要基础。高水平、高质量的园林工程是人们高质量生活和工作的基础。通过植树造林、栽花种草，再经过一定的艺术加工所产生的园林景观，完整地构建了城市的园林绿地系统。丰富多彩的树木花草，以及各式各样的园林小品，为我们创造出典雅舒适、清新优美的生活、工作和学习的环境，最大限度地满足了人们对现代生活的审美需求。

在国民经济协调、健康、快速发展的今天，园林建设也迎来了百花盛开的春天。园林科学是一门集建筑、生物、社会、历史、环境等于一体的学科，这就需要一大批懂技术、懂设计的专业人才，来提高园林景观建设队伍的技术和管理水平，更好地满足城市建设以及高质量地完成景观项目的需要。

基于此，我们特组织一批长期从事园林景观工作的专家学者，并走访了大量的园林施工现场以及相关的园林管理单位，经过了长期精心的准备，编写了这套丛书。

与市面上已出版的同类图书相比，本套丛书具有如下特点。

（1）本套丛书在内容上将理论与实践结合起来，力争做到理论精炼、实践突出，满足广大园林景观建设工作者的实际需求，帮助他们更快、更好地领会相关技术的要点，并在实际的工作过程中能更好地发挥建设者的主观能动性，不断提高技术水平，更好地完成园林景观建设任务。

（2）本套丛书所涵盖的内容全面真正做到了内容的广泛性与结构的系统性相结合，让复杂的内容变得条理清晰、主次明确，有助于广大读者更好地理解与应用。

（3）本套丛书图文并茂，内容翔实，注重对园林景观工作人员管理水平和专业技术知识的培训，文字表达通俗易懂，适合现场管理人员、技术人员随查随用，满足广大园林景观建设工作者对园林相关方面知识的需求。

本套丛书可供园林景观设计人员、施工技术人员、管理人员使用，也可供高等院校风景园林等相关专业的师生使用。本套丛书在编写时参考或引用了部分单位、专家学者的资料，并且得到了许多业内人士的大力支持，在此表示衷心的感谢。限于编者水平有限和时间紧迫，书中疏漏及不当之处在所难免，敬请广大读者批评指正。

丛书编委会
**2017 年 1 月**

## 第一章

# 工程建设监理相关知识

## 第一节　工程招投标的基本知识

### 一、　工程建设监理的定义

建设工程监理，是指针对工程项目建设，工程建设监理单位接受业主的委托和授权，根据国家批准的工程项目建设文件与有关工程建设的法律、法规和建设工程委托监理合同，以及其他建设工程合同所进行的旨在实现项目投资目的的微观监督管理活动。针对这一概念来分析，它包括六方面的内涵。

1. 建设工程监理是针对工程建设项目所进行的监督管理活动

根据 2000 年 1 月国务院发布的《建设工程质量管理条例》和 2001 年 1 月建设部发布的《建设工程监理范围和规模标准规定》，以下建设工程必须实行监理：国家重点建设工程；总投资额在 3000 万元以上的大中型公用事业工程；建筑面积在 5 万平方米。以上的、成片开发建设的住宅小区工程；高层住宅及地基、结构复杂的多层住宅；利用外国政府或者国际组织贷款、援助资金的工程；总投资额在 3000 万元以上关系社会公共利益、公众安全的基础设施项目；学校、影剧院、体育场馆项目等。建设工程监理活动都是围绕工程建设项目来进行的。建设工程监理是直接为工程建设项目提供管理服务的行业，是工程建设项目管理服务的主体，但非管理主体。

2. 建设工程监理的行为主体是监理单位

建设工程监理不同于建设行政主管部门的监督管理，也不同于总承包单位对分包单位的监督管理，其行为主体是具有相应资质的工程监理企业。只有监理单位才能按照独立、自主的原则，以"公正的第三方"的身份开展工程建设监理活动。非监理单位进行的监督活动不能称为建设工程监理。

3. 建设工程监理的实施需要建设单位的委托和授权

由中华人民共和国第八届全国人民代表大会常务委员会第二十八次全体会议于 1997 年

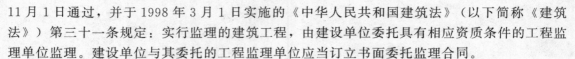
11 月 1 日通过，并于 1998 年 3 月 1 日实施的《中华人民共和国建筑法》（以下简称《建筑法》）第三十一条规定：实行监理的建筑工程，由建设单位委托具有相应资质条件的工程监理单位监理。建设单位与其委托的工程监理单位应当订立书面委托监理合同。

可见，工程监理企业是经建设单位的授权，代表其对承建单位的建设行为进行监控。这种委托和授权的方式也说明，监理单位及监理人员的权力主要是由作为管理主体的建设单位授权而转移过来的，而工程建设项目建设的主要决策权和相应风险仍由建设单位承担。

4. 建设工程监理是有明确依据的工程建设行为

建设工程监理是严格按照有关法律、法规和其他有关准则实施的。建设工程监理的依据是国家批准的工程建设项目建设文件，有关工程建设的法律和法规以及直接产生于本工程建设项目的建设工程委托监理合同和其他工程合同，并以此为准绳来进行监督、管理及评价。

5. 建设工程监理在现阶段主要发生在实施阶段

现阶段，我国建设工程监理主要发生在工程建设的实施阶段，即设计阶段、招标阶段、施工阶段以及竣工验收和保修阶段。也就是说，监理单位在与建设单位建立起委托与被委托、授权与被授权的关系后，还必须要有被监理方，需要与在项目实施阶段出现的设计、施工和材料设备供应等单位建立起监理与被监理的关系。这样监理单位才能实施有效的监理活动，才能协助建设单位在预定的投资、进度、质量目标内完成建设项目。

6. 建设工程监理是微观性质的监督管理活动

建设工程监理是针对一个具体的工程建设项目展开的，需要深入到工程建设的各项投资活动和生产活动中进行监督管理。其工作的主要内容包括：协助建设单位进行工程项目可行性研究，进行项目决策；对工程项目进行投资控制、进度控制、质量控制、合同管理、信息管理、安全管理和组织协调，协助业主实现建设目标。

## 二、 工程建设监理的任务

1. 施工准备阶段建设监理工作的主要任务

（1）审查施工单位提交的施工组织设计中的质量安全技术措施、专项施工方案与工程建设强制性标准的符合性。

（2）参与设计单位向施工单位的设计交底。

（3）检查施工单位工程质量、安全生产管理制度及组织机构和人员资格。

（4）检查施工单位专职安全生产管理人员的配备情况。

（5）审核分包单位资质条件。

（6）检查施工单位的试验。

（7）查验施工单位的施工测量放线成果。

（8）审查工程开工条件，签发开工令。

2. 工程施工阶段建设监理工作的主要任务

（1）施工阶段质量控制

① 核验施工测量放线，验收隐蔽工程、分部分项工程，签署分项、分部工程和单位工程质量评定表。

② 进行巡视、旁站和平行检验，对发现的质量问题应及时通知施工单位整改，并做监理记录。

③ 审查施工单位报送的工程材料、构配件、设备的质量证明资料，抽查进场的工程材

料、构配件的质量。

④ 审查施工单位提交的采用新材料、新工艺、新技术、新设备的论证材料及相关验收标准。

⑤ 检查施工单位的测量、检测仪器设备、度量衡定期检验的证明文件。

⑥ 监督施工单位对各类土木和混凝土试件按规定进行检查和抽查。

⑦ 监督施工单位认真处理施工中发生的一般质量事故，并认真做好记录。

⑧ 对大和重大质量事故以及其他紧急情况报告业主。

（2）施工阶段的进度控制

① 监督施工单位严格按照施工合同规定的工期组织施工。

② 审查施工单位提交的施工进度计划，核查施工单位对施工进度计划的调整。

③ 建立工程进度台账，核对工程形象进度，按月、季和年度向业主报告工程执行情况、工程进度以及存在的问题。

（3）施工阶段的投资控制

① 审核施工单位提交的工程款支付申请，签发或出具工程款支付证书，并报业主审核批准。

② 建立计量支付签证台账，定期与施工单位核对清算。

③ 审查施工单位提交的工程变更申请，协调处理施工费用索赔、合同争议等事项。

④ 审查施工单位提交的竣工结算申请。

（4）施工阶段的安全生产管理

① 依照法律法规和工程建设强制性标准，对施工单位安全生产管理进行监督。

② 编制安全生产事故的监理应急预案，并参加业主组织的应急预案的演练。

③ 审查施工单位的工程项目安全生产规章制度、组织机构的建立及专职安全生产管理人员的配备情况。

④ 督促施工单位进行安全自查工作，巡视检查施工现场安全生产情况，对实施监理过程中，发现存在安全事故隐患的，应签发监理工程师通知单，要求施工单位整改；情况严重的，总监理工程师应及时下达工程暂停指令，要求施工单位暂时停止施工，并及时报告业主。施工单位拒不整改或者不停止施工的，应通过业主及时向有关主管部门报告。

**3. 竣工验收阶段建设监理工作的主要任务**

（1）督促和检查施工单位及时整理竣工文件和验收资料，并提出意见。

（2）审查施工单位提交的竣工验收申请，编写工程质量评估报告。

（3）组织工程预验收，参加业主组织的竣工验收，并签署竣工验收意见。

（4）编制、整理工程监理归档文件并提交给业主。

## 三、 工程建设监理实施程序

**1. 成立项目监理机构**

监理单位应根据建设工程的规模、性质、业主对监理的要求，委派称职的人员担任项目总监理工程师，总监理工程师是一个建设工程监理工作的总负责人，他对内向监理单位负责，对外向业主负责。

监理机构的人员构成是监理投标书中的重要内容，是业主在评标过程中认可的，总监理工程师在组建项目监理机构时，应根据监理大纲内容和签订的委托监理合同内容组建，并在监理规划和具体实施计划执行中进行及时的调整。

2. 编制建设工程监理规划

建设工程监理规划是开展工程监理活动的纲领性文件。

3. 制定各专业监理实施细则

监理实施细则应由专业监理工程师编制，经总监理工程师批准，在工程开工前完成，并报建设单位核备。

监理实施细则应分专业编制，体现该工程项目在各专业技术、管理和目标控制方面的具体要求，以达到规范监理工作的目的。

4. 规范化地开展监理工作

监理工作的规范化体现在以下方面。

（1）建设工程施工完成以后　监理单位应在正式验交前组织竣工预验收，在预验收中发现的问题，应及时与施工单位沟通，提出整改要求。监理单位应参加业主组织的工程竣工验收，签署监理单位意见。

（2）建设工程监理工作完成后　监理单位向业主提交的监理档案资料应在委托监理合同文件中约定。如在合同中没有作出明确规定，监理单位一般应提交：设计变更、工程变更资料，监理指令性文件，各种签证资料等档案资料。

5. 工作总结

监理工作完成后，项目监理机构应及时从两方面进行监理工作总结。其一，是向业主提交的监理工作总结，其主要内容包括：委托监理合同履行情况概述，监理任务或监理目标完成情况的评价，由业主提供的供监理活动使用的办公用房、车辆、试验设施等的清单，表明监理工作终结的说明等。其二，是向监理单位提交的监理工作总结，其主要内容如下。

（1）监理工作的经验，可以是采用某种监理技术、方法的经验，也可以是采用某种经济措施、组织措施的经验，以及委托监理合同执行方面的经验或如何处理好与业主、承包单位关系的经验等；

（2）监理工作中存在的问题及改进的建议。

## 四、 工程建设监理实施原则

监理单位受业主委托对建设工程实施监理时，应遵守以下基本原则。

（1）公正、独立、自主的原则　监理工程师在建设工程监理中必须尊重科学、尊重事实，组织各方协同配合，维护有关各方的合法权益。为此，必须坚持公正、独立、自主的原则。业主与承建单位虽然都是独立运行的经济主体，但他们追求的经济目标有差异，监理工程师应在按合同约定的权、责、利关系的基础上，协调双方的一致性。只有按合同的约定建成工程，业主才能实现投资的目的，承建单位也才能实现自己生产的产品的价值，取得工程款和实现盈利。

（2）权责一致的原则　监理工程师承担的职责应与业主授予的权限相一致。监理工程师的监理职权，依赖于业主的授权。这种权力的授予，除体现在业主与监理单位之间签订的委托监理合同之中，而且还应作为业主与承建单位之间建设工程合同的合同条件。因此，监理工程师在明确业主提出的监理目标和监理工作内容要求后，应与业主协商，明确相应的授权，达成共识后明确反映在委托监理合同中及建设工程合同中。据此，监理工程师才能开展监理活动。总监理工程师代表监理单位全面履行建设工程委托监理合同，承担合同中确定的监理方向业主方所承担的义务和责任。因此，在委托监理合同实施中，监理单位应给总监理工程师充分授权，体现权责一致的原则。

（3）总监理工程师负责制的原则 总监理工程师是工程监理全部工作的负责人。要建立和健全总监理工程师负责制，就要明确权、责、利关系，健全项目监理机构，具有科学的运行制度、现代化的管理手段，形成以总监理工程师为首的高效能的决策指挥体系。

（4）严格监理、热情服务的原则 严格监理，就是各级监理人员严格按照国家政策、法规、规范、标准和合同控制建设工程的目标，依照既定的程序和制度，认真履行职责，对承建单位进行严格监理。

监理工程师还应为业主提供热情的服务，应运用合理的技能，谨慎而勤奋地工作。由于业主一般不熟悉建设工程管理与技术业务，监理工程师应按照委托监理合同的要求多方位、多层次地为业主提供良好的服务，维护业主的正当权益。但是，不能因此而一味向各承建单位转嫁风险，从而损害承建单位的正当经济利益。

（5）综合效益原则 建设工程监理活动既要考虑业主的经济效益，也必须考虑与社会效益和环境效益的有机统一。建设工程监理活动虽经业主的委托和授权才得以进行，但监理工程师应首先严格遵守国家的建设管理法律、法规、标准等，以高度负责的态度和责任感，既对业主负责，谋求最大的经济效益，又要对国家和社会负责，取得最佳的综合效益。只有在符合宏观经济效益、社会效益和环境效益的条件下，业主投资项目的微观经济效益才能得以实现。

## 五、 现阶段工程建设监理的特点

我国的建设工程监理无论在管理理论和方法上，还是在业务内容和工程程序上，与国外的建设项目管理都是相同的。但在现阶段，由于发展条件不尽相同，主要是需求方对监理的认识度较低，市场体系发育不够成熟，市场运行规则不够健全，因此还有一些差异，呈现出某些特点。

1. 建设工程监理的服务对象具有单一性

在国际上，建设项目管理按服务对象主要可分为为建设单位服务的项目管理和为承建单位服务的项目管理。而我国的建设工程监理规定，工程监理企业只接受监理单位的委托。它不能接受承建单位的委托为其提供管理服务。

2. 建设工程监理属于强制推行的制度

我国的建设工程监理从一开始就是作为对计划经济条件下所形成的建设工程管理体制改革的一项新制度提出来的，也是依靠行政手段和法律手段在全国范围推行的。为此，不仅在各级政府部门中设立了主管建设工程监理有关工作的专门机构，而且制定了有关的法律、法规和规章，明确提出国家推行建设工程监理制度，并明确规定了必须实行建设工程监理的工程规范。

3. 建设工程监理具有监督功能

我国的工程监理企业有一定的特殊地位，它与建设单位构成委托与被委托关系，与承建单位虽然无任何经济关系，但根据建设单位授权，有权对其不当建设行为进行监督，或者预先预防，或者指令及时改正，或者向有关部门反映，请求纠正。不仅如此，在我国的建设工程监理中还强调对承建单位施工过程和施工工序的监督、检查和验收，而且在实践中又进一步提出了旁站监理的规定。

4. 市场准入的双重控制

我国对建设工程监理的市场准入采取了企业资质和人员资格的双重控制。要求专业监理工程师以上的监理工程师以上的监理人员要取得监理工程师资格证书，不同的资质等级的工程监理企业至少要有一定数量的取得监理工程师资格证书并经注册的人员。

## 第二节　工程监理程序和工程建设监理制度

### 一、施工准备阶段的监理工作

1. 确定项目总监理工程师，成立项目监理机构

监理单位应根据建设工程的规模、性质、业主对监理的要求，委派称职的人员担任项目总监理工程师，总监理工程师是一个建设工程监理工作的总负责人，他对内向监理单位负责，对外向业主负责。

监理机构的人员构成是监理投标书中的重要内容，是业主在评标过程中认可的，总监理工程师在组建项目监理机构时，应根据监理大纲内容和签订的委托监理合同内容组建，并在监理规划和具体实施计划执行中进行及时的调整。

2. 编制建设工程监理规划

建设工程监理规划是开展工程监理活动的纲领性文件。

3. 制定各专业监理实施细则

4. 规范化地开展监理工作

监理工作的规范化体现在以下几个方面。

（1）工作的时序性。这是指监理的各项工作都应按一定的逻辑顺序先后展开。

（2）职责分工的严密性。建设工程监理工作是由不同专业、不同层次的专家群体共同来完成的，他们之间严密的职责分工是协调进行监理工作的前提和实现监理目标的重要保证。

（3）工作目标的确定性。在职责分工的基础上，每一项监理工作的具体目标都应是确定的，完成的时间也应有时限规定，从而能通过报表资料对监理工作及其效果进行检查和考核。

5. 参与验收，签署建设工程监理意见

建设工程施工完成以后，监理单位应在正式验交前组织竣工预验收，在预验收中发现的问题，应及时与施工单位沟通，提出整改要求。监理单位应参加业主组织的工程竣工验收，签署监理单位意见。

6. 向业主提交建设工程监理档案资料

建设工程监理工作完成后，监理单位向业主提交的监理档案资料应在委托监理合同文件中约定。如在合同中没有做出明确规定，监理单位一般应提交：设计变更、工程变更资料，监理指令性文件，各种签证资料等档案资料。

7. 监理工作总结

监理工作完成后，项目监理机构应及时从两方面进行监理工作总结。其一，是向业主提交的监理工作总结，其主要内容包括：委托监理合同履行情况概述，监理任务或监理目标完成情况的评价，由业主提供的供监理活动使用的办公用房、车辆、试验设施等的清单，表明监理工作终结的说明等。其二，是向监理单位提交的监理工作总结，其主要内容包括：①监理工作的经验，可以是采用某种监理技术、方法的经验，也可以是采用某种经济措施、组织措施的经验，以及委托监理合同执行方面的经验或如何处理好与业主、承包单位关系的经验

等；②监理工作中存在的问题及改进的建议。

## 二、 监理规划

工程建设监理规划是监理单位接受业主委托后，编制的指导项目监理组织全面开展监理工作的纲领性文件。它是在项目监理机构充分分析和研究工程项目的目标、技术、管理、环境以及参与工程建设各方等的情况后，制定的指导工程项目监理工作的实施方案。

监理规划的编制如下。

（1）监理规划的编制，应针对项目的实际情况，明确项目监理工作的目标，确定具体的监理工作制度、程序、方法和措施，并应具有可操作性。

（2）监理规划编制的程序与依据应符合下列规定。

① 监理规划应在签订委托监理合同及收到设计文件后开始编制，完成后必须经监理单位技术负责人审核批准，并应在召开第一次公司会议前报送建设单位。

② 监理规划应由总监理工程师主持、专业监理工程师参加编制。

③ 编制监理规划的依据

a. 建设工程的相关法律、法规及项目审批文件。

b. 与建设工程项目工程有关的标准、设计文件和技术资料。

c. 监理大纲、委托监理合同文件及与建设工程项目相关的合同文件。

（3）监理规划应包括以下主要内容：工程项目概况；监理工作范围；监理工作内容；监理工作目标；监理工作依据；项目监理机构的组织形式；项目监理机构的人员配备计划；项目监理机构的人员岗位职责；监理工作程序；监理工作方法及措施；监理工作制度；建立设施。

（4）在监理工作实施过程中，如实际情况或条件发生重大变化而需要调整监理规划时，应由总监理工程师组织专业监理工程师研究修改，按原报审程序经过批准后报建设单位。

## 三、 监理实施细则

（1）对于中兴及以上或专业性较强的工程项目，项目监理机构应编制监理实施细则。监理实施细则应符合监理规划的要求，并应结合工程项目的专业特点，做到详细具体、具有可操作性。

（2）监理实施细则的编制程序与依据应符合下列规定。

① 监理实施细则应在项目工程施工开始前编制完成，并必须由总监理工程师批准。

② 监理实施细则应由专业监理工程师编制。

③ 编制监理实施细则的依据：

已批准的监理规划；与专业相关的标准、设计文件和技术资料；施工组织设计。

（3）监理实施细则应包括下列主要内容：①专业工程的特点；②监理工作的流程；③监理工作的控制要点及目标；④监理工作的方法及措施。

（4）在监理工作实施过程中，监理实施细则应根据实际情况进行补充、修改和完善。

## 四、 监理工作方法

（1）现场记录 监理机构认真、完整记录每日施工现场的人员、设备和材料、天气、施工环境以及施工中出现的各种情况。

（2）发布文件　监理机构采用通知、指示、批复、签认等文件形式进行施工全过程的控制和管理。

（3）旁站监理　监理机构按照监理合同约定，在施工现场对工程项目的重要部位和关键工序的施工，实施连续性的全过程检查、监督与管理。

（4）巡视检验　监理机构对所监理的工程项目进行定期或不定期的检查、监督和管理。

（5）跟踪检测　在承包人进行试样检测前，监理机构对其检测人员、仪器设备以及拟订的检测程序和方法进行审核；在承包人进行对试样进行检测时，实施全过程的监督，确认其程序、方法的有效性以及检测结果的可信性，并对该结果确认。

（6）平行检测　监理机构在承包人对试样自行检测的同时，独立抽样进行的检测，核验承包人的监测结果。

（7）协调　监理机构对参加工程建设各方之间的关系以及工程施工过程中出现的问题和争议进行的调解。

## 五、 监理工作流程

（1）总监理程序如图 1-1 所示。

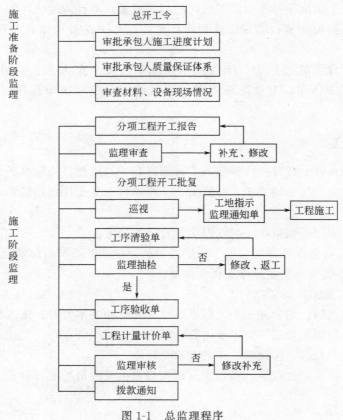

图 1-1　总监理程序

（2）施工测量监理程序如图 1-2 所示。

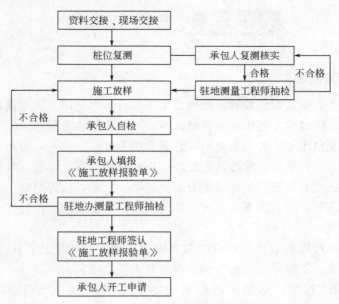

图 1-2 施工测量监理程序

（3）自采材料监理程序如图 1-3 所示。

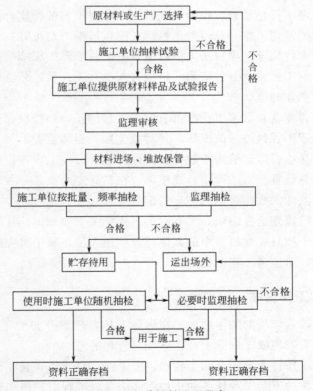

图 1-3 自采材料监理程序

## 第三节 监理工程师

### 一、 监理工程师的概念

监理工程师是指在工程建设监理工作岗位上工作，参加全国工程建设监理工程师资格统一考试合格，获得工程建设监理工程师资格证书，并经注册的工程建设监理人员。监理工程师不是国家现有专业技术职称的一个类别，它具有以下特点：第一，监理工程师是从事监理工作的人员；第二，已经取得国家确认的监理工程师资格证书，经省、自治区、直辖市建设厅或由国务院水利、交通等部门的建设主管单位核准、注册，取得监理工程师岗位证书。监理工程师并非终身职务，只有具备资格并经注册上岗，从事监理工作的人员，才能称为监理工程师。

监理工程师是一种岗位职务，由政府部门审核资格并注册，具有相应岗位责任的签字权，这是与未取得监理工程师岗位证书的监理从业人员的区别。

关于监理人员的称谓，不同国家的叫法不尽相同。FIDIC《土木工程施工合同条件》（第四版）业主指定的工程师分为工程师、工程师代表和助理。根据《工程建设监理规定》（建监〔1995〕737号）文件规定，建设监理人员分为总监理工程师、监理工程师和监理员。

工程项目建设监理实行总监理工程师负责制。总监理工程师行使合同赋予监理企业的权限，全面负责受委托的监理工作。总监理工程师在授权范围内发布有关指令，签认所监理的工程项目有关款项的支付凭证。项目法人不得擅自更改总监理工程师的指令。总监理工程师有权建议撤换不合格的工程建设分包商和项目负责人及有关人员。总监理工程师要公正地协调项目法人与被监理企业的争议。

总监理工程师代表或副总监理工程师由总监理工程师任命和授权，行使总监理工程师授予的权利，从事总监理工程师委派的工作，并对总监理工程师负责。

专业监理工程师是项目监理机构中的一种岗位设置，可按工程项目的专业设置，也可按部门或某一方面的业务设置。当工程项目规模大，在某些专业或某一方面业务宜设置几名专业监理工程师时，总监理工程师在他们中应指定负责人。

监理员是经过专门监理业务培训，具有同类工程相关专业知识，从事具体监理工作的监理人员。监理员不同于项目监理机构中的其他行政辅助人员，属于工程技术人员，协助监理工程师开展监理工作，对监理工程师负责。

### 二、 监理工程师的工作性质

工程监理单位是建筑市场的主体之一。在国际上把监理服务归为工程咨询（工程顾问）服务。我国的建设工程监理属于国际上业主方项目管理的范畴。

建设工程监理的工作性质有如下几个特点：服务性、科学性、独立性、公正性。

工程监理机构提供的不是工程任务的承包而是服务，工程监理机构将尽一切努力进行项目的目标控制，但它不可能保证项目的目标一定实现，它也不可能承担由于不是它的缘故而导致项目目标的失控。

### 三、 监理工程师的素质要求

工程建设监理企业的职责是受工程建设项目业主的委托，对工程建设进行监督和管理。建设监理是一种高智能的有偿技术服务。因此，对于监理工程师来说，要求有比较广泛的知识面、比较高的业务水平和丰富的工程实践经验，还要有较高的政策水平，能够胜任对工程项目进行监督管理，提出指导性意见，能够组织协调与工程建设各方的关系，共同完成工程建设任务。

#### （一） 监理工程师应具备的素质

**1. 监理工程师应当具有较高的理论水平**

监理工程师作为从事工程监理活动的骨干人员，只有具有较高的理论水平，才能保证在监理过程中抓重点、抓方法、抓效果，分析和解决问题时才能从理论高度着手，才能起到权威作用。监理工程师的理论水平和修养应当是多方面的。首先，应当熟知工程建设方针、政策、法律、法规知识，并且具有较好的法律、法规意识，在监理实践中准确应用；其次，立当掌握工程建设方面的专业理论，知其然并知其所以然，在解决实际问题时能够透过现象看本质，从根本上解决和处理问题。

**2. 监理工程师应当具备较高的专业技术水平**

监理业务专业性强，监理工程师要向项目法人提供工程项目的技术咨询服务，必须具有较高的专业技术水平，如在建设项目监理工作中涉及建筑、结构、施工、材料、金结设备、电气设备等诸多方面的专业知识。监理企业开展监理工作，必须具备与所监理工程在专业上相适应的监理人员。

**3. 监理工程师的工程经验和实践能力**

建设监理工作是实践性很强的工作，监理工程师必须具有丰富的工程建设实践经验。没有知识就谈不到应用，而提高知识应用水平离不开实践的过程，经验来自积累，解决工程实际问题，离不开正反两方面的工程经验。因此，丰富的工程经验是胜任监理工作、有信心做好监理工作的基本保证。

**4. 监理工程师应当具有足够的管理知识**

监理企业在项目建设中作为合同管理的核心，要求监理工程师应具有计划、组织、协调和控制等广泛的管理知识。项目建设参与部门多，人员、设备、材料、附属设施、场地等资源因素复杂，项目建设过程中受技术、资金、现场条件和不可抗力等因素制约大，因此计划管理、资源管理、风险预测与决策、生产组织管理、关系协调、成果检验与验收管理、信息管理等，都是监理工程师应当具备的基本管理知识，对监理工程师和部门监理负责人尤为重要。

**5. 监理工程师应当熟知法律、 法规知识**

无论是监理工程师协助项目法人组织招标工作、签订合同，还是进行合同管理，都涉及诸多法律、法规和规章。如《招标投标法》、《合同法》、《价格法》、《劳动法》、《建设工程质量管理条例》、《注册监理工程师管理规定》等。监理工程师只有熟知有关法律、法规和规章，才能在监理工作中遵守法律、法规和规章，如招标文件内容合法、招标过程合法、合同签订合法、处理合同问题合法、解决合同争议的原则和方法合法等。

**6. 监理工程师应当具备足够的经济方面的知识**

监理工程师还应当具备足够的经济方面的知识，因为从整体上讲，工程项目建设的过程就是投资投放使用的过程。从项目的提出到建成乃至它整个寿命期，资金的筹措、使用、控制和偿还都是极为重要的工作。在项目实施过程中，监理工程师需要做好各项经济方面的监理工作，如在项目前期协调项目法人对项目进行论证，对各种工程变更方案进行技术经济分析以及概预算审核等；在合同文件中合理、准确约定有关费用的事宜；在合同实施中正确处理有关工程款支付、变更、索赔等问题。

**7. 监理工程师应当具有较高的外语水平**

监理工程师如果从事国际工程监理，则必须具备较高的外语水平，即具有会话、谈判、阅读（招标文件、合同条件、技术规范等）以及写作（公函、合同、电传等）方面的外语能力。同时，还要具有国际金融、国际贸易和国际经济技术合作有关法律等方面的基础知识。随着我国对外开放的扩大，对监理工程师的外语水平将有更高、更普遍的要求。

**（二）总监理工程师的作用与素质**

工程监理企业内部的工作关系如图 1-4 所示。一般是监理企业的副经理对经理负责，工程项目总监对主管副经理负责，工程项目实行总监负责制。

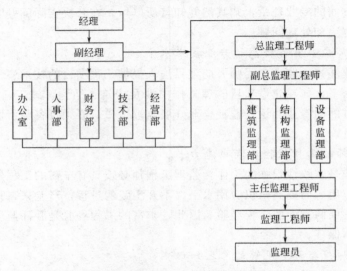

图 1-4　工程监理企业内部的工作关系

总监理工程师是监理企业派往项目地执行组织机构的全权负责人，代表监理企业全面负责和领导工程项目的建设监理工作，包括组建建设项目的监理班子，主持制定监理规划，组织实施监理活动，对外向业主负责，对内向监理企业负责。因此，总监理工程师在项目监理过程中，扮演着一个很重要的角色，是项目监理的责任、权力和利益的主体。

总监理工程师又是一个工程项目中的监理工作的总负责人，在管理工作中担任决策职能，直接主持或参加重要方案的规划工作，并进行必要的监督和检查；同时，他也有执行的职能，对本企业的指示、业主按监理合同的规定范围发出的指示、监理合同要求应认真执行。应建立健全总监理工程师负责制，确立总监理工程师在项目监理中的领导地位和作用，明确总监理工程师在监理工作中的责、权、利，健全监理机构，完善运行制度，提高监理手段，形成一个以总监理工程师为核心的决策运行体系。

由于总监理工程师在项目建设中所处的位置，要求总监理工程师具有较高的素质，主要表现在以下几个方面。

**1. 专业知识的深度**

总监理工程师必须精通专业知识，其特长应和项目专业技术相对口。作为总监理工程师如果不懂专业技术，就很难在重大技术方案、施工方案的决策上勇于决断，更难以按照工程项目的工艺、施工逻辑开展监理工作和鉴别工程施工技术方案、工程设计和设备选型等的优劣。

当然，不能要求总监理工程师对所有技术都很精通，但必须熟悉主要技术，借助于技术专家和各专业监理工程师的协助，就可以应对自如，胜任职责。例如，从事水利水电工程建设的总监理工程师，要求必须是精通水电专业知识，其专业特长应和监理项目专业技术相"对口"。水利水电工程尤其是大、中型工程项目，其工艺、技术、设备专业性很强，作为总监理工程师如果不懂水电专业技术，就很难胜任水利水电工程建设项目的监理工作。

**2. 管理知识的广度**

监理工作具有专业交叉渗透、覆盖面宽等特点。因此，总监理工程师不仅需要一定深度的专业知识，更需要具备管理知识的才能。只精通技术，不熟悉管理的人不宜做总监理工程师。

**3. 组织协调的能力**

总监理工程师要带领监理人员圆满实现项目目标，要与上上下下的人合作共事，要与不同地位和知识背景的人打交道，要把各方面的关系协调好，这一切都离不开高超的领导艺术和良好的组织协调能力。

（1）总监理工程师的理论修养　现代化行为科学和管理心理学，应作为总监理工程师学习和应用的理论基础。如知识理论、需要理论、授权理论、激励理论等，结合工程项目的组织设计，选择下属人员并对其委派、奖惩、培训、考核等。

（2）总监理工程师的榜样作用　作为监理工程师班子的带头人，总监理工程师榜样作用的本身就是无形的命令，具有很大的影响力，这种榜样作用往往是靠领导者的作风和行动体现的。总监理工程师的实干精神、开拓进取精神、团结精神、牺牲精神、不耻下问的精神和雷厉风行的作风，对下属有巨大的感召力，有利于形成班子内部的合作气氛和奋斗进取的作风。

总监理工程师尤其应该认识到，良好的群众意识会产生巨大的向心力，温暖的集体本身对成员就是一种激励；适度的竞争氛围与和谐的共事氛围相互补充，才易于保持良好的人际关系和心理的平衡。

（3）总监理工程师的个人素质　总监理工程师作为监理班子的领导指挥者，要圆满地完成任务，离不开良好的组织才能和优秀的个人素质。这种素质具体表现如下。

① 决策应变能力。工程施工中的地质、设计、施工条件和施工设备等情况多变，只有及时决断，灵活应变，才能抓住战机，避免失误。例如，在重大施工方案选择、合同谈判、纠纷处理等重大问题处理上，总监理工程师的决策应变水平显得特别重要。

② 组织指挥能力。总监理工程师在项目建设中责任大、任务繁重，作为监理人员的最高领导人必须能指挥若定，因而良好的组织领导才能就成了总监理工程师的必备素质。总监理工程师要避免组织指挥失误，特别需要统筹全局，防止陷入事务圈子或把精力过分集中于某一专门性问题，所以良好的组织指挥才能的产生，需要阅历的积累和实践的磨练，而且这种才能的发挥，需要以充分的授权为前提。

③ 协调控制能力。总监理工程师要力求把参加工程建设的各方组成一个整体，要处

理各种矛盾、纠纷，就要求具备良好的协调能力和控制能力。为了确保工程目标的实现，总监理工程师应该认识到：协调是手段，控制是目的，两者缺一不可，互相促进。所以，总监理工程师必须对工程的进度、质量、投资及所有重大工程活动进行严格监督和科学控制。

④ 其他能力。总监理工程师在工程建设中经常扮演多重角色，需要处理各种人际关系，因而还必须具备交际沟通能力、谈判能力、说服他人的能力等。这些能力的取得，主要靠在实践中磨练。

（4）开会艺术　会议是总监理工程师沟通情况、协调矛盾、反馈信息、制定决策和下达指令的主要方式，也是总监理工程师对工程进行监督控制和对内部人员进行有效管理的重要工具。如何高效率地召开会议、掌握会议组织与控制的技巧，是对总监理工程师的基本要求之一。

总之，作为建设项目的总监理工程师，在专业技术上、管理水平上、领导艺术和组织协调及开会艺术诸方面要有较高的造诣，要具备高智能、高素质，才能够有效地领导监理工程师及其工作人员顺利地完成建设项目的监理业务。

## 四、　监理工程师的职业道德

工程建设监理是一项职能要求高、原则性强、责任重大的工作，为了确保工程建设监理行业的健康发展，对监理工程师的职业道德和工作纪律都有严格的要求，我国的有关法规中也做了具体规定。

关于监理工程师的职业道德和工作纪律规定如下。

**（一）职业道德守则**

（1）热爱中华人民共和国，拥护四项基本原则，热爱本职工作，忠于职守，认真负责，具有对工程建设的高度责任感，遵守纪律，遵守监理职业道德。

（2）维护国家利益和建设各方的合法利益，按照守法、诚信、公正、科学的准则执业。

（3）模范自觉地遵守国家、地方工程建设的法律、法规、政策和技术规程、规范、标准，并监督被监理单位执行。

（4）严格履行工程建设监理合同规定的职责和义务。

（5）未经注册，不得以监理工程师的名义从事工程建设监理业务，不得同时在两个或两个以上监理单位注册和从事监理活动。

（6）不得出卖、出借、转让、涂改或以不正当手段取得工程建设监理工程师资格证书或工程建设监理工程师岗位证书。

（7）不得以个人名义承揽监理业务。

（8）廉洁奉公，不得接受任何回扣、提成或其他间接报酬。

（9）不得在政府机构或具有行政职能的事业单位任职。

（10）不得经营或参与经营承包施工、设备、材料采购或经营销售等有关活动，也不得在施工企业、材料供应公司任职或兼职。

（11）坚持公正性，公平合理地处理项目法人和承包方之间的利益关系。

（12）对项目法人和承包商的技术机密及其他商业机密，应严守机密，维护合同当事人的权益。

（13）实事求是。不得隐瞒现场真实情况，不得以谎言欺骗项目法人、承包商或其他监理人员，不得污蔑、诽谤他人，借以抬高自己的地位。

（14）坚守岗位，勤奋工作。需要请假、出差、离岗时，应按规定办理手续，在安排好工作交接后方可离岗。

（15）不得与承包商勾结，出现瞒报、虚报和偷工减料、以次充好等行为。

### （二）FIDIC 道德准则

在国际上，监理工程师职业道德准则，由协会组织制定并监督实施。国际咨询工程师联合会（FIDIC）于1991年在慕尼黑召开的全体成员大会上，讨论批准了 FIDIC 通用道德准则。该准则分别对社会和职业的责任、能力、正直性、公正性、对他人的公正等5个问题共计14个方面规定了监理工程师的道德行为准则，要求会员国都要认真地执行这一准则。下述准则是其会员行为的基本准则。

1. 对社会和职业的责任

（1）接受对社会的职业责任。

（2）寻求与确认的发展原则相适应的解决办法。

（3）在任何时候，维护职业的尊严、名誉、荣誉。

2. 能力

（1）保持其知识和技能具有与技术、法规、管理的发展相一致的水平，对委托人要求的服务采用相应的技能，并尽心尽力。

（2）仅在有能力从事服务时方才进行。

3. 正直性

在任何时候均为委托人的合法权益行使其职责，并且正直和忠诚地进行职业服务。

4. 公正性

（1）提供职业咨询、评审和决策时不偏不倚。

（2）通知委托人在行使其委托权时，可能引起的任何潜在的利益冲突。

（3）不接受可能导致判断不公的报酬。

## 五、监理工程师的责任和权力

### （一）总监理工程师职权范围

1. 职责

（1）确定项目监理机构人员的分工和岗位职责。

（2）主持编写项目监理规划，审批项目监理实施细则，并负责管理项目监理机构的日常工作。

（3）审查分包单位的资质，并提出审查意见。

（4）检查和监督监理人员的工作，根据工程项目的进展情况可进行人员调配，对不称职的人员应调换其工作。

（5）主持监理工作会议，签发项目监理机构的文件和指令。

（6）审定承包单位提交的开工报告、施工组织设计、技术方案、进度计划。

（7）审查和处理工程变更。

（8）主持或参与工程质量事故的调查。

（9）调解建设单位与承包单位的合同争议、处理索赔、审批工程延期。

（10）组织编写并签发监理月报、监理工作阶段报告、专题报告和项目监理工作总结。

（11）审核签认分部工程和单位工程的质量检验评定资料，审查承包单位的竣工申请，组织监理人员对待验收的工程项目进行质量检查，参与工程项目的竣工验收。

（12）主持整理工程项目的监理资料。

（13）完成领导临时交办的有关事宜。

2. 职权

（1）有权对本监理部不称职的监理人员提出奖励，做出处罚意见。

（2）有权签发《工程开工/复工报审表》及《工程暂停令》。

**（二）专业监理工程师职权范围**

1. 职责

（1）负责编制本专业的监理实施细则。

（2）负责本专业监理工作的具体实施。

（3）组织、指导、检查和监督本专业监理员的工作，当人员需要调整时，向总监理工程师提出建议。

（4）审查承包单位提交的涉及本专业的计划、方案、申请、变更，并向总监理工程师提出报告。

（5）负责本专业分项工程验收及隐蔽工程验收。

（6）定期向总监理工程师提交本专业监理工作实施情况报告，对重大问题及时向总监理工程师汇报和请示。

（7）根据本专业监理工作实施情况做好监理日记。

（8）负责本专业监理资料的收集、汇总及整理，参与编写监理月报。

（9）核查进场材料、设备、构配件的原始凭证、检测报告等质量证明文件及其质量情况，根据实际情况认为有必要时对进场材料、设备、构配件进行平行检验，合格时予以签认。

（10）负责本专业的工程计量工作，审核工程计量的数据和原始凭证。

（11）完成领导临时交办的有关事宜。

2. 职权

（1）有权对未经监理人员验收或验收不合格的工程材料、构配件、设备拒绝签认。

（2）有权对不合格的工序及隐蔽工程拒绝签认。

（3）有权对承包单位施工过程中出现的质量缺陷下发《监理工程师通知单》，要求承包单位整改，并检查整改结果。

## 六、 监理工程师的法律责任及违规行为罚则

隐瞒有关情况或者提供虚假材料申请注册的，建设主管部门不予受理或者不予注册，并给予警告，1 年之内不得再次申请注册。

以欺骗、贿赂等不正当手段取得注册证书的，由国务院建设主管部门撤销其注册，3 年内不得再次申请注册，并由县级以上地方人民政府建设主管部门处以罚款，其中没有违法所得的，处以 1 万元以下罚款，有违法所得的，处以违法所得 3 倍以下且不超过 3 万元的罚款；构成犯罪的，依法追究刑事责任。

未经注册，擅自以注册监理工程师的名义从事工程监理及相关业务活动的，由县级以上地方人民政府建设主管部门给予警告，责令停止违法行为，处以 3 万元以下罚款；造成损失的，依法承担赔偿责任。

未办理变更注册仍执业的，由县级以上地方人民政府建设主管部门给予警告，责令限期改正；逾期不改的，可处以 5000 元以下的罚款。

注册监理工程师在执业活动中有下列行为之一的，由县级以上地方人民政府建设主管部门给予警告，责令其改正，没有违法所得的，处以 1 万元以下罚款，有违法所得的，处以违法所得 3 倍以下且不超过 3 万元的罚款；造成损失的，依法承担赔偿责任；构成犯罪的，依法追究刑事责任。

（1）以个人名义承接业务的。

（2）涂改、倒卖、出租、出借或者以其他形式非法转让注册证书或者执业印章的。

（3）泄露执业中应当保守的秘密并造成严重后果的。

（4）超出规定执业范围或者聘用单位业务范围从事执业活动的。

（5）弄虚作假提供执业活动成果的。

（6）同时受聘于两个或者两个以上的单位，从事执业活动的。

（7）其他违反法律、法规、规章的行为。

有下列情形之一的，国务院建设主管部门依据职权或者根据利害关系人的请求，可以撤销监理工程师注册。

（1）工作人员滥用职权、玩忽职守颁发注册证书和执业印章的。

（2）超越法定职权颁发注册证书和执业印章的。

（3）违反法定程序颁发注册证书和执业印章的。

（4）对不符合法定条件的申请人颁发注册证书和执业印章的。

（5）依法可以撤销注册的其他情形。

县级以上人民政府建设主管部门的工作人员，在注册监理工程师管理工作中，有下列情形之一的，依法给予处分；构成犯罪的，依法追究刑事责任。

（1）对不符合法定条件的申请人颁发注册证书和执业印章的。

（2）对符合法定条件的申请人不予颁发注册证书和执业印章的。

（3）对符合法定条件的申请人未在法定期限内颁发注册证书和执业印章的。

（4）对符合法定条件的申请不予受理或者未在法定期限内初审完毕的。

（5）利用职务上的便利，收受他人财物或者其他好处的。

（6）不依法履行监督管理职责，或者发现违法行为不予查处的。

## 第四节　工程监理的范围与内容

### 一、工程强制监理范围

并不是所有的工程都需要实行监理。国家推行建筑工程监理制度。国务院可以规定实行强制监理的建筑工程的范围。2000 年 1 月 30 日施行的《建设工程质量管理条例》第 12 条规定了必须实行监理的建设工程范围。在此基础上，《建设工程监理范围和规模标准规定》（2001 年 1 月 17 日建设部令第 86 号发布）则对必须实行监理的建设工程做出了更具体的规定。

1. 国家重点建设项目

国家重点建设项目是指依据《国家重点建设项目管理办法》所确定的对国民经济和社会

发展有重大影响的骨干项目。

2. 大中型公用事业工程

大中型公用事业工程是指项目总投资额在 3000 万元以上的下列工程项目。

（1）供水、供电、供气、供热等市政工程项目。

（2）科技、教育、文化等项目。

（3）体育、旅游、商业等项目。

（4）卫生、社会福利等项目。

（5）其他公用事业项目。

3. 成片开发建设的住宅小区工程

建筑面积在 5 万平方米以上的住宅建设工程必须实行监理；5 万平方米以下的住宅建设工程，可以实行监理，具体范围和规模标准，由省、自治区、直辖市人民政府建设行政主管部门规定。

4. 利用外国政府或者国际组织贷款、援助资金的工程

（1）使用世界银行、亚洲开发银行等国际组织贷款资金的项目。

（2）使用国外政府及其机构贷款资金的项目。

（3）使用国际组织或者国外政府援助资金的项目。

5. 国家规定必须实行监理的其他工程

（1）项目总投资额在 3000 万元以上关系社会公共利益、公众安全的下列基础设施项目。

① 煤炭、石油、化工、天然气、电力、新能源等项目。

② 铁路、公路、管道、水运、民航以及其他交通运输业等项目。

③ 电信枢纽、通信、信息网络等项目。

④ 防洪、灌溉、排涝、发电、引（供）水、滩涂治理、水资源保护、水土保持等水利建设项目。

⑤ 道路、桥梁、地铁和轻轨交通、污水排放及处理、垃圾处理、地下管道、公共停车场等城市基础设施项目。

⑥ 生态环境保护项目。

⑦ 其他基础设施项目。

（2）学校、影剧院、体育场馆项目。

## 二、 工程监理工作内容

1. 三控制

三控制包括的内容有：投资控制、进度控制、质量控制。

（1）投资控制　建设工程项目投资控制，就是在建设工程项目的投资决策阶段、设计阶段、施工阶段以及竣工阶段，把建设工程投资控制在批准的投资限额内，随时纠正发生的偏差，以保证项目投资管理目标的实现，力求在建设工程中合理使用人力、物力、财力，取得较好的投资效益和社会效益。监理工程师在工程项目的施工阶段进行投资控制的基本原理是把计划投资额作为投资控制的目标值，在施工阶段，定期进行投资实际值与目标值的比较。通过比较发现并找出实际支出额与投资目标值之间的偏差，然后分析产生偏差的原因，采取有效的措施加以控制，以确保投资控制目标的实现。这种控制贯穿于项目建设的全过程，是动态的控制过程。要有效地控制投资项目，应从组织、技术、经济、合同与信息管理等多方

面采取措施。从组织上采取措施，包括明确项目组织结构、明确项目投资控制者及其任务，以使项目投资控制有专人负责，明确管理职能分工；从技术上采取措施，包括重视设计方案选择，严格审查监督初步设计、技术设计、施工图设计、施工组织设计、渗入技术领域研究节约投资的可能性；从经济上采取措施，包括动态的比较项目投资的实际值和计划值，严格审查各项费用支出，采取节约投资的奖励措施等。

（2）进度控制　　进度控制是指对工程项目建设各阶段的工作内容、工作程序、持续时间和衔接关系，根据进度总目标及资源优化配置的原则，编制计划并付诸实施，然后在进度计划的实施过程中经常检查实际进度是否按计划进行，对出现的偏差情况进行分析，采取有效的补救措施，修改原计划后再付诸实施，如此循环，直到建设工程项目竣工验收交付使用。建设工程仅需控制的最终目标是确保建设项目按预定时间交付使用或提前交付使用。建设工程进度控制的总目标是建设工期。影响建设工程进度的不利因素很多，如人为因素、设备、材料及构配件因素、机具因素、资金因素、水文地质因素等。常见影响建设工程进度的人为因素有以下几个方面。

① 建设单位因素。如建设单位因使用要求改变而进行的设计变更；不能及时提供建设场地而满足施工需要；不能及时向承包单位、材料供应单位付款。

② 勘察设计因素。如勘察资料不准确，特别是地质资料有错误或遗漏；设计有缺陷或错误；设计对施工考虑不周，施工图供应不及时等。

③ 施工技术因素。如施工工艺错误；施工方案不合理等。

④ 组织管理因素。如计划安排不周密，组织协调不利等。

（3）质量控制　　建筑工程质量是指工程满足建设单位需要的，符合国家法律、法规、技术规范标准、设计文件及合同规定的特性综合。建设工程作为一种特殊的产品，除具有一般产品共有的质量特性，如适用性、寿命、可靠性、安全性、经济性等满足社会需要的使用价值和属性外，还具有特定的内涵。建设工程质量的特性主要表现在适用性、耐久性、安全性、可靠性、经济性和与环境的协调性。工程建设的不同阶段，对工程质量的形成起到不同的作用和影响。影响工程的因素很多，但归纳起来主要有五个方面：人、机、料、法、环。人员素质、工程材料、施工设备、工艺方法、环境条件都影响着工程质量。

2. 三管理

三管理指的是：合同管理、安全管理和风险管理。

（1）合同管理　　合同是工程监理中最重要的法律文件。订立合同是为了证明一方向另一方提供货品或者劳务，它是订立双方责、权、利的证明文件。施工合同的管理是项目监理机构的一项重要的工作，整个工程项目的监理工作即可视为施工合同管理的全过程。

（2）安全管理　　建设单位施工现场安全管理包括两层含义：一是指工程建筑物本身的安全，即工程建筑物的质量是否达到了合同的要求；二是施工过程中人员的安全，特别是与工程项目建设有关各方在施工现场施工人员的生命安全。

监理单位应监理安全监理管理体制，确定安全监理规章制度，检查指导项目监理机构的安全监理工作。

（3）风险管理　　风险管理是对可能发生的风险进行预测、识别、分析、评估，并在此基础上进行有效的处置，以最低的成本实现最大目标保障。工程风险管理是为了降低工程中风险发生的可能性，减轻或消除风险的影响，以最低的成本取得对工程目标保障的满意结果。

**3. 一协调**

一协调主要指的是施工阶段项目监理机构组织协调工作。

工程项目建设是一项复杂的系统工程。在系统中活跃着建设单位、承包单位、勘察实际单位、监理单位、政府行政主管部门以及与工程建设有关的其他单位。

在系统中监理单位具备最佳的组织协调能力。主要原因是：监理单位是建设单位委托并授权的，是施工现场监理的管理者，代表建设单位，并根据委托监理合同及有关的法律、法规授予的权利，对整个工程项目的实施过程进行监督并管理。监理人员都是经过考核的专业人员，它们有技术，会管理，懂经济，通法律，一般要比建设单位的管理人员有着更高的管理水平、管理能力和监理经验，能驾驭工程项目建设过程的有效运行。监理单位对工程建设项目进行监督与管理，根据有关的法令、法规有自己特定的权利。

## 第五节　工程目标系统

### 一、建设工程三大目标之间的关系

任何建设工程都有投资、进度、质量三大目标，这三大目标构成了建设工程的目标系统。为了有效地进行目标控制，必须正确认识和处理投资、进度、质量三大目标之间的关系，并且合理确定和分解这三大目标。

建设工程投资、进度（或工期）、质量三大目标两两之间存在既对立又统一的关系。对此，首先要弄清在什么情况下表现为对立的关系，在什么情况下表现为统一的关系。从建设工程业主的角度出发，往往希望该工程的投资少、工期短（或进度快）、质量好。如果采取某种措施可以同时实现其中两个要求（如既投资少又工期短），则该两个目标之间就是统一的关系；反之，如果只能实现其中一个要求（如工期短），而另一个要求不能实现（如质量差），则该两个目标（即工期和质量）之间就是对立的关系。

**1. 建设工程三大目标之间的对立关系**

建设工程三大目标之间的对立关系比较直观，易于理解。一般来说，如果对建设工程的功能和质量要求较高，就需要采用较好的工程设备和建筑材料，就需要投入较多的资金；同时，还需要精工细作，严格管理，不仅增加人力的投入（人工费相应增加）而且需要较长的建设时间。如果要加快进度，缩短工期，则需要加班加点或适当增加施工机械和人力，这将直接导致施工效率下降，单位产品的费用上升，从而使整个工程的总投资增加；另一方面，加快进度往往会打乱原有的计划，使建设工程实施的各个环节之间产生脱节现象，增加控制和协调的难度，不仅可能"欲速则不达"，而且会对工程质量带来不利影响或留下工程质量隐患。如果要降低投资，就需要考虑降低功能和质量要求，采用较差或普通的工程设备和建筑材料；同时，只能按费用最低的原则安排进度计划，整个工程需要的建设时间就较长。应当说明的是，在这种情况下的工期其实是合理工期，只是相对于加快进度情况下的工期而言，显得工期较长。以上分析表明，建设工程三大目标之间存在对立的关系。因此，不能奢望投资、进度、质量三大目标同时达到"最优"，即既要投资少，又要工期短，还要质量好。在确定建设工程目标时，不能将投资、进度、质量三大目标割裂开来分别孤立地分析和论证，更不能片面强调某一目标而忽略其对其他两个目标的不利影响，而必须将投资、进度、质量三大目标作为一个系统统筹考虑，反复协调和平衡，力求实现整个目标系统最优。

2. 建设工程三大目标之间的统一关系

对于建设工程三大目标之间的统一关系，需要从不同的角度分析和理解。例如，加快进度、缩短工期虽然需要增加一定的投资，但是可以使整个建设工程提前投入使用，从而提早发挥投资效益，还能在一定程度上减少利息支出，如果提早发挥的投资效益超过因加快进度所增加的投资额度，则加快进度从经济角度来说就是可行的。如果提高功能和质量要求，虽然需要增加一次性投资，但是可能降低工程投入使用后的运行费用和维修费用，从全寿命费用分析的角度来讲则是节约投资的；另外，在不少情况下，功能好、质量优的工程（如宾馆、商用办公楼）投入使用后的收益往往较高；此外，从质量控制的角度，如果在实施过程中进行严格的质量控制，保证实现工程预定的功能和质量要求（相对于由于质量控制不严而出现质量问题可认为是"质量好"），则不仅可减少实施过程中的返工费用，而且可以大大减少投入使用后的维修费用。另一方面，严格控制质量还能起到保证进度的作用。如果在工程实施过程中发现质量问题及时进行返工处理，虽然需要耗费时间，但可能只影响局部工作的进度，不影响整个工程的进度；或虽然影响整个工程的进度，但是比不及时返工而酿成重大工程质量事故对整个工程进度的影响要小，也比留下工程质量隐患到使用阶段才发现而不得不停止使用进行修理所造成的时间损失要小。

在确定建设工程目标时，应当对投资、进度、质量三大目标之间的统一关系进行客观的且尽可能定量的分析。在分析时要注意以下几方面问题。

（1）掌握客观规律，充分考虑制约因素　例如，一般来说，加快进度、缩短工期所提前发挥的投资效益都超过加快进度所需要增加的投资，但不能由此而导出工期越短越好的错误结论，因为加快进度、缩短工期会受到技术、环境、场地等因素的制约（当然还要考虑对投资和质量的影响），不可能无限制地缩短工期。

（2）对未来的、可能的收益不宜过于乐观　通常，当前的投入是现实的，其数额也是较为确定的，而未来的收益却是预期的、不很确定的。例如，提高功能和质量要求所需要增加的投资可以很准确地计算出来，但今后的收益却受到市场供求关系的影响，如果届时同类工程（如五星级宾馆、智能化办公楼）供大于求，则预期收益就难以实现。

（3）将目标规划和计划结合起来　如前所述，建设工程所确定的目标要通过计划的实施才能实现。如果建设工程进度计划制订得既可行又优化，使工程进度具有连续性、均衡性，则不但可以缩短工期，而且有可能获得较好的质量且耗费较低的投资。从这个意义上讲，优化的计划是投资、进度、质量三大目标统一的计划。

在对建设工程三大目标对立统一关系进行分析时，同样需要将投资、进度、质量三大目标作为一个系统统筹考虑，同样需要反复协调和平衡，力求实现整个目标系统最优，也就是实现投资、进度、质量三大目标的统一。

## 二、 合理确定建设工程目标

### （一） 建设工程目标确定的依据

如前所述，目标规划是一项动态性工作，在建设工程的不同阶段都要进行，因而建设工程的目标并不是一经确定就不再改变的。由于建设工程不同阶段所具备的条件不同，目标确定的依据自然也就不同。一般来说，在施工图设计完成之后，目标规划的依据比较充分，目标规划的结果也比较准确和可靠。但是，对于施工图设计完成以前的各个阶段来说，建设工程数据库具有十分重要的作用，应予以足够的重视。

建设工程的目标规划总是由某个单位编制的，如设计院、监理公司或其他咨询公司。这些单位都应当把自己承担过的建设工程的主要数据存入数据库。若某一地区或城市能建立本地区或本市的建设工程数据库，则可以在大范围内共享数据，增加同类建设工程的数量，从而大大提高目标确定的准确性和合理性。建立建设工程数据库，至少要做好以下几方面工作。

（1）按照一定的标准对建设工程进行分类。通常按使用功能分类较为直观，也易于被人接受和记忆。例如，将建设工程分为道路、桥梁、房屋建筑等，房屋建筑还可进一步分为住宅、学校、医院、宾馆、办公楼、商场等。为了便于计算机辅助管理，当然还需要建立适当的编码体系。

（2）对各类建设工程所可能采用的结构体系进行统一分类。例如，根据结构理论和我国目前常用的结构形式，可将房屋建筑的结构体系分为砖混结构、框架结构、框剪结构、筒体结构等；可将桥梁建筑分为钢箱梁吊桥、钢箱梁斜拉桥、钢筋混凝土斜拉桥、拱桥、中承式桁架桥、下承式桁架桥等。

（3）数据既要有一定的综合性又要能足以反映建设工程的基本情况和特征。例如，除工程名称、投资总额、总工期、建成年份等共性数据外，房屋建筑的数据还应有建筑面积、层数、柱距、基础形式、主要装修标准和材料等；桥梁建筑的数据还应有长度、跨度、宽度、高度（净高）等。工程内容最好能分解到分部工程，有些内容可能分解到单位工程已能满足需要。投资总额和总工期也应分解到单位工程或分部工程。

建设工程数据库对建设工程目标确定的作用，在很大程度上取决于数据库中与拟建工程相似的同类工程的数量。因此，建立和完善建设工程数据库需要经历较长的时间，在确定数据库的结构之后，数据的积累、分析就成为主要任务，也可能在应用过程中对已确定的数据库结构和内容还要作适当的调整、修正和补充。

**（二）　建设工程数据库的应用**

要确定某一拟建工程的目标，首先，必须大致明确该工程的基本技术要求，如工程类型、结构体系、基础形式、建筑高度、主要设备、主要装饰要求等。然后，在建设工程数据库中检索并选择尽可能相近的建设工程（可能有多个），将其作为确定该拟建工程目标的参考对象。由于建设工程具有多样性和单件生产的特点，有时很难找到与拟建工程基本相同或相似的同类工程，因此，在应用建设工程数据库时，往往要对其中的数据进行适当的综合处理，必要时可将不同类型工程的不同分部工程加以组合。例如，若拟建造一座多功能综合办公楼，根据其基本的技术要求，可能在建设工程数据库中选择某银行的基础工程、某宾馆的主体结构工程、某办公楼的装饰工程和内部设施作为确定其目标的依据。

同时，要认真分析拟建工程的特点，找出拟建工程与已建类似工程之间的差异，并定量分析这些差异对拟建工程目标的影响，从而确定拟建工程的各项目标。例如，上海市地铁二号线与地铁一号线（将地铁一号线作为建设工程数据库中的已建类似工程，地铁二号线作为拟建工程）总体上非常相似，但通过深入分析发现，地铁二号线的人民广场站是与地铁一号线的交汇点，建在地铁一号线人民广场站的下方，显然在技术上有其特殊要求。

## 三、　建设工程目标的分解

为了在建设工程实施过程中有效地进行目标控制，仅有总目标还不够，还需要将总目标

进行适当的分解。

### 1. 目标分解的原则

建设工程目标分解应遵循以下几个原则。

（1）能分能合 这要求建设工程的总目标能够自上而下逐层分解，也能够根据需要自下而上逐层综合。这一原则实际上是要求目标分解要有明确的依据并采用适当的方式，避免目标分解的随意性。

（2）按工程部位分解，而不按工种分解 这是因为建设工程的建造过程也是工程实体的形成过程，这样分解比较直观，而且可以将投资、进度、质量三大目标联系起来，也便于对偏差原因进行分析。

（3）区别对待，有粗有细 根据建设工程目标的具体内容、作用和所具备的数据，目标分解的粗细程度应当有所区别。例如，在建设工程的总投资构成中，有些费用数额大，占总投资的比例大，而有些费用则相反。从投资控制工作的要求来看，重点在于前一类费用。因此，对前一类费用应当尽可能分解得细一些、深一些；而对后一类费用则分解得粗一些、浅一些。另外，有些工程内容的组成非常明确、具体（如建筑工程、设备等），所需要的投资和时间也较为明确，可以分解得很细；而有些工程内容则比较笼统，难以详细分解。

因此，对不同工程内容目标分解的层次或深度，不必强求一律，要根据目标控制的实际需要和可能来确定。

（4）有可靠的数据来源 目标分解本身不是目的而是手段，是为目标控制服务的。目标分解的结果是形成不同层次的分目标，这些分目标就成为各级目标控制组织机构和人员进行目标控制的依据。如果数据来源不可靠，分目标就不可靠，就不能作为目标控制的依据。因此，目标分解所达到的深度应当以能够取得可靠的数据为原则，并非越深越好。

（5）目标分解结构与组织分解结构相对应 如前所述，目标控制必须要有组织加以保障，要落实到具体的机构和人员，因而就存在一定的目标控制组织分解结构。只有使目标分解结构与组织分解结构相对应，才能进行有效的目标控制。当然，一般而言，目标分解结构较细、层次较多，而组织分解结构较粗、层次较少，目标分解结构在较粗的层次上应当与组织分解结构一致。

### 2. 目标分解的方式

建设工程的总目标可以按照不同的方式进行分解。对于建设工程投资、进度、质量三个目标来说，目标分解的方式并不完全相同，其中，进度目标和质量目标的分解方式较为单一，而投资目标的分解方式较多。

按工程内容分解是建设工程目标分解最基本的方式，适用于投资、进度、质量三个目标的分解，但是，三个目标分解的深度不一定完全一致。一般来说，将投资、进度、质量三个目标分解到单项工程和单位工程是比较容易办到的，其结果也是比较合理和可靠的。在施工图设计完成之前，目标分解至少都应当达到这个层次。至于是否分解到分部工程和分项工程，一方面取决于工程进度所处的阶段、资料的详细程度、设计所达到的深度等，另一方面还取决于目标控制工作的需要。

建设工程的投资目标还可以按总投资构成内容和资金使用时间（即进度）分解。

## 四、 建设工程项目目标管理

目标管理，简言之就是将工作任务和目标明确化，同时建立目标系统，以便统筹兼顾进行协调，然后在执行过程中，予以对照和控制，及时进行纠偏，努力实现既定目标。

工程项目的目标管理作为工程项目管理中重要的工作内容，因其涉及内容繁杂、利益方众多、建设周期长、不确定因素多等原因，在建设执行过程中，项目目标会受到各方面影响。项目目标的正确设置与否，以及是否可控，一定意义上直接决定项目建设的成败。

## （一）工程建设项目中目标系统的建立

### 1. 项目目标确定的依据

工程项目决策之初，无论投资方、承建方、协作方或政府，均会有一定的目的或利益期望，这些目的与利益期望，只要可行，即经过项目的控制和协调后是可以实现的，也可以认为是项目目标的雏形。其中可能包含项目建设的费用投入与收益、资源投入、质量要求、进度要求、HSE、风险控制率、各利益方满意度，以及其他特殊目标和要求。此外，目标的确定还应遵循在政策法规之下的原则。

由于每个项目均有其唯一性，每个项目目标的侧重点不尽相同，但 HSE、质量、费用与进度在绝大多数工程项目中，都是相对重要的控制要求。

### 2. 有效目标的特征

有意义的目标应该具备以下特点：明确、具体、可行（可操作）、可度量和一定的挑战性，而且这些目标也需要得到上级或相关利益方的认可，亦即与其他方的目标一致。项目目标应该有属性（如成本）、计算单位或一个绝对或相对的值。对于成功完成项目来说，没有量化的目标通常隐含较高的风险。

### 3. 总目标与目标系统

工程项目涉及面广，在很多方面均会有控制要求，因此需要设立多个总目标，而且在总目标之下，也需要设立多个子目标用以支持或说明各类控制要求和建设期望。比如项目的投资、产能、质量、进度、环保等要求就属于总目标之列；在化工建设中就投资控制而言，这些投资可能由几个工段组成，而这几个工段中，包含设计费、采购费、建安费、管理费等，这些分项控制要求均属于项目投资总目标下的子目标；又如在设计变更控制目标下，则又可分解为不同专业的目标；再如拟定进度总目标后，则可能分解为项目策划决策期、项目准备期、项目实施期和项目试运行期等。项目总目标与多个子目标就构成了一个目标系统，成为了项目建设研究和管理的对象。

### 4. 目标系统的建立方法

（1）完整列出该项目的各类期望和要求　其中可能包含的方面有：生产能力（功能）、经济效益要求、进度要求、质量保证、产业与社会影响、生态保护、环保效应、安全、技术及创新要求、试验效果、人才培养与经验积累及其他功能要求。详细研究工作范围，建立工作分解结构（WBS）。准确研究和确定项目工作范围；按照工程固有的特点，沿可执行的方向，对项目范围进行分解，层层细分，建立工作分解结构（WBS），全面明确工作范围内包含哪些环节和内容，以此作为目标细分的依据。工作分解结构的末端应该是可执行单元，对应的目标亦即可执行目标。

（2）建立目标矩阵　以项目期望目标为列，以 WBS 结构为行，建立目标矩阵。识别目标矩阵中重要因素，作为重要控制目标；根据重要控制目标情况，设置相关专职或兼职职能岗位。项目目标矩阵及重要控制目标识别是项目职能岗位设置及团队组建的基础，亦即组织分解机构（OBS）组建的依据。

项目系统目标建立实例如下。某新建 1830（年产 18 万吨合成氨、30 万吨尿素化工）项目，项目采用 EPC 总承包方式建设。业主及投资方期望要求为：总投资在 12 亿元以内；年产 30 万吨农用粒状尿素；原材料及能耗损要求另行约定；建设时间为 20 个月；装置总体要求采用国内先进技术水平、合理、可靠、成熟，操作运行平衡、产品质量达标（产品质量要求另行约定）；设计年操作时间为 300 天；项目必须满足国家消防、环保等系列规范要求；另外要求，主要控制阀门采用进口。政府已批建该项目，同时明确了排放指标及消防环保等各类要求。目前总承包方人力资源丰富，年轻人员有锻炼成长需求。

从基本信息可以分析，业主对项目有以下几个方面的期望：投资费用控制期望、对生产工艺先进程度的预期，对工程质量有要求，对工期有要求，要求建设过程及生产工艺安全和环保；对总承包方而言，除了需要满足业主期望外，还有建设风险和对该项目的特殊期待，比如借此项目锻炼人员等。这些期望和要求可以作为目标矩阵的列。

从项目本身的特点而言，总承包项目由设计、采购、施工、开车四个主要阶段组成。以设计阶段为例，设计工作范围又分别包含着煤气化、合成氨、尿素、公用工程、辅助基础设施等几个主要部分。其中每个部分又可分为几个小部分，比如煤气化可分为造气和气柜两个独立装置，合成氨可分为压缩、变换、脱硫等，尿素又可分为其他几个部分……这些部分又可以进一步细化，一直分解到可以独立执行的目标单位。对设计工作而言，最终可执行目标标准是，某可独立核算装置的某个专业。比如造气装置是一个可独立核算的装置，本装置协同设计所需的工艺、管道、仪表、电气、建筑、结构、设备等专业，就是设计工作分解的一个个最终单元。

以采购为例，对设计组提出的采购清单，采购工作需要进行询价、招标、采购、催交、运输、保管等，这些工作就构成了该工作 WBS 的基本单元。

以施工为例，施工组织、图纸解析、质量管理，安全监督、进度计算和协调均是其主要工作，这些要素就是其工作结构中的重要部分。

分解完成的工作结构可以作为目标矩阵的行。之后，尽可能客观评价 WBS 可执行单元在项目总期望中的权重（可选择一定标准计算，或组织评审）。如果将每项期望赋予一定的值（本例中略），则这些期望就成了对应的控制目标。

**（二）如何实施项目目标管理**

1. 建立与项目目标系统对应的组织分解结构（OBS）

在项目矩阵基础之上，列出重要监控对象，设置对应的职能岗位，务必使每项重要监控对象都得以受控。与项目目标相对应的 OBS 结构是保证项目目标能够有效实现的前提。

2. 确定目标在各项目职能岗位中的权威地位

各职能岗位因管理目标而设置，其称职或开展有效工作的前提是，首先了解项目总目标，了解所在部门团队的目标，以及了解个人目标，并围绕目标开展工作。根据分项目标，设置好职能岗位的职责。

3. 目标间的制约与平衡关系特性

无论项目总目标，还是子目标，或是可执行目标，管理目标间有着紧密的内在联系，在执行过程中往往还容易冲突和矛盾，亦即相互影响和制约。比如项目进度、费用、质量和安全就存相互影响的关系，控制其一，可能牵引其他。由于项目运作的唯一性，从项目启动的一刻起，项目目标的执行就会受到各方面因素的不断影响，执行侧重力度也必然会在多个目标间寻找平衡。所以，某种意义上，项目目标管理就是项目目标的动态控制过程。

**4. 目标管理的基本原理**

计划—执行—检查—处理—计划调整，即基于目标管理的过程控制。项目目标制定以后，首先得制定相应的基准计划，包括针对工程设计、采购、施工等各类目标的计划，以期控制和实现目标。然后按计划执行，执行过程中受到影响，包括其他目标对可用资源的占用影响，本目标自身实施问题产生的影响。对已发生的影响，项目需要组织进行监测、检查，则测算其偏离值。紧接着进行分析、评价，然后进行相关处理和计划的调整，以求最大程度消除或减少对项目目标的影响，比如质量隐患、工期影响、费用超支以及安全保障等方面。处理或调整后的计划回归或接近基准计划，通过平衡资源，优化项目作业间的逻辑关系，确保项目完工里程碑不变，如此反复，直至总目标的实现，或项目执行的结束。

**5. 目标管理的多样性**

工程项目涉及内容繁多，实现各类目标，进度管理、质量管理与费用管理是其中最重要的三个方面。三大目标间对立统一的关系，需要管理者作为一个系统统筹考虑，建立协调平衡点，力求资源配置最优，综合效益最大化，确保项目质量、进度达到合同要求。

进度管理侧重项目作业间工序的合理安排及逻辑关系优化管理，需要对各工序耗时的测算，及执行过程人力、物力、财力支撑条件的确认，当然也需要关注因为质量和安全要求而产生的制约；进度的目标管理，需要选择作业顺序及支撑条件、控制方法和关键路径为研究对象，以科学的方法统筹、不断更新优化项目计划。

质量管理贯穿工程设计、采购与实施全过程，侧重于监督各类标准的贯彻；质量的目标管理，需要选择项目产品、作业团队和项目过程为监控对象，重点突出各个环节的评审，发现问题、解决问题和杜绝今后类似问题；质量目标管理，应该坚持质量优先，不宜轻易受到进度和费用目标因素的影响。

费用管理侧重计划的精细，以及考虑的全面和充分。包括因为质量或进度的影响而产生的额外投入；费用的目标管理，管理对象可以重点为消耗计划、费用估算、用款计划、实际费用控制。尽可能在保障项目进度和质量及各方面功能的前提下，节省投资，效益最大化。

**6. 目标与计划的区别**

目标一般由上级或各利益方共同慎重决定，一般不宜变更，具有一定的权威，往往也是各利益方合同考核或项目内部成员绩效考评的基础。但项目目标在执行过程中，经过客观实践，也可以进行微调，以求更加符合实际，增加对项目实施的导向性作用。目标的较大变更需经过各利益方或制定方，或上级的同意和认可。

计划是为实现目标而制定的，是项目实施方进行过程控制而设置的，有时也表现分目标形式，可以根据情况进行变更，但也宜保持一定导向性和权威，以便整个过程的可控和项目目标的实现。

**（三）工程项目目标管理的考核与评价**

考核与评价是保证目标管理能够有效执行和实施的重要措施。

**1. 目标管理评价的阶段性**

工程工期较长的项目宜进行阶段性评价，考核标准为该段时间内计划履行情况，以及分目标值的实现情况，亦即跟踪情况评价。工期较短或已完工的项目则进行项目的后评价，详细对照工程项目目标进行核对和评审。

**2. 考核与评价的三个意义**

（1）项目执行一定时期后，无论项目决策者、投资方、执行者还是团队成员，都会对项目进行一次评判，因为考核与评价所提供的数据也会成为影响其后期作为的重要参数。项目投入情况、承包商的选择情况、各方的合作情况、执行情况、建设困难、各方面条件的支撑情况均会成为大家关注的内容。考核与评价就是将实际情况与目标值（预期值）进行对比，提供项目详细偏离及原因的过程。此评价主要表现为项目总目标与现实偏离的对比检查。适时的评价可以为项目获得更多的支持，比如项目重大里程碑实现之际。

（2）项目考核与评价，是对项目执行过程的考核，是将各个分目标与实际执行进行对比的过程，目的是评价项目团队的执行力，同时进行相应绩效考核，以求不断刺激和激励团队进行高效率劳动。适时的评价，可以检查目标的控制程度，也可以及时调整纠偏；一些另类的评价可以激励大家的热情，比如某重要节点前"百日竞赛"之后带奖赏性质的考核与评价。

（3）对已完工项目进行的后评价，主要是总结经验教训，建立企业级项目数据库，以期在下一个项目或今后的作业中规避风险，或收获更多。

3. 考核与评价的建议

项目绩效宜具体、可量化，也宜合理，考虑客观因素，对团队成员以激励为主；项目的考核与评价报告宜形成文件，归档保存。工程项目管理在近十几年来发展迅速，工程项目目标管理的理念也逐渐为许多管理者所接受，但如何在具体行业中有效推行和实施，还需要针对不同行业和工程的特点进一步探索和细化。工程项目目标管理的理念在国内各行业建设中所起到的越来越多的贡献，已成为不争的事实，目前对相关理念的探讨显得必要和有益。

**（四）　工程建设项目目标管理的意义**

对项目决策层而言，目标管理能够让其期望值具体化，能够量化各方的利益关系，对出现的重大影响能及时权衡和协调，同时期望各方信守相关合同约定；对项目管理层而言，明确的目标可以让其有的放矢，合理的目标系统可以回答其工作中的"目标是什么""什么程度""怎么办""怎么度量""怎么处置"等问题。

对项目团队成员而言，有明确的职责和工作要求以及努力方向能提高工作效率，同时也会因为期待完成任务后相关的绩效，能有效激发出其工作热情；此外，目标的层层分解，是能让项目在执行中最终可控的良好途径。

## 第二章

# 园林工程项目投资控制监理

## 第一节　园林工程投资控制概述

### 一、投资控制的目标设置

投资控制目标的设置是随着工程建设实践的不断深入而分阶段设置，具体分为以下几方面。

（1）投资估算应是建设工程设计方案选择和进行初步设计的投资控制目标。

（2）设计概算应是进行技术设计和施工图设计的投资控制目标。

（3）施工图预算或建安工程承包合同价则应是施工阶段投资控制的目标。

有机联系的各个阶段目标相互制约，相互补充，前者控制后者，后者补充前者，共同组成建设工程投资控制的目标系统。

目标要既有先进性，又有实现的可能性。目标水平要能激发执行者的进取心和充分发挥他们的工作能力，挖掘他们的潜力。若目标水平太低，如对建设工程投资高估冒算，则对建造者缺乏激励性，建造者亦没有发挥潜力的余地，目标形同虚设；若水平太高，如在建设工程立项时投资就留有缺口，建造者一再努力也无法达到，则可能产生灰心情绪，使工程投资控制成为一纸空文。

### 二、投资控制的动态原理

投资控制是项目控制的主要内容之一。投资控制原理如图 2-1 所示，这种控制是动态的，并贯穿于项目建设的始终。

这个流程应每两周或一个月循环一次，其表达的含义如下。

（1）项目投入，即把人力、物力、财力投入到项目实施中。

（2）在工程进展过程中，必定存在各种各样的干扰，如恶劣天气、设计出图不及时等。

（3）收集实际数据，及对工程进展情况进行评估。

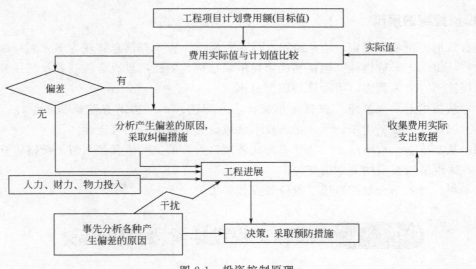

图 2-1　投资控制原理

（4）把投资目标的计划值与实际值进行比较。

（5）检查实际值与计划值有无偏差，如果没有偏差，则工程继续进展，继续投入人力、物力和财力等。

（6）如果有偏差，则需要分析产生偏差的原因，采取控制措施。

### 三、投资控制的重点

投资控制贯穿于项目建设的全过程。影响项目投资最大的阶段，是约占工程项目建设周期 1/4 的技术设计结束前的工作阶段。

很显然，项目投资控制的重点在于施工以前的投资决策和设计阶段，而在项目做出投资决策后，控制项目投资的关键就在于设计。不同建设阶段影响投资程度的坐标图如图 2-2 所示。

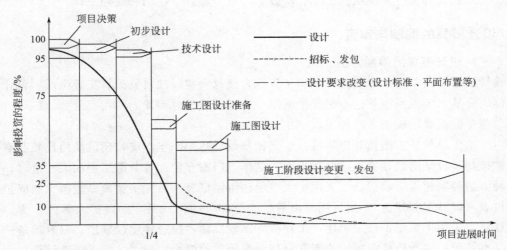

图 2-2　不同建设阶段影响投资程度的坐标图

## 四、 投资控制的措施

要有效地控制项目投资，应从组织、技术、经济、合同与信息管理等多方面采取措施。

（1）从组织上采取措施　包括明确项目组织结构，明确项目投资控制者及其任务，以使项目投资控制有专人负责，明确管理职能分工。

（2）从技术上采取措施　包括重视设计多方案选择，严格审查监督初步设计、技术设计、施工图设计、施工组织设计，深入技术领域研究节约投资的可能性。

（3）从经济上采取措施　包括动态地比较项目投资的实际值和计划值，严格审核各项费用支出，采取节约投资的奖励措施等。

技术与经济相结合是控制项目投资最有效的手段。

## 第二节　园林工程设计阶段投资控制

## 一、 监理工程师设计阶段工作

在工程项目设计阶段，监理工程师的主要工作内容如下。

（1）根据项目建设要求和有关批文、资料，编制设计大纲或方案竞赛文件，组织设计招标或方案竞赛、评定设计方案。

（2）进行勘察、设计资质审查，优选勘察、设计单位；办理勘察设计合同，并督促检查合同的实施。

（3）审查设计方案、图纸和概预算。保证各部分设计符合决策阶段确定的质量要求，符合有关技术法规和技术标准的确定；保证有关设计文件、图纸符合现场和施工的实际条件，其深度应能满足施工的要求；保证工程造价，符合投资限额。

（4）对设计工作进行协调控制。通过协调控制，保证各专业设计之间能互相配合、衔接，及时消除质量隐患，按期完成设计任务。

（5）组织设计文件和图纸的报批、验收、分发、保管、使用和建档工作。

## 二、 设计概算的编制与审查

### （一） 设计概算的编制方法

设计概算是由单位工程概算、单项工程综合概算和建设项目总概算三级组成，设计概算的编制，是从单位工程概算这一级开始编制，经过逐级汇总而成。

单位工程概算的编制方法如下。

（1）扩大单价法（概预算定额法）　当初步设计达到一定深度，建筑结构比较明确，基本上能按初步设计图纸计算出楼面、地面、墙体、门窗和屋面等分部工程的工程量时，可采用这种方法编制建筑工程预算。采用扩大单价法编制概算，首先根据概算定额编制成扩大单位估价表（概算定额基价），然后用算出的扩大分部分项工程量，乘以扩大单位估价，进行具体计算。采用扩大单价法编制建筑工程概算比较准确，但计算比较繁琐。只有具备一定的设计基本知识，熟悉概算定额，才能弄清楚分部分项的综合内容，才能正确地计算扩大分部分项的工程量。同时在套用扩大单位估价时，如果所在地区的工资标准及材料预算价格与概算定额不一致，则需要重新编制扩大单位估价或测定系数加以调整。

（2）概算指标法　当初步设计深度不够，不能准确地计算工程量，但工程设计采用的技术比较成熟，而又有类似概算指标可以利用时，可采用概算指标来编制概算。

概算指标，是按一定计量单位规定的通常以整个房屋每 $100m^2$ 建筑面积或每 $1000m^3$ 建筑体积为计量单位来规定人工、材料和施工机械台班的消耗量以及价值表现的，比概算定额更综合扩大的分部工程或单位工程等劳动、材料和机械台班的消耗量标准和造价指标。在建筑工程中，它往往按完整的建筑物、构筑物以 $m^2$、$m^3$ 或座等为计量单位。

概算指标法是拟建的厂房、住宅的建筑面积或体积乘以技术条件相同或基本相同的概算指标编制概算的方法。当设计对象在结构特征、地质及自然条件与概算指标完全相同，如基础埋深及形式、层高、墙体、楼板等主要承重构件相同，就可直接套用概算指标编制概算。当设计对象的结构特征与某个概算指标有局部不同时，则需要对概算指标进行修正，然后用修正后的概算指标进行计算，可采用两种修正方法。

（3）类似工程预算法　当设计对象与已建或在建工程类似，结构特征基本相同，或者概算定额和概算指标不全，就可以采用这种方法编制单位工程预算。

类似工程预算法就是以原有的相似工程的预算为基础，按编制概算指标的方法，求出单位工程的概算指标，再按概算指标法编制建筑工程概算。利用该法应考虑：

① 设计对象与类似预算的设计在结构上的差异；

② 设计对象与类似预算的设计在建筑上的差异；

③ 地区工资的差异；

④ 材料预算价格的差异；

⑤ 间接费用的差异等。

**（二）审查设计概算的方法**

**1. 对比分析法**

对比分析法主要是通过建设规模、标准与立项批文对比，工程数量与设计图纸对比，综合范围、内容与编制方法、规定对比，各项取费与规定标准对比，材料、人工单价与统一信息对比，引进设备、技术投资与报价要求对比，技术经济指标与同类工程对比等。通过以上对比，容易发现设计概算存在的主要问题和偏差。

**2. 查询核实法**

查询核实法是对一些关键设备和设施、重要装置、引进工程图纸不全、难以核算的较大投资进行多方查询核对，逐项落实的方法。主要设备的市场价向设备供应部门或招标公司查询核实，重要生产装置、设施，向同类企业工程查询了解，引进设备价格及有关费税向进出口公司调查落实，复杂的建筑安装工程向同类工程的建设、承包、施工单位征求意见，深度不够或不清楚的问题直接向原概算编制人员、设计者询问清楚。

**3. 联合会审法**

联合会审前，可先采取多种形式分头审查，包括设计单位自审，主管、建设、承包单位初审，工程造价咨询公司评审，邀请同行专家预审，审批部门复审等，经层层审查把关后由有关单位和专家进行联合会审。在会审大会上，由设计单位介绍概算编制情况及有关问题各有关单位、专家汇报初审、预审意见。然后进行认真分析、讨论，结合对各专业技术方案的审查意见所产生的投资增减，逐一核实原概算出现的问题。经过充分协商，认真听取设计单位意见后，实事求是地处理和调整。

对审查中发现的问题和偏差，按照单位工程概算、综合概算、总概算的顺序，按设备费、安装费、建筑费和工程建设其他费用分类整理。然后按照静态投资、动态投资和铺底流动资金三大类，汇总核增或核减的项目及其投资额。最后将具体审核数据，按照"原编概算"、"增减投资"、"增减幅度"、"调整原因"四栏列表，并按照原总概算表汇总顺序，将增减项目逐一列出，相应调整所属项目投资合计，再依次汇总审核后的总投资及增减投资额。对于差错较多、问题较大或不能满足要求的，责成编制单位按审查意见修改后，重新报批。

## 三、 施工图预算的编制与审查

### （一） 施工图预算的编制方法

施工图预算由单位工程施工图预算、单项工程施工图预算和建设项目施工图预算三级逐级编制、综合汇总而成。由于施工图预算是以单位工程为单位编制的，按单项工程汇总而成，所以施工图预算编制的关键在于编制好单位工程施工图预算。《建筑工程施工发包与承包计价管理办法》（建设部令第 107 号）规定施工图预算由成本、利润和税金构成。其编制可以采用工料单价法和综合单价法两种计价方法，工料单价法是传统的定额计价模式下的施工图预算编制方法，而综合单价法是适应市场经济条件的工程量清单计价模式下的施工图预算编制方法。

#### 1. 工料单价法

工料单价法是指分部分项工程的单价为直接工程费单价，以分部分项工程量乘以对应分部分项工程单价后的合计为单位直接工程费。直接工程费汇总后另加措施费、间接费、利润、税金生成施工图预算造价。

按照分部分项工程单价产生的方法不同，工料单价法又可以分为预算单价法和实物法。

（1） 预算单价法　预算单价法就是采用地区统一单位估价表中的各分项工程工料预算单价（基价）乘以相应的各分项工程的工程量，计算出单位工程直接工程费，措施费、间接费、利润和税金可根据统一规定的费率乘以相应的计费基数计算出，将上述费用相加汇总后即可得到该单位工程的施工图预算造价。

预算单价法编制施工图预算的基本步骤如下。

① 编制前的准备工作。编制施工图预算的过程是具体确定建筑安装工程预算造价的过程。编制施工图预算，不仅要严格遵守国家计价法规、政策，严格按图纸计量，而且还要考虑施工现场条件因素，是一项复杂而细致的工作，也是一项政策性和技术性都很强的工作，因此必须事前做好充分准备。准备工作主要包括两大方面，一是组织准备，二是资料的收集和现场情况的调查。

② 熟悉图纸和预算定额以及单位估价表。图纸是编制施工图预算的基本依据。熟悉图纸不但要弄清图纸的内容，而且要对图纸进行审核，如图纸间相关尺寸是否有误，设备与材料表上的规格、数量是否与图示相符，详图、说明、尺寸和其他符号是否正确等。若发现错误应及时纠正。另外，还要熟悉标准图以及设计更改通知（或类似文件）这些都是图纸的组成部分，不可遗漏。通过对图纸的熟悉，要了解工程的性质、系统的组成、设备和材料的规格型号和品种，以及有无新材料、新工艺的采用。

预算定额和单位估价表是编制施工图预算的计价标准，对其适用范围、工程量计算规则及定额系数等都要充分了解，做到心中有数，这样才能使施工图预算编制准确、迅速。

③ 了解施工组织设计和施工现场情况。编制施工图预算前，应了解施工组织设计中影响工程造价的有关内容。例如，各分部分项工程的施工方法，土方工程中余土外运使用的工

具、运距，施工平面图对建筑材料、构件等堆放点到施工操作地点的距离等，以便能正确计算工程量和正确套用或确定某些分项工程的基价。这对于正确计算工程造价、提高施工图预算编制质量具有重要意义。

④ 划分工程项目和计算工程量

a. 划分工程项目。划分的工程项目必须和定额规定的项目一致，这样才能正确地套用定额。不能重复列项计算，也不能漏项少算。

b. 计算并整理工程量。必须按定额规定的工程量计算规则进行计算，该扣除部分要扣除，不该扣除的部分不能扣除。当按照工程项目将工程量全部计算完以后，要对工程项目和工程量进行整理，即合并同类项和按序排列为套用定额、计算直接工程费和进行工料分析打下基础。

⑤ 套单价计算直接工程费。即将定额子项中的基价填于预算表单价栏内，并将单价乘以工程量得出合价，将结果填入合价栏。

⑥ 工料分析。工料分析即按分项工程项目，依据定额或单位估价表，计算人工和各种材料的实物耗量，并将主要材料汇总成表。工料分析的方法是，首先从定额项目表中分别将各分项工程消耗的每项材料和人工的定额消耗量查出，再分别乘以该工程项目的工程量得到分项工程工料消耗量，最后将各分项工程工料消耗量加以汇总，得出单位工程人工、材料的消耗数量。

⑦ 计算主材费（未计价材料费）。因为许多定额项目基价为不完全价格，即未包括主材费用在内。计算所在地工程工程费之后，还应计算出主材费，以便计算工程造价。

⑧ 按费用定额取费。即按有关规定计取措施费，以及按当地费用定额的取费规定计取间接费、利润、税金等。

⑨ 计算汇总工程造价。将直接费、间接费、利润和税金相加即为工程预算造价。

施工图预算编制程序如图 2-3 所示。

（2）实物法　用实物法编制单位工程施工图预算，就是根据施工图计算的各分项工程量

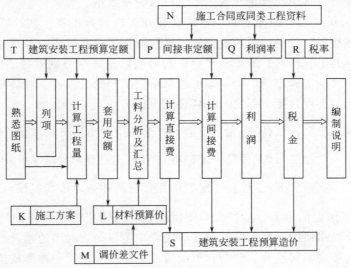

图 2-3　施工图预算编制程序

"⇒"双线箭头表示的是施工图预算编制的主要程序；

施工图预算编制依据的代号有 A、T、K、L、M、N、P、Q、R；

施工图预算编制程序内容的代号有 B、C、D、E、F、G、H、I、S、J

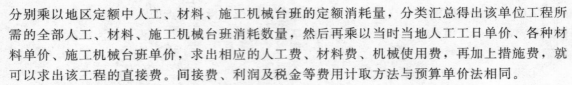

分别乘以地区定额中人工、材料、施工机械台班的定额消耗量，分类汇总得出该单位工程所需的全部人工、材料、施工机械台班消耗数量，然后再乘以当时当地人工工日单价、各种材料单价、施工机械台班单价，求出相应的人工费、材料费、机械使用费，再加上措施费，就可以求出该工程的直接费。间接费、利润及税金等费用计取方法与预算单价法相同。

单位工程直接工程费的计算可以按照以下公式：

$$人工费＝综合工日消耗量×综合工日单价$$

$$材料费＝\sum（各种材料消耗量×相应材料单价）$$

$$机械费＝\sum（各种机械消耗量×相应机械台班单价）$$

$$单位工程直接工程费＝人工费＋材料费＋机械费$$

实物法的优点是能比较及时地将反映各种材料、人工、机械的当时当地市场单价计入预算价格，不需调价，反映当时当地的工程价格水平。实物法编制施工图预算的基本步骤如下。

① 编制前的准备工作。具体工作内容同预算单价法相应步骤的内容。但此时要全面收集各种人工、材料、机械台班的当时当地的市场价格，应包括不同品种、规格的材料预算单价，不同工种、等级的人工工日单价，不同种类、型号的施工机械台班单价等。要求获得的各种价格应全面、真实、可靠。

② 熟悉图纸和预算定额。本步骤的内容同预算单价法相应步骤。

③ 了解施工组织设计和施工现场情况。本步骤的内容同预算单价法相应步骤。

④ 划分工程项目和计算工程量。本步骤的内容同预算单价法相应步骤。

⑤ 套用定额消耗量，计算人工、材料、机械台班消耗量。根据地区定额中人工、材料、施工机械台班的定额消耗量，乘以各分项工程的工程量，分别计算出各分项工程所需的各类人工工日数量、各类材料消耗数量和各类施工机械台班数量。

⑥ 计算并汇总单位工程的人工费、材料费和施工机械台班费。在计算出各分部分项工程的各类人工工日数量、材料消耗数量和施工机械台班数量后，先按类别相加汇总求出该单位工程所需的各种人工、材料、施工机械台班的消耗数量，在分别乘以当时当地相应人工、材料、施工机械台班的实际市场单价，即可求出单位工程的人工费、材料费、机械使用费再汇总即可计算出单位工程直接工程费。计算公式为：

$$单位工程直接工程费＝\sum（工程量×定额人工消耗量×市场工日单价）＋$$

$$\sum（工程量×定额材料消耗量×市场材料单价）＋$$

$$\sum（工程量×定额机械台班消耗量×市场机械台班单价）$$

⑦ 计算其他费用，汇总工程造价。对于措施费、间接费、利润和税金等费用的计算可以采用与预算单价法相似的计算程序，只是有关费率是根据当时当地建设市场的供求情况予以确定。将上述直接费、间接费、利润和税金等汇总即为单位工程预算造价。

（3）预算单价法与实物法的异同　预算单价法与实物法首尾部分的步骤是相同的，所不同的主要是中间的三个步骤。

① 采用实物法计算工程量后，套用相应人工、材料、施工机械台班预算定额消耗量。建设部1995年颁发的《全国统一建筑工程基础定额》（土建部分，是一部量价分离定额）和

现行全国统一安装定额、专业统一和地区统一的计价定额的实物消耗量，是以国家或地方或行业技术规范、质量标准制定的，它反映一定时期施工工艺水平的分项工程计价所需的人工、材料、施工机械消耗量的标准。这些消耗量标准，如建材产品、标准、设计、施工技术及其相关规范和工艺水平等方面没有大的变化，是相对稳定的，因此，它是合理确定和有效控制造价的依据。同时，工程造价主管部门按照定额管理要求，根据技术发展变化也会对定额消耗量标准进行适时的补充修改。

② 求出各分项工程人工、材料、施工机械台班消耗数量，并汇总成单位工程所需各类人工工日、材料和施工机械台班的消耗量。各分项工程人工、材料、机械台班消耗数量由分项工程的工程量分别乘以预算定额单位人工消耗量、预算定额单位材料消耗量和预算定额单位机械台班消耗量而得出的，然后汇总便可得出单位工程各类人工、材料和机械台班总的消耗量。

③ 用当时当地的各类人工工日、材料和施工机械台班的实际单价分别乘以相应的人工工日、材料和施工机械台班总的消耗量，并汇总后得出单位工程的人工费、材料费和机械使用费。

在市场经济条件下，人工、材料和机械台班等施工资源的单价是随市场而变化的，而且它们是影响工程造价最活跃、最主要的因素。用实物量法编制施工图预算，能把"量""价"分开，计算出量后，不再去套用静态的定额基价，而是用相应预算定额人工、材料、机械台班的定额单位消耗量，分别汇总得到人工、材料和机械台班的实物量，用这些实物量去乘以该地区当时的人工工日、材料、施工机械台班的实际单价，这样能比较真实地反映工程产品的实际价格水平，工程造价的准确性高。虽然有计算过程较单价法繁琐的问题，但采用相关计价软件进行计算可以得到解决。因此，实物量法是与市场经济体制相适应的预算编制方法。

2. 综合单价法

综合单价法是指分项工程单价综合了直接工程费及以外的多项费用，按照单价综合的内容不同，综合单价法可分为全费用综合单价和清单综合单价。

(1) 全费用综合单价　即单价中综合了分项工程人工费、材料费、机械费，管理费、利润、规费以及有关文件规定的调价、税金以及一定范围的风险等全部费用。以各分项工程量乘以全费用单价的合价汇总后，再加上措施项目的完全价格，就生成了单位工程施工图造价。公式如下：

$$建筑安装工程预算造价 = (\sum 分项工程量 \times 分项工程全费用单价) +$$
$$措施项目完全价格$$

(2) 清单综合单价　分部分项工程清单综合单价中综合了人工费、材料费、施工机械使用费，企业管理费、利润，并考虑了一定范围的风险费用，未包括措施费、规费和税金，因此它是一种不完全单价。以各分部分项工程量乘以该综合单价的合价汇总后，再加上措施项目费、规费和税金后就是单位工程的造价。公式如下：

$$建筑安装工程预算造价 = (\sum 分项工程量 \times 分项工程不完全单价) +$$
$$措施项目不完全价格 + 规费 + 税金$$

### （二）施工图预算的审查

#### 1. 审查施工图预算的方法

审查施工图预算方法较多，主要有全面审查法、标准预算审查法、分组计算审查法、对比审查法、筛选审查法、重点抽查法、利用手册审查法和分解对比审查法。

（1）全面审查法　全面审查又称逐项审查法，就是按预算定额顺序或施工的先后顺序，逐一地全部进行审查的方法。其具体计算方法和审查过程与编制施工图预算基本相同。此方法的优点是全面、细致，经审查的工程预算差错比较少，质量比较高；缺点是工作量大。因而在一些工程量比较小、工艺比较简单的工程，编制工程预算的技术力量又比较薄弱的，采用全面审查的相对较多。

（2）标准预算审查法　对于采用标准图纸或通用图纸施工的工程，先集中力量，编制标准预算，以此为标准审查预算的方法。按标准图纸设计或通用图纸施工的工程，预算编制和造价基本相同，可集中力量细审一份预算或编制一份预算，作为这种标准图纸的标准预算，或用这种标准图纸的工程量为标准，对照审查，而对局部不同部分作单独审查即可。这种方法的优点是时间短、效果好；缺点是只适应按标准图纸设计的工程，适用范围小，具有局限性。

（3）分组计算审查法　分组计算审查法是一种加快审查工程量速度的方法，把预算中的项目划分为若干组并把相邻且有一定内在联系的项目编为一组，审查或计算同一组中某个分项工程量，利用工程量之间具有相同或相似计算基础的关系，判断同组中其他几个分项工程量计算的准确程度的方法。

（4）对比审查法　是用已建成工程的预算或虽未建成但已审查修正的工程预算对比审查拟建的类似工程预算的一种方法。对比审查法，一般有以下几种情况，应根据工程的不同条件，区别对待。

① 两个工程采用同一个施工图，但基础部分和现场条件不同。其新建工程基础以上部分可采用对比审查法，不同部分可分别采用相应的审查方法进行审查。

② 两个工程设计相同，但建筑面积不同。根据两个工程建筑面积之比与两个工程分部分项工程量之比例基本一致的特点，可审查新建工程各分部分项工程的工程量。或者用两个工程每平方米建筑面积造价及每平方米建筑面积的各分部分项工程量，进行对比审查如果基本相同时，说明新建工程预算是正确的，反之，说明新建工程预算有问题，找出差错原因，加以更正。

③ 两个工程的面积相同，但设计图纸不完全相同时，可把相同的部分，如厂房中的柱子、屋架、屋面、砖墙等进行工程量的对比审查，不能对比的分部分项工程按图纸计算。

（5）筛选审查法　建筑工程虽然有建筑面积和高度的不同，但是它们的各个分部分项工程的工程量、造价、用工量在每个单位面积上的数值变化不大，把这些数据加以汇集、优选，归纳为工程量、造价（价值）、用工三个单方基本值表，并注明其适用的建筑标准。这些基本值犹如"筛子孔"用来筛选各分部分项工程，筛下去的就不审查了，没有筛下去的就意味着此分部分项的单位建筑面积数值不在基本值范围之内，应对该分部分项工程详细审查。

筛选法的优点是简单易懂，便于掌握，审查速度和发现问题快，但解决差错分析其原因需继续审查。

（6）重点抽查法　审查的重点一般是工程量大或造价较高、工程结构复杂的工程，补充单位估价表，计取的各项费用（计费基础、取费标准等），即抓住工程预算中的重点进行审查。重点抽查法的优点是重点突出，审查时间短、效果好。

（7）利用手册审查法　把工程中常用的构件、配件，事先整理成预算手册，按手册对照审查。如工程常用的预制构配件梁板、检查井、化粪池等，几乎每个工程都有，把这些按标准图集计算出工程量，套上单价，编制成预算手册使用，可大大简化预结算的编审工作。

（8）分解对比审查法。

2. 施工预算审查的步骤

（1）做好审查前的准备工作

① 熟悉施工图纸。施工图是编审施工图预算分项数量的重要依据，必须全面熟悉了解核对所有图纸，清点无误后，依次识读。

② 了解施工图预算包括的范围。根据施工图预算编制说明，了解施工图预算包括的工程内容。例如配套设施、室外管线、道路以及会审图纸后的设计变更等。

③ 弄清施工图预算采用的单位估价表。任何单位估价表或预算定额都有一定的适用范围，应根据工程性质，搜集熟悉相应的单价、定额资料。

（2）选择合适的审查方法，按相应内容审查　由于工程规模、繁简程度不同，施工方法和施工企业情况不一样，所编施工图预算质量也不同，因此需选择适当的审查方法进行审查。

（3）施工图预算调整　综合整理审查资料，并与编制单位交换意见，定案后编制调整后的施工图预算。审查后需要进行增加或核减的，经与编制单位协商，统一意见后，进行相应的修正。

# 第三节　园林工程施工阶段投资控制

## 一、　施工阶段投资控制

### （一）　施工阶段投资控制的目标与任务

1. 施工阶段投资控制的目标

确定建设项目在施工阶段的投资控制目标值，包括项目的总目标值、分目标值。在项目施工过程中采取有效措施，控制投资的支出，将实际支出值与投资控制的目标值进行比较，并做出分析及预测，加强对各种干扰因素的控制，及时采取措施，确保项目投资控制目标的实现。

同时，根据实际情况，允许对投资控制目标进行必要调整，调整的目的是使投资控制目标永远处于最佳状态和切合实际。但调整既定目标应严肃对待并按规定程序。

2. 施工阶段投资控制任务

（1）编制建设项目发包阶段投资控制详细工作流程图和细则。

（2）审核标底，将标底与投资计划值进行比较与投资有关的内容（如项目的工程量清单）。

（3）参考项目招投标中的有关文件，如项目评标中的主要施工技术方案等。

（4）编制施工阶段投资详细的工作流程图和投资计划。

（5）施工阶段投资控制的经济措施主要有以下工作。

① 项目的工程量复核，并与已完成的实物工程量比较。

② 审核工程进度款清单。

③ 在项目施工进展过程中，进行投资跟踪。

④ 定期向业主提供投资控制报表。

⑤ 编制施工阶段详细的费用支出计划，复核一切付款账单。

⑥ 审核竣工决算。

（6）施工阶段投资控制的技术措施主要有以下两方面工作。

① 对设计变更部分进行技术经济比较。

② 寻求建设项目中，通过设计的修正挖潜节约投资的可能。

（7）施工阶段投资控制的合同管理主要有以下两方面工作。

① 参与处理工程索赔工作。

② 参与合同修改，补充工作，着重考虑它对投资控制有影响的条款。

**（二） 对施工图预算、 进度款及结算审核的控制要点**

监理对施工图预算、进度款及结算的审核是投资控制的重要工作。审核施工图预算是对项目的预控；审核进度款是控制阶段拨款；审核结算是最终核定项目的实际投资。对监理来说，重点应是审核结算，但是其审核要点基本相同。

造价监理工程师对所监理工程的土建及各专业分部分项工程建立工程量库、单价库及有关取费费率汇总表，按各时间段动态跟踪改变。例如各季度材料单价、取费费率的政策性更改、随设计变更后的工程量更改、最终实际工程量等。特别是工程结算审核中，对在不同阶段、工程发生的施工时间、部位所核定的结算费用，与上述材料单价、费率及工程量的变更密切相关。造价监理工程师建立各阶段动态单价、费率、工程量库后，特别对结算审核十分有效。审核要点如下。

**1. 审核工程量**

审核工程量必须先熟悉施工图纸、预算定额和工程量计算规则。监理公司对核审工程量人员的要求，应是详细按图计算全部分部分项工程量，列出计算公式，标出轴线号及相应区段，必要时绘计算简图，钢筋工程量要按施工图逐根算。工程量计算要详细列出清单，便于复核。

根据实践经验，只有造价监理工程师亲自详细计算出各分部分项的工程量之后，并与承包商提出的工程量逐项核对，准确无误后，才能真正达到审核工程量。

工程量审核是否认真、准确，直接关系到工程投资，这项较繁琐、细致的工作，应予重视，特别是对监理工作的投资控制，应作为重要工作之一。

在审查工程量过程中还应注意构造中的若干细节，如墙基挖土，先根据基础埋深和土质情况，审查槽壁是否需要放坡，坡度系数是否符合规定；其次审查计算内墙基槽长度是否符合规定是否重叠多算。

墙基与墙身的分界线通常砖墙基础计算时，以室内地坪为界线；而对石墙的墙身计算时，却以室外地坪为界线。因此，审查其是否有重叠多算的情况存在。

（1）内外墙砌体应审查砌体扣除的部分，是否按规定扣除，是否不应增加的砌体部分被增加了（如腰线挑砖）。

（2）钢筋混凝土框架中的梁和柱分界、钢筋混凝土框架柱与梁按柱内边线为界，在计算框架柱和框架梁体积时，应列入柱内的就不要再在梁中重复计算。

（3）整个单位工程钢筋混凝土结构中的钢筋和铁件在设计用量与定额规定发生差异时，应按规定作增减调整。但不能按定额项目只调增而不调减，应审查总用量。

（4）定额内已包括者不得另行重算，室外工程的散水、台阶、斜坡等的工程量，是按水平投影面积计算，定额规定已包括挖土、运土、垫层、找平层及面层等工程内容在内，则不应再重复计算挖、运、垫、找平及面层的工程量。

2. 审查定额单价

（1）审查单价是否正确应着重审查工程名称、种类、规格、计量单位，与预算定额或单位估价表上所列的内容是否一致。如果一致时才能套用，否则错套单价，就会影响直接费的准确度。

（2）审查换算单价《预算定额》规定允许换算部分的分项工程单价，应根据《预算定额》的分部分项说明、附注和有关规定进行换算；《预算定额》规定不允许换算部分的分项工程单价，则不得强调工程特殊或其他原因，而任意加以换算，以保持定额的法令性和统一性。

（3）审查补充单价，目前各省、市、自治区都有统一编制，经过审批的《地区单位估价表》，是具有法令性的指标，这就无需再进行审查。但对于某些采用新结构、新技术、新材料的工程，在定额确实缺少这些项目，尚需编制补充单位估价时，就应进行审查，审查其分项项目和工程量是否属实，套用单价是否正确；审查其补充单价的工料分析是根据工程测算数据，还是估算数字确定的。

3. 审查直接费

决定直接费用的主要因素，是各分部分项工程量及其预算定额（或单位估价表）单价。因此，审查直接费，也就是审查直接费部分的整个预算表，即根据已经审查过的分项工程量和预算定额单价，审查单价套用是否准确，是否套错和应换算的单价是否已换算，以及换算是否正确等。审查时应注意以下事项。

（1）预算表上所列的各分项工程名称、内容、做法、规格及计量单位，与单位估价表中所规定的内容是否相符。

（2）在预算表中是否有错列已包括在定额内的项目，从而出现重复多算情况；或因漏列定额未包括的项目，而少算直接费的情况。

4. 审查间接费

依据施工企业性质、等级、规模和承包工程性质不同，间接费的计算方法，有按直接费，也有按人工费为基础的百分比进行计算的。因此，主要审查以下内容。

（1）中央、省、市属国有企业与市、区、县、乡镇、街道属集体施工企业，在套用间接费定额时，是否符合各地区规定，是否集体企业套用全民企业定额标准。

（2）各种费用的计算基础是否符合规定。

（3）各种费用的费率，是否按地区的有关规定计算。

（4）计划利润是否按国家规定标准计取，没有计取资格的施工企业不应计取。

（5）各种间接费采用是否正确合理。

（6）单项定额与综合定额有无重复计算情况。

### （三） 风险预测与防范对策

**1. 项目的风险因素**

（1）技术性风险　包括生产工艺及其他风险、设计技术的风险、施工技术的风险。

（2）非技术性风险　包括自然及环境风险、政治法律风险、经济风险、组织协调风险、合同风险、人员风险、材料风险、设备风险、资金风险、市场风险等。

**2. 风险事件**

风险事件发生后对项目的影响也是不确定的，只有一种潜在的损失或收益。在大型项目建设中，项目实施期间大部分风险事件都是灾难性事件。因此监理目标的实现会由于风险事件的出现大受其害。故监理单位必须加强风险管理，在监理规划中进行风险分析。

**3. 风险管理**

风险管理是确定和度量项目风险，制定并实施风险处理方案的过程。它由五个步骤组成。风险识别的目的是尽可能全面地辨别出影响项目目标实现的可能性并加以恰当地分在项目建设中，分析本项目可能的风险事件如下。

（1）设计　设计内容不全，缺陷设计，设计错误，规范应用不恰当，地质条件考虑缺陷或错误，设计对施工的可能性未予考虑或考虑不周。

（2）施工　施工工艺错误，不合理的施工方案，施工安全措施不当，不可靠技术的应用。

（3）自然与环境　复杂的工程地质条件，不明的水文气象条件洪水、地震、台风等不可抗力。

（4）政治法律　法律及制度变化、经济制裁、战争、骚乱、罢工等。

（5）合同　合同纠纷，合同签订遗漏条款、表达失当、索赔管理。

（6）人员　业主、设计、监理、施工人员素质不高，人员不配套。

（7）材料　供货不足，质量与规格有问题，时间拖延，损耗和浪费，特殊材料及新材料使用有问题等。

（8）设备　施工设备供应不足，不配套，选型不当，安装失误故障。

（9）资金　资金不到位，资金短缺，有关方拖欠，汇率浮动和通货膨胀。

（10）组织协调　信息失灵领导不力，指挥失当等。

**4. 风险分析和评价**

风险分析是对项目风险的不确定性定量化、评价项目风险潜在影响的过程，包括以下内容。

（1）确定风险事件发生的概率（可能性）。

（2）确定风险事件的发生对项目目标影响的严重程度，包括经济损失及对工期的影响。

## 二、 资金使用计划的编制和应用

**1. 编制施工阶段资金使用计划的相关因素**

总进度计划的相关因素为：项目工程量、建设总工期、单位工程工期、施工程序与条件、资金资源和需要与供给的能力与条件。

总进度计划成为确定资金使用计划与控制目标，编制资源需要与调度计划的最为直接的重要依据。

**2. 施工阶段资金使用计划的作用与编制方法**

（1）按不同子项目编制资金使用，做到合理分配，须对工程项目进行合理划分，划分的粗细程度根据实际需要而定。

（2）按时间进度编制的资金使用计划，通常利用项目进度网络图进一步扩充后得到。

按时间进度编制资金使用计划用横道图形式和时标网络图形式。

资金使用计划也可采用S形曲线与香蕉图的形式，其对应数据的产生依据是施工计划网络图中时间参数（工序最早开工时间，工序最早完工时间，工序最迟开工时间，工序最迟完工时间，关键工序，关键路线，计划总工期）的计算结果与对应阶段资金使用要求。

利用确定的网络计划便可计算各项活动的最早及最迟开工时间，获得项目进度计划的甘特图。在甘特图的基础上便可编制按时间进度划分的投资支出预算，进而绘制时间-投资累计曲线（S形图线）。

3. 施工阶段投资偏差分析

施工阶段投资偏差的形成过程，是由于施工过程随机因素与风险因素的影响形成了实际投资与计划投资，实际工程进度与计划工程进度的差异，这些差异是称为投资偏差与进度偏差，这些偏差是施工阶段工程造价计算与控制的对象。

投资偏差指投资计划值与实际值之间存在的差异，即

$$投资偏差＝已完工程实际投资－已完工程计划投资$$

$$进度偏差＝已完工程实际时间－已完工程计划时间$$

$$进度偏差＝拟完工程计划投资－已完工程计划投资$$

所谓拟完工程计划投资是指根据进度计划安排在某一确定时间内所应完成的工程内容的计划投资。

在投资偏差分析时，具体又分为：局部偏差和累计偏差、绝对偏差和相对偏差。

常用的偏差分析方法有横道图法、时标网络图法、表格法和曲线法。

4. 偏差形成原因的分类及纠正方法

（1）偏差形成原因有四个方面：客观原因、业主原因、设计原因和施工原因。

（2）偏差的类型分为以下四种形式：投资增加且工期拖延、投资增加但工期提前、工期拖延但投资节约、工期提前且投资节约。

（3）通常把纠偏措施分为组织措施、经济措施、技术措施、合同措施四个方面。

## 三、 工程量

工程量是指以物理计量单位或自然计量单位表示的分项工程或结构构件的实物数量。物理计量单位是指需经过度量的具有物理属性的单位，例如长度、面积、体积、重量等的单位。自然计量单位是指不需度量而是以建筑物的自然属性表示的计量单位，如座、台、套、个、组等单位。

工程量的计算是十分重要的，工程量计算的准确度直接影响定额直接费，从而对工程造价造成很大影响。施工企业可以根据工程量的大小安排施工进度计划。工程量的计算十分复杂，而且工作量较大，一般来说，工程量计算所需的工作时间约占编制施工图预算所需全部时间的70%。计算工程量，就是根据施工图纸和定额项目的划分列出分项工程或结构构件（即定额项目）名称，根据工程量计算规则列出计算式，最后得出结果的过程。汇总工程量时，其准确度取值，$m^3$、$m^2$、$m$ 以下取两位小数，$t$ 以下取三位小数，$kg$、件取整数。

计算工程量时，应依据预算定额的顺序，分部、分项依次计算，并尽可能采用表格及计算机，简化计算过程。

## 四、工程变更的控制

工程建设过程中，不可避免会遇到变更问题。工程变更不只限于对设计的技术性修改，还包括增减工程清单的内容或工程量，包括施工进度计划的变动或施工程序的变换，当然，质量标准的调整、合同条款的修改或补充等也属于工程变更。实质上，工程变更就是合同的变更。

工程变更，可以是由于业主的原因而引起，也可以因为设计方面而导致，有的来自承建单位的要求，有的来自监理工程师的建议。从施工合同的角度看，设计变更与监理工程师建议的变更均属业主方的变更。以下就有关各方提出的变更动机和监理工程师在变更控制中的角色问题进行剖析。

（1）业主方提出的工程变更 业主提出工程变更，目的无非是为了优化功能、节减投资、降低资金成本、提高工程效益。一般而言，只有建设单位的基本面面临较大变化时，业主才会提出重大的变更要求。比如，如果判断国家政策或市场供求发生变化会对项目产生较大影响时，业主就可能需要提出增减部分工程、提高或降低建筑标准等工程变更措施；如果业主希望提前使用工程，或者为了缓解筹资压力，业主就可能提出提前竣工或工程缓建、停建等调整进度计划的要求。因此，当业主认为需要变更工程时，监理工程师既要看到变更对合同的影响，更要理解和尊重业主的意愿。但在业主进行决策之前，监理工程师有义务就拟变更的内容进行认真分析，充分论证变更对建设工期、项目投资和项目质量的影响，以及有没有引起连带索赔的风险等，及时报告业主参考，热情做好业主的参谋。

由于项目"三控"的需要，如果项目实施过程中出现了不利或被动的情况，监理工程师就可能会主动提出工程变更的建议。但工程变更对项目建设具有"牵一发而动全身"的影响，所以，一般情况下，监理不要轻易提出工程变更建议。只有经过充分论证认为变更的确有利于解决不利或被动的局面时，方可提出变更建议，并向业主详细报告变更建议的理由，待业主做出同意决策后才能向承建商下达工程变更指令。

业主方提出的工程变更，如果涉及修改设计的均需征得设计方的同意。

（2）设计方提出的设计变更 如果设计文件、设计图纸出现差错，设计单位需要提出设计修改；如果设计出现漏项或者设计的预计与实际的现场条件出现很大差异，设计单位则需要补充或修改设计。除此之外，设计方面一般并不乐意因现场原因随时进行设计更改。尽管如此，设计变更还是不少。从表面看，这些设计变更，大多数是合理的、必须的。但从监理对项目"三大目标"控制的角度看，这些设计变更可分为三类：一是真正有利的变更；二是对局部或某个方面有利，但综合考虑可能不利的变更。比如，提出一项采用新技术、新工艺或新材料的设计变更，可能带来缩短工期、节省投资、提高质量的效果，但却可能因为变更合同而导致索赔、扯皮等问题而最终使期望的成果化为乌有；三是必须的但又是应该避免的变更。这种变更占多数，主要是对设计差错的修正。既然出现差错，理所当然进行纠正。但是，修改总会伴生索赔的风险，因此，希望在设计一开始就能尽量避免或减少设计差错的发生。监理在向承包商提供施工图纸前，应认真审核图纸，发现问题及时与设计方联系处理。

对于监理来说，只要设计变更不是合理和必须的，就应该否定，不予执行。但事实上，即使设计变更对项目总目标的实现并非有利，除非设计方同意撤回，否则就只能指令承建商执行变更，不然监理就"违法""违规"。这就是说，国内监理对设计变更的控制，一般只能起一个"中转站"的作用，较难进行有效、合理的控制。

（3）承建商要求的工程变更利用或制造工程变更的机会来达到谋求自身减少损失、增加利润的目的，总是市场经济条件下承包商的一种"本能"。比如，国外经验丰富的承包商常常低价中标策略，他们"早有预谋"，在工程开工后借用有利己方的合同规定，极力创造机会达到工程变更，以求达到提高单价、增加高利润项目工程量的目的，从而弥补投标价的利润不足。追求利润最大化，现在国内施工单位也不例外。在工程建造过程中，如果实际进度已经拖延，施工单位就会要求或希望通过工程变更来缩短当前或后续关键工作的时间，以挽回或减少工期延误，从而避免或减轻延误工期的处罚；如果某个部位施工难度较大，施工单位就希望进行工程变更（如修改设计）。承建商提出工程变更要求，有从工程的总体目标角度考虑的，也有希望通过工程变更，为索赔埋设伏笔的。不管承包商出于什么目的，监理对这种工程变更的情况，只要对项目的工期、投资、质量控制是有利的，就可以同意；如果是不利的，包括可能产生难以评估的合同风险，监理就不予同意。当然有利或不利，要进行综合评估后才下结论。

监理应该客观地对待承包商提出的变更申请，尽管承包商提出的变更请求总是带有利己成分，但并非"利己"就一定不好，有时这种"利己"变更对业主也是十分有利的。对于这种情况，监理更应给予支持或协助，比如积极协调有关方面，耐心解释、说服业主等。

承包商提出的工程变更如果涉及修改设计，则必须经设计方同意。

## 第三章

# 园林土方工程施工现场监理

## 第一节　材料质量监理

### 一、 土的现场鉴别

（1）碎石土、砂土的野外鉴别见表 3-1。

表 3-1　碎石土、砂土的野外鉴别

| 类别 | 土名 | 鉴别特征 | | | |
|---|---|---|---|---|---|
| | | 观察颗粒粗细 | 干燥的状态 | 湿润时用手拍后的状态 | 黏着程度 |
| 碎石土 | 卵石（碎石） | 一半以上颗粒大小接近或超过枣大小（20mm） | 颗粒完全分散 | 表面无变化 | 无黏着感 |
| | 圆砾（角砾） | 一半以上颗粒大小接近或超过荞麦或高粱粒大小（约 2mm） | 颗粒完全分散 | 表面无变化 | 无黏着感 |
| 砂性土 | 砾砂 | 约有 1/4 以上颗粒比荞麦或高粱粒（2mm）大 | 颗粒完全分散 | 表面无变化 | 无黏着感 |
| | 粗砂 | 约有一半以上颗粒比小米粒（0.5m）大 | 颗粒完全分散（个别胶结） | 表面无变化 | 无黏着感 |
| | 中砂 | 约有一半以上颗粒与砂糖或白菜子（>0.25mm）近似 | 颗粒基本分散，部分胶结，胶结部分一碰即散 | 表面偶有水印 | 无黏着感 |
| | 细砂 | 大部分颗粒与粗玉米粉（>0.1m）近似 | 颗粒大部分分散，少量胶结，胶结部分稍加碰撞即散 | 表面有水印（翻浆） | 偶有轻微黏着感 |
| | 粉砂 | 大部分颗粒与小米粉（<0.1mm）近似 | 颗粒少部分分散，大部分胶结，稍加压即能分散 | 表面有显著翻浆现象 | 有轻微黏着感 |

（2）黏性土按塑性指数的分类及野外鉴别见表 3-2。

表 3-2　黏性土按塑性指数的分类及野外鉴别

| 鉴别方法 | 塑性指数($I_p$)与分类 | | |
|---|---|---|---|
| | 黏土($I_p>17$) | 粉质黏土($10<I_p\leqslant17$) | 粉土($I_p\leqslant10$) |
| 湿润时用刀切 | 切面非常光滑,刀刃有黏腻的阻力 | 稍有光滑面,切面规则 | 无光滑面,切面比较粗糙 |
| 用手捻摸时的感觉 | 湿土用手捻摸时有滑腻的阻力 | 稍有光滑面,切面规则 | 感觉有细颗粒存在或感觉粗糙,有轻微黏滞感或无黏滞感 |
| 黏着程度 | 湿土极易黏着物体(包括金属与玻璃),干燥后不易剥去,用水反复洗才能去掉 | 能黏着物体,干燥后较易剥掉 | 一般不黏着物体,干燥后一碰就掉 |
| 湿土搓条情况 | 能搓成小于 0.5mm 的土条(长度不短于手撑),手持一端不致断裂 | 能搓成 0.5~2mm 的土条 | 能搓成 2~3mm 的土条 |
| 干土的性质 | 坚硬,类似陶器碎片,用锤击方可打碎,不易击成粉末 | 用锤易击碎,用手难捏碎 | 用手很易捏碎 |

（3）人工填土与淤泥质土的鉴别方法见表 3-3。

表 3-3　人工填土与淤泥质土的鉴别方法

| 鉴别方法 | 人工填土 | 淤泥质土 |
|---|---|---|
| 颜色 | 没有固定颜色,主要决定于杂物,一般为灰黑色 | 灰黑色有臭味 |
| 夹杂物 | 一般含砖瓦碎块、垃圾、炉灰等 | 池沼中有半腐朽的细小动植物遗体,如草根、小螺壳等 |
| 构造 | 夹杂物质显露于外,构造无规律 | 构造常为层状,但有时不明显 |
| 浸入水中的现象 | 浸水后大部门物质变为稀软的淤泥,其余部分则为砖瓦、炉灰渣在水中单独出现 | 有时出现气泡 |
| 湿土搓条情况 | 一般情况能搓成 3mm 的土条,但易折断;遇有碎砖杂质甚多时,即不能搓条 | 能搓成 3mm 的土条,但易折断 |
| 干燥后的强度 | 干燥后部分杂质脱落,故无定形,稍微施加压力即行破碎 | 干燥后体积缩小,强度不大,锤击时成粉末,用手指能搓散 |

（4）碎石土密度野外鉴别方法见表 3-4。

表 3-4　碎石土密度野外鉴别方法

| 密实度 | 骨架颗粒含量和排列 | 可挖性 | 可钻性 |
|---|---|---|---|
| 密实 | 骨架颗粒含量大于全重的 70%,呈交错排列,连续接触 | 锹镐挖掘困难,用撬棍方能松动,井壁一般较稳定 | 钻进极困难;冲击钻探时,钻杆、吊锤跳动剧烈孔壁较稳定 |
| 中密 | 骨架颗粒含量大于全重 60%~70%,呈交错排列,大部分接触 | 锹镐可挖掘;井壁有掉块现象;从井壁取出大颗粒处,能保持颗粒凹面形状 | 钻进困难;冲击钻探时,钻杆、吊锤跳动不剧烈;孔壁有坍塌现象 |
| 稍密 | 骨架颗粒含量小于全重的 60%,排列混乱,大部分不接触 | 锹可以挖掘;井壁易坍塌;从井壁取出大颗粒后,砂性土立即坍落 | 钻进较容易;冲击钻探时,钻杆稍有跳动;孔壁易坍塌 |

　　注：碎石土的密度应按表列各项特征综合确定。

（5）砂类土湿度的野外鉴别方法见表 3-5。

表 3-5　砂类土湿度的野外鉴别方法

| 湿度 | 砂土特征 | 黏性土特征 |
|---|---|---|
| 稍湿 | 用手紧握,可由潮湿而感到凉;在手掌中时,能分出一些小块;放在滤纸上,不立即浸湿 | 用手紧握时,由于潮湿而感到很凉;颜色较深,不易捏塑;刀切之似蜡;放上滤纸不立即浸湿 |
| 很湿 | 放在手上有湿感,似有可塑性,压时能保持较长时间,放在滤纸上浸湿很快 | 放在手上有湿感,易塑成任何形状,放在滤纸上浸湿很快 |
| 饱和 | 放在手上稍摇动即液化成饼状 | 粉土与砂相似,水滴在粉质黏土和黏土样表面上不易渗入 |

（6）碎石类土密实程度鉴别见表 3-6。

表 3-6　碎石类土密实程度鉴别

| 密实程度 | 骨架和充填物 | 天然陡坡和开挖情况 | 钻探情况 |
|---|---|---|---|
| 密实 | 骨架颗粒交错紧贴,孔隙填满,充填物密实 | 挖掘困难,用撬棍方能松动,坑壁稳定,从坑壁取出大颗粒处,能保持凹面形状 | 钻进困难,冲击钻探时,钻杆、吊锤跳动剧烈,孔壁较稳定 |
| 中密 | 骨架颗粒疏密不均匀,部分不连续,孔隙填满,充填物中密 | 天然陡坡不易陡立,或陡坎下堆积物较多,但大于粗颗粒安息角镐可挖掘,坑壁有掉块现象,从坑壁取出大颗粒处,砂类土不易保持凹面形状 | 钻进较难,冲击钻探时,钻杆、吊锤跳动不剧烈,孔壁有坍塌现象 |
| 松散 | 多数骨架颗粒不接触,而被充填物包裹,充填物松散 | 不能形成陡坎,天然坡接近于粗颗粒安息角锹可以挖掘,坑壁易坍塌,从坑壁取出大颗粒后,砂类土即塌落 | 钻进较容易,冲击钻探时,钻杆稍有跳动,孔壁易坍塌 |

（7）砂类土潮湿程度野外鉴别见表 3-7。

表 3-7　砂类土潮湿程度野外鉴别

| 潮湿程度 | 稍湿 | 潮湿 | 饱和 |
|---|---|---|---|
| 试验指标(饱和度 $S_r$) | $S_r \le 0.5$ | $0.5 < S_r \le 0.8$ | $S_r > 0.8$ |
| 感性鉴定 | 呈松散状,手摸时感到潮 | 可以勉强握成团 | 空隙中的水可自由渗出 |

（8）黏性土的野外鉴别见表 3-8。

表 3-8　黏性土的野外鉴别

| 土类 | 用手搓捻时的感觉 | 用放大镜及肉眼观察搓碎的土 | 干时土的状况 | 潮湿时将土搓捻的情况 | 潮湿时用小刀削切的情况 | 潮湿土的情况 | 其他特征 |
|---|---|---|---|---|---|---|---|
| 黏土 | 极细的均匀土块很难用手搓碎 | 均质细粉末,看不见砂粒 | 坚硬,用锤能打碎,碎块不会散落 | 很容易搓成细于 0.5mm 的长条,易滚成小球 | 光滑表面,土面上看不见砂粒 | 黏塑的、滑腻的、粘连的 | 干时有光泽,有细狭条纹 |
| 亚黏土 | 没有均质的感觉,感到有砂粒,土块容易被压碎 | 从它的细粉末可以清楚地看到砂粒 | 用锤击和手压土块容易碎开 | 能搓成比黏土较粗的短土条,能滚成小球 | 可以感觉到有砂粒存在 | 塑性的弱黏结性 | 干时光泽暗沉,条纹较黏土粗而宽 |
| 粉质亚黏 | 土砂粒的感觉少,土块容易压碎 | 砂粒很少,可见很多细粉粒 | 用锤击和手压土块容易碎开 | 不能搓成很长的土条,搓成的土条容易破裂 | 土面粗糙 | 塑性的弱黏结性 | 干时光泽暗淡,条纹粗面宽 |

续表

| 土类 | 用手搓捻时的感觉 | 用放大镜及肉眼观察搓碎的土 | 干时土的状况 | 潮湿时将土搓捻的情况 | 潮湿时用小刀削切的情况 | 潮湿土的情况 | 其他特征 |
|---|---|---|---|---|---|---|---|
| 亚砂土 | 土质不均匀,能清楚地感觉到砂粒的存在,稍用力土块即被压碎 | 砂粒多于黏粒 | 土块容易散开,用手压或用铲子铲起丢掷土块,散落成大屑 | 几乎不能搓成土条,滚成的土球容易开裂和散落 | 无塑性 | |
| 粉土 | 有干面似的感觉 | 砂粒少、粉粒多 | 土块极易散落 | 不能搓成土球和土条 | 成流体状 | |

（9）粉土、黏性土的鉴别方法见表3-9。

**表3-9 粉土、黏性土的鉴别方法**

| 土的名称 | 湿润时刀切 | 湿土用手捻摸的感觉 | 土的状态 | | 湿土搓条情况 |
|---|---|---|---|---|---|
| | | | 干土 | 湿土 | |
| 黏土 | 切面很光滑,切刃处且有黏滞阻力 | 有滑腻感,感觉不到有砂粒,水分较大时很黏平,感觉不到有颗粒的存在 | 土块坚硬,用锤才能打碎 | 易黏着物体(包括金属与玻璃),干燥后不易剥去,用水反复冲洗才能去掉 | 塑性大,能搓成直径为0.5mm的长条,其长度不短于手掌,手持一端不易断裂 |
| 粉质黏土 | 稍有光滑面,切面平整 | 稍有滑腻感,有黏滞感,感觉到有少量黏粒 | 土块用力可压碎 | 能黏着物体,干燥后较易剥去 | 有塑性,能搓成直径为0.5～2mm的土条 |
| 粉土 | 无光滑面,切面稍有粗糙, | 有轻微黏滞感或无黏滞感,感觉到砂粒较多粗糙 | 土块用手捏或抛扔时易碎 | 不易黏着物体,干燥后一碰就掉 | 塑性小,能搓成直径为2～3mm的短条 |

（10）新近沉积黏性土的鉴别方法见表3-10。

**表3-10 新近沉积黏性土的鉴别方法**

| 沉积环境 | 颜色 | 结构性 | 含有物 |
|---|---|---|---|
| 已填塞的湖、塘、沟、谷,河深滩和山洪冲积的表层,古河道及河道泛滥区 | 颜色较深、暗,呈褐、暗黄或灰色,含有机质较多时呈粉灰黑色 | 结构性差,用手扰动原状土时极易变软,塑性较低的土还有振动水析现象 | 在完整的剖面中无原生的粒状结核体,但可能含有圆形或亚圆形的钙质结核体或贝壳等,在城镇附近可能含有少量碎砖、陶瓦片或朽木等人类活动的遗留物 |

（11）膨胀土、红黏土、泥炭、黄土、淤泥的鉴别方法见表3-11。

**表3-11 膨胀土、红黏土、泥炭、黄土、淤泥的鉴别方法**

| 土的名称 | 观察颜色 | 夹杂物质 | 形状(构造) | 浸入水中的现象 | 湿土搓条情况 |
|---|---|---|---|---|---|
| 膨胀土 | 灰白、灰褐、黄褐、红蓝、棕蓝色 | 成分以$SiO_2$、$A_2O_3$、$Fe_2O_3$为主,并含大量的蒙脱石和高岭土 | 黏土颗粒含量高,塑性指数大,结构强高,多为中等压缩性 | 水浸湿后,即使在一定荷载作用下,土的体积仍能膨胀,土被浮湿后,裂隙可以回缩 | 一般可以搓条,相当于黏土或粉质黏土 |

续表

| 土的名称 | 观察颜色 | 夹杂物质 | 形状(构造) | 浸入水中的现象 | 湿土搓条情况 |
|---|---|---|---|---|---|
| 红黏土 | 红褐色 | 主要矿物成分为伊利石、蒙脱石,具有中等程度的亲水性、膨胀性和可塑性 | 土体被多方向的裂隙分割,裂隙面一般较光滑并呈波状弯曲。裂隙常被次生黏土充填,时有锰铁胶膜附着 | 吸水膨胀软化,使土体结构破坏,以至崩解。易产生塌陷、溜塌和滑坡 | 可以搓条 |
| 泥炭 | 深灰色或黑色 | 有未腐朽的动植物遗骸,其含量超过60% | 夹杂物有时可见,构造无规律 | 极易崩碎,变为稀软淤泥,其余部分为植物根,动物残体渣渣浮于水中 | 一般能搓成1~3m土条。但残渣较多时,能搓成3mm以上的土条 |
| 黄土 | 黄褐混合色有 | 白色粉末出现在纹理之中 | 夹杂物质常清晰可见,构造上有垂直大孔 | 崩散成散的颗粒团,在水面上出现很多白色液体 | 有塑性,能搓成直径为0.5~2mm的土条 |
| 淤泥 | 灰黑色、有臭味 | 沼泽中半腐朽的细小动植物遗体,如小螺壳、植物根 | 仔细观察可以发现构造常呈层状,但有时不很明显 | 外观无显著变化,水面易出现气泡 | 一般能搓成3mm的土条,长则可达3cm以上,但容易断裂 |

## 二、土的现场记录

在取土样时,应从宏观上对土层进行描述并做出详细记录,其内容包括以下几项。

(1) 取样日期、地点、方向或左右位置、沉积环境。

(2) 土层的地质时代、成因类型和地貌特征。

(3) 取样深度及层位、何级阶地、阴阳边坡。

(4) 取样点距地下水位的高度和毛细水带的位置,季节和天气(晴、阴、雨、雪等)。

(5) 取样土层的结构、构造、密实和潮湿程度或易液化程度等。

(6) 取样土层内夹杂物含量及分布。

(7) 取样时土的状态(原状或扰动)。

## 三、土的试验方法

现场的简易试验一般只适用于小于0.5mm颗粒的土样,其方法如下。

(1) 可塑状态　将土样调到可塑状态,根据能搓成土条的最小直径来确定土类。搓成 $\phi > 2.5$ mm 土条而不断的为低液限土;搓成 $\phi = 1 \sim 2.5$ mm 土条而不断的为中液限土;搓成 $\phi < 1.0$ mm 土条而不断的为高液限土。

(2) 湿土揉捏感觉(手感)　将湿土用手揉捏,可感到颗粒的粗细。低液限的土有砂粒感,带粉性的土有面粉感,黏附性弱;中液限的土微感砂粒,有塑性和黏附性;高液限的土无砂粒感,塑性和黏附性大。

(3) 干强度　对于风干的土块,根据手指捏碎或扳断时用力大小,可区分为:干强度高,很难捏碎,抗剪强度大;干强度中等,稍用力时能捏碎,容易劈裂;干强度低,易于捏碎或搓成粉粒。

当土中含有高强水溶胶结物质或碳酸钙时(如黄土),将使其具有较高的干强度,因此,需辅以稀盐酸反应来鉴别。方法是用2:1(水:浓盐酸)的稀盐酸滴在土块上,泡沫很多,且持续时间很长，表示含多量碳酸盐，如无泡沫出现，表示不含碳酸盐。

（4）韧性试验 将土调到可塑状态，搓成 3mm 左右的土条，再揉成团，重复搓条。根据再次搓成条的可能性与否，可区分为：韧性高，能再搓成条，手指捏不碎；中等韧性，可再搓成团，稍捏即碎；低韧性，不能再揉成团，稍捏或不捏即碎。

（5）摇振试验 将软塑至流动的小块，团成小球状放在手上反复摇晃，并用另一手击振该手掌，土中自由水析出土球表面，呈现光泽；用手捏土球时，表面水分又消失。根据水分析出和消失的快慢，可区分为：反应快，水析出与消失迅速；反应中等，水析出与消失中等；无反应，土球被击振时无析水现象。

（6）盐渍土的简单定性试验 取土数克，捏碎，放入试管中，加水 10 余毫升，用手堵住管口，摇荡数分钟后过滤，取滤液少许，分别放入另外几个试管中，用下列方法鉴定溶盐的种类。

① 在试管中滴入 1∶1 的水：浓硝酸（$HNO_3$）和 10％硝酸银（$AgNO_3$）溶液各数滴，如有白色沉淀（AgCl）出现时，则土中有氯化物盐类存在。

② 在试管中加入 1∶1 的水：浓盐酸（HCl）和 10％氯化钡（$BaCl_2$）溶液各数滴，如有白色沉淀（$BaSO_4$）出现时，则土中有硫酸盐盐类存在。

③ 在试管中加入酚酞指示剂 2～3 滴，如呈现樱桃红色，则土样中有碳酸盐类存在。

## 四、 土壤类别

在我国根据地域环境不同，土壤一般分为砖红壤、赤红壤、红壤和黄壤、黄棕壤、棕壤、暗棕壤、寒棕壤、褐土、黑钙土、栗钙土、棕钙土、黑垆土、荒漠土、草甸土及漠土。

### 1. 砖红壤

海南岛、雷州半岛、西双版纳和台湾岛南部，大致位于北纬 22°以南地区。热带季风气候。年平均气温为 23～26℃，年平均降水量为 1600～2000mm。植被为热带季雨林。风化淋溶作用强烈，易溶性无机养分大量流失，铁、铝残留在土中，颜色发红。土层深厚，质地黏重，肥力差，呈酸性至强酸性。

### 2. 赤红壤

滇南的大部，广西、广东的南部，福建的东南部，以及台湾省的中南部，大致在北纬 22°～25°之间，为砖红壤与红壤之间的过渡类型。南亚热带季风气候区。气温较砖红壤地区略低，年平均气温为 21～22℃，年降水量在 1200～2000mm 之间，植被为常绿阔叶林。风化淋溶作用略弱于砖红壤，颜色红。土层较厚，质地较黏重，肥力较差，呈酸性。

### 3. 红壤和黄壤

长江以南的大部分地区以及四川盆地周围的山地。中亚热带季风气候区。气候温暖，雨量充沛，年平均气温 16～26℃，年降水量 1500mm 左右。植被为亚热带常绿阔叶林。黄壤形成的热量条件比红壤略差，而水湿条件较好。有机质来源丰富，但分解快，流失多，故土壤中腐殖质少，土性较黏，因淋溶作用较强，故钾、钠、钙、镁积存少，而含铁、铝多，土呈均匀的红色。因黄壤中的氧化铁水化，土层呈黄色。

### 4. 黄棕壤

北起秦岭、淮河，南到大巴山和长江，西自青藏高原东南边缘，东至长江下游地带。是黄红壤与棕壤之间过渡型土类。亚热带季风区北缘。夏季高温，冬季较冷，年平均气温为 15～18℃，年降水量为 750～1000mm。植被是落叶阔叶林，但杂生有常绿阔叶树种。既具有黄壤与红壤富铝化作用的特点，又具有棕壤黏化作用的特点。呈弱酸性反应，自然肥力比较高。

### 5. 棕壤

山东半岛和辽东半岛。暖温带半湿润气候。夏季暖热多雨，冬季寒冷干旱，年平均气温为 5～14℃，年降水量约为 500～1000mm。植被为暖温带落叶阔叶林和针阔叶混交林。土壤中的黏化作用强烈，还产生较明显的淋溶作用，使钾、钠、钙、镁都被淋失，黏粒向下淀积。土层较厚，质地比较黏重，表层有机质含量较高，呈微酸性反应。

### 6. 暗棕壤

东北地区大兴安岭东坡、小兴安岭、张广才岭和长白山等地。中温带湿润气候。年平均气温 -1～5℃，冬季寒冷而漫长，年降水量 600～1100mm。是温带针阔叶混交林下形成的土壤。土壤呈酸性反应，它与棕壤比较，表层有较丰富的有机质，腐殖质的积累量多，是比较肥沃的森林土壤。

### 7. 寒棕壤（漂灰土）

大兴安岭北段山地上部，北面宽南面窄。寒温带湿润气候。年平均气温为 -5℃，年降水量 450～550mm。植被为亚寒带针叶林。土壤经漂灰作用（氧化铁被还原随水流失的漂洗作用和铁、铝氧化物与腐殖酸形成螯合物向下淋溶并淀积的灰化作用）。土壤酸性大，土层薄，有机质分解慢，有效养分少。

### 8. 褐土

山西、河北、辽宁三省连接的丘陵低山地区，陕西关中平原。暖温带半湿润、半干旱季风气候。年平均气温 11～14℃，年降水量 500～700mm，一半以上都集中在夏季，冬季干旱。植被以中生和旱生森林灌木为主。淋溶程度不很强烈，有少量碳酸钙淀积。土壤呈中性、微碱性反应，矿物质、有机质积累较多，腐殖质层较厚，肥力较高。

### 9. 黑钙土

大兴安岭中南段山地的东西两侧，东北松嫩平原的中部和松花江、辽河的分水岭地区。温带半湿润大陆性气候。年平均气温 -3～3℃，年降水量 350～500mm。植被为产草量最高的温带草原和草甸草原。腐殖质含量最为丰富，腐殖质层厚度大，土壤颜色以黑色为主，呈中性至微碱性反应，钙、镁、钾、钠等无机养分也较多，土壤肥力高。

### 10. 栗钙土

内蒙古高原东部和中部的广大草原地区，是钙层土中分布最广，面积最大的土类。温带半干旱大陆性气候。年平均气温 -2～6℃，年降水量 250～350mm。草场为典型的干草原，生长不如黑钙土区茂密。腐殖质积累程度比黑钙土弱些，但也相当丰富，厚度也较大，土壤颜色为栗色。土层呈弱碱性反应，局部地区有碱化现象。土壤质地以细沙和粉沙为主，区内沙化现象比较严重。

### 11. 棕钙土

内蒙古高原的中西部，鄂尔多斯高原，新疆准噶尔盆地的北部，塔里木盆地的外缘，是钙层土中最干旱并向荒漠地带过渡的一种土壤。气候比栗钙土地区更干，大陆性更强。年平均气温 2～7℃，年降水量 150～250mm，没有灌溉就不能种植庄稼。植被为荒漠草原和草原化荒漠。腐殖质的积累和腐殖质层厚度是钙层土中最少的，土壤颜色以棕色为主，土壤呈碱性反应，地面普遍多砾石和沙，并逐渐向荒漠土过渡。

### 12. 黑垆土

陕西北部、宁夏南部、甘肃东部等黄土高原上土壤侵蚀较轻，地形较平坦的黄土源区。

暖温带半干旱、半湿润气候。年平均气温 8～10℃，年降水量 300～500mm，与黑钙土地区差不多，但由于气温较高，相对湿度较小。由黄土母质形成。植被与栗钙土地区相似。绝大部分都已被开垦为农田。腐殖质的积累和有机质含量不高，腐殖质层的颜色上下差别比较大，上半段为黄棕灰色，下半段为灰带褐色，好像黑垆土是被埋在下边的古土壤。

### 13. 荒漠土

内蒙古、甘肃的西部，新疆的大部，青海的柴达木盆地等地区，面积很大，差不多要占全国总面积的 1/5。温带大陆性干旱气候。年降水量大部分地区不到 100mm。植被稀少，以非常耐旱的肉汁半灌木为主。土壤基本上没有明显的腐殖质层，土质疏松，缺少水分，土壤剖面几乎全是砂砾，碳酸钙表聚、石膏和盐分聚积多，土壤发育程度差。

### 14. 高山草甸土

青藏高原东部和东南部，在阿尔泰山、准噶尔盆地以西山地和天山山脉。气候温凉而较湿润，年平均气温在 -2～1℃左右，年降水量 400mm 左右。高山草甸植被。剖面由草皮层、腐殖质层、过渡层和母质层组成。土层薄，土壤冻结期长，通气不良，土壤呈中性反应。

### 15. 高山漠土

藏北高原的西北部，昆仑山脉和帕米尔高原。气候干燥而寒冷，年平均气温 -10℃左右，冬季最低气温可达 -40℃，年降水低于 100mm。植被的覆盖度不足 10%。土层薄，石砾多，细土少，有机质含量很低，土壤发育程度差，碱性反应。

## 五、 土壤特性

（1）**块状结构体**　近似立方体形，长、宽、高大体相等，直径一般大于 3cm，1～3cm 之内的称作核状结构体，外形不规则，多在黏重而乏有机质的土中生成，熟化程度低的死黄土常见此结构，由于相互支撑，会增大孔隙，造成水分快速蒸发跑墒，多有压苗作用，不利植物生长繁育。

（2）**片状结构体**　水平面排列，水平轴比垂直轴长，界面呈水平薄片状；农田犁耕层、森林的灰化层、园林压实的土壤均属此类。不利于通气透水，造成土壤干旱，水土流失。

（3）**柱状结构体和棱状结构体**　沿垂直轴排列，垂直轴大于水平轴，土体直立，结构体大小不一，坚实硬，内部无效孔隙占优势，植物的根系难以介入、通气不良、结构体之间有形成的大裂隙，既漏水又漏肥。

（4）**团粒结构体**　这是最适宜植物生长的结构体土壤类型，它在一定程度上标志着土壤肥力的水平和利用价值。其能协调土壤水分和空气的矛盾；能协调土壤养分的消耗和累积的矛盾；能调节土壤温度，并改善土壤的温度状况；能改良土壤的可耕性，改善植物根系的生长伸长条件。

## 第二节　施工质量监理

## 一、 园林土方开挖

土方开挖是工程初期以至施工过程中的关键工序，是将土和岩石进行松动、破碎、挖掘并运出的工程。

在施工前，需根据工程规模和特性，地形、地质、水文、气象等自然条件，施工导流方式和工程进度要求，施工条件以及可能采用的施工方法等，研究选定开挖方式。明挖有全面开挖、分部位开挖、分层开挖和分段开挖等。全面开挖适用于开挖深度浅、范围小的工程项目。开挖范围较大时，需采用分部位开挖。如开挖深度较大，则采用分层开挖，对于石方开挖常结合深孔梯段爆破（见深孔爆破）按梯段分层。分段开挖则适用于长度较大的渠道、溢洪道等工程。对于洞挖，则有全断面掘进、分部开挖和导洞法等开挖方式。

**（一）监理人员在施工前的准备工作**

**1. 检查施工单位是否清理场地**

检查施工单位是否按设计或施工要求范围和标高平整场地，是否将土方弃到规定弃土区；凡在施工区域内，影响工程质量的软弱土层、淤泥、腐殖土、大卵石、孤石、垃圾、树根、草皮以及不宜作填土和回填土料的稻田湿土，监理人员都有权要求施工单位分情况采取全部挖除或设排水沟疏干、抛填块石、砂砾等方法进行妥善处理。

有一些土方施工工地可能残留了少量待拆除的建筑物或地下构筑物，在施工前可要求施工单位进行拆除。拆除时，应根据其结构特点，并严格遵循现行《建筑施工土石方工程安全技术规范》（JGJ/T 180—2009）等的相关安全法规与标准规范的规定进行操作。操作时可以用镐、铁锤，也可用推土机、挖土机等设备。

施工现场残留有一些影响施工并经有关部门审查同意砍伐的树木，可要求施工单位进行伐除。凡土方开挖深度不大于50cm，或填方高度较小的土方施工，其施工现场及排水沟中的树木，都必须连根拔除。清理树蔸除用人工挖掘外，直径在50cm以上的大树蔸还可用推土机铲除或用爆破法清除。大树一般不允许伐除，如果现场的大树古树很有保留价值，则要提请建设单位或设计单位对设计进行修改，以便将大树保留下来。因此，大树的伐除要慎而又慎，凡能保留的要尽量设法保留。

**2. 施工排水**

（1）施工排水包括排除施工场地的地面水和降低地下水位。

（2）开挖沟槽（基坑）为防止地下水的作用，造成沟槽（基坑）失稳等现象，施工方案必须选定适宜的施工排水方法，同时要有保护邻近建筑物的安全措施，严密观察。

（3）降低地下水位的方法，应根据土层的渗透能力、降水深度、设备条件及工程特点来选定，可参照表 3-12。

表 3-12　降低地下水位的方法选择

| 降低地下水方法 | 土层渗透系数/(m/昼夜) | 降低水位深度/m | 备注 |
| --- | --- | --- | --- |
| 一般明排水 | — | 地面水和浅层水 | — |
| 大口径井 | 4～10 | 0～6 | — |
| 一级轻型井点 | 0.1～4 | 0～6 | — |
| 二级轻型井点 | 0.1～4 | 0～9 | — |
| 深井点 | 0.1～4 | 0～20 | 需复核地质勘探资料 |
| 电渗井点 | <0.1 | 0～6 | — |

（4）采用机械在槽（坑）内挖土时，应使地下水位降至槽（坑）底面0.5m以下，方可

开挖土方，且降水作业持续到回填土完毕。

**（二）　土方开挖施工监理要点**

（1）挖方边坡坡度应根据使用时间（临时或永久性）、土的种类、物理力学性质（内摩擦角、黏聚力、密度、湿度）、水文情况等确定。对于永久性场地，挖方边坡坡度应按设计要求放坡，如设计无规定，应根据工程地质和边坡高度，结合当地实践经验确定。

（2）对软土土坡或极易风化的软质岩石边坡，应对坡脚、坡面采取喷浆、抹面、嵌补、砌石等保护措施，并做好坡顶、坡脚排水，避免在影响边坡稳定的范围内积水。

（3）挖方上边缘至土堆坡脚的距离，应根据挖方深度、边坡高度和土的类别确定。当土质干燥密实时，不得小于 3m；当土质松软时，不得小于 5m。在挖方下侧弃土时，应将弃土堆表面平整至低于挖方场地标高并向外倾斜，或在弃土堆与挖方场地之间设置排水沟，防止雨水排入挖方场地。

（4）施工者应有足够的工作面，一般人均 $4\sim6m^2$。

（5）开挖土方附近不得有重物及易塌落物。

（6）在挖土过程中，随时注意观察土质情况，注意留出合理的坡度。若须垂直下挖，松散土不得超过 0.7m，中等密度者不超过 1.25m，坚硬土不超过 2m。超过以上数值的须加支撑板，或保留符合规定的边坡。

（7）挖方工人不得在土壁下向里挖土，以防塌方。

（8）施工过程中必须注意保护基桩、龙门板及标高桩。

（9）开挖前应先进行测量定位，抄平放线，定出开挖宽度，按放线分块（段）分层挖土。根据土质和水文情况，采取在四侧或两侧直立开挖或放坡，以保证施工操作安全。当土质为天然湿度、构造均匀、水文地质条件良好（即不会发生坍滑、移动、松散或不均匀下沉），且无地下水时，挖方深度不大时，开挖亦可不必放坡，采取直立开挖不加支护，基坑宽应稍大于基础宽。如超过一定的深度，但不大于 5m 时，应根据土质和施工具体情况进行放坡，以保证不塌方。放坡后坑槽上口宽度由基础底面宽度及边坡坡度来决定，坑底宽度每边应比基础宽出 15～30cm，以便于施工操作。

**（三）　挖方工程监理要点**

**1．机械挖方**

在机械作业之前，监理人员应向机械操作员进行技术交底，使其了解施工场地的情况和施工技术要求。并对施工场地中的定点放线情况进行深入了解，熟悉桩位和施工标高等，对土方施工做到心中有数。

施工现场布置的桩点和施工放线要明显。应适当加高桩木的高度，在桩木上做出醒目的标志或将桩木漆成显眼的颜色。在施工期间，施工技术人员应和推土机手密切配合，随时随地用测量仪器检查桩点和放线情况，以免挖错位置。

在挖湖工程中，施工坐标桩和标高桩一定要保护好。挖湖的土方工程因湖水深度变化比较一致，而且放水后水面以下部分不会暴露，所以在湖底部分的挖土作业可以比较粗放，只要挖到设计标高处，并将湖底地面推平即可。但对湖岸线和岸坡坡度要求很准确的地方，为保证施工精度，可以用边坡样板来控制边坡坡度的施工。

挖土工程中对原地面表土要注意保护。因表土的土质疏松肥沃，适于种植园林植物。所以对地面 50cm 厚的表土层（耕作层）挖方时，要先用推土机将施工地段的这一层表面熟土推到施工场地外围，待地形整理停当，再把表土推回铺好。

**2. 人工挖方**

（1）挖土施工中一般不垂直向下挖得很深，要有合理的边坡，并要根据土质的疏松或密实情况确定边坡坡度的大小。必须垂直向下挖土的，则在松软土情况下挖深不超过 0.7m，中密度土质的挖深不超过 1.25m，硬土情况下不超过 2m 深。

（2）对岩石地面进行挖方施工，一般要先行爆破，将地表一定厚度的岩石层炸裂为碎块，再进行挖方施工。爆破施工时，要先打好炮眼，装上炸药雷管，待清理施工现场及其周围地带，确认爆破区无人滞留之后，才点火爆破。爆破施工的最紧要处就是要确保人员安全。

（3）相邻场地、基坑开挖时，应遵循先深后浅或同时进行的施工程序。挖土应自上而下水平分段分层进行，每层 0.3m 左右。边挖边检查坑底宽度及坡度，不够时及时修整，每 3m 左右修一次坡，至设计标高，再统一进行一次修坡清底，检查坑底宽和标高，要求坑底凹凸不超过 1.5cm。在已有建筑物侧挖基坑（槽）应间隔分段进行，每段不超过 2m，相邻段开挖应待已挖好的槽段基础完成并回填夯实后进行。

（4）基坑开挖应尽量防止对地基土的扰动。当用人工挖土，基坑挖好后不能立即进行下道工序时，应预留 15～30cm 一层土不挖，待下道工序开始再挖至设计标高。采用机械开挖基坑时，为避免破坏基底土，应在基底标高以上预留一层人工清理。使用铲运机、推土机或多斗挖土机时，保留上层厚度为 20cm；使用正铲、反铲或拉铲挖土时为 30cm。

（5）在地下水位以下挖土，应在基坑（槽）四侧或两侧挖好临时排水沟和集水井，将水位降低至坑槽底以下 500mm，以利挖方进行。降水工作应持续到施工完成（包括地下水位下回填土）。

**3. 土方的转运**

在土方调配图中，一般都按照就近挖方就近填方的原则，采取土石方就地平衡的方式。土石方就地平衡可以极大地减小土方的搬运距离，从而能够节省人力，降低施工费用。

（1）人工转运土方一般为短途的小搬运。搬运方式有用人力车拉、用手推车推或由人力肩挑背扛等。这种转运方式在有些园林局部或小型工程施工中常采用。

（2）机械转运土方通常为长距离运土或工程量很大时的运土，运输工具主要是装载机和汽车。根据工程施工特点和工程量大小的不同，还可采用半机械化和人工相结合的方式转运土方。另外，在土方转运过程中，应充分考虑运输路线的安排、组织，尽量使路线最短，以节省运力。土方的装卸应有专人指挥，要做到卸土位置准确，运土路线顺畅，能够避免混乱和窝工。汽车长距离转运土方需要经过城市街道时，车厢不能装得太满，在驶出工地之前应当将车轮粘上的泥土全扫掉，不得在街道上撒落泥土和污染环境。

**（四）挖方放坡监理**

由于受土壤性质、土壤密实度和坡面高度等因素的制约，用地的自然放坡有一定限制，其挖方和填方的边坡做法各不相同，即使是岩石边坡的挖、填方做坡，也有所不同。在实际放坡施工处理中，可以参考下列各表，来考虑自然放坡的坡度允许值（即高宽比）。

挖方工程的放坡做法见表 3-13 和表 3-14，岩石边坡的坡度允许值（高宽比）受石质类别、石质风化程度以及坡面高度三方面因素的影响，见表 3-15。

表 3-13　不同的土质自然放坡坡度允许值

| 土壤类别 | 密实度或黏性土状态 | 坡度允许值（高度比） | |
| --- | --- | --- | --- |
| | | 坡高在 5cm 以下 | 坡度 5～10m |
| 碎石类土 | 密实 | 1：0.35～1：0.50 | 1：0.50～1：0.75 |
| | 中密实 | 1：0.50～1：0.75 | 1：（0.75～1.00） |
| | 稍密实 | 1：0.75～1：1.00 | 1：1.00～1：1.25 |
| 老黏性土 | 坚硬 | 1：0.35～1：0.50 | 1：0.50～1：0.75 |
| | 硬塑 | 1：0.50～1：0.75 | 1：（0.75～1.00） |
| 一般黏性土 | 坚硬 | 1：0.75～1：1.00 | 1：1.00～1：1.25 |
| | 硬塑 | 1：1.00～1：1.25 | 1：1.25～1：1.50 |

表 3-14　一般土壤自然放坡坡度允许值

| 序号 | 土壤类别 | 坡度允许值（高度比） |
| --- | --- | --- |
| 1 | 黏土、粉质黏土、亚砂土、砂土（不包括细沙、粉砂），深度不超过 5m | 1：1.00～1：1.25 |
| 2 | 土质同上，深度 3～12m | 1：1.25～1：1.50 |
| 3 | 干燥黄土、类黄土，深度不超过 5m | 1：1.00～1：1.25 |

表 3-15　岩石边坡坡度允许值

| 石质类别 | 风化程度 | 坡度允许值（高宽比） | |
| --- | --- | --- | --- |
| | | 坡度在 8m 以内 | 坡高 8～15m |
| 硬质岩石 | 微风化 | 1：0.10～1：0.20 | 1：0.20～1：0.35 |
| | 中等风化 | 1：0.20～1：0.35 | 1：0.35～1：0.50 |
| | 强风化 | 1：0.35～1：0.50 | 1：0.50～1：0.75 |
| 软质岩石 | 微风化 | 1：0.35～1：0.50 | 1：0.50～1：0.75 |
| | 中等风化 | 1：0.50～1：0.75 | 1：0.75～1：1.00 |
| | 强风化 | 1：0.75～1：1.00 | 1：1.00～1：1.25 |

**（五）挖方施工安全监理措施**

（1）开挖时，两人操作间距应大于 2.5m。多台机械开挖，挖土机间距应大于 10m。在挖土机工作范围内，不许进行其他作业。挖土应由上而下，逐层进行，严禁先挖坡脚或逆坡挖土。

（2）挖土方不得在危岩、孤石的下边或贴近未加固的危险建筑物的下面进行。

（3）开挖应严格按要求放坡。操作时应随时注意土壁的变动情况，如发现有裂纹或部分坍塌现象，应及时进行支护或放坡，并注意支撑的稳固和土壁的变化。当采取不放坡开挖时，应设置临时支护，各种支护应根据土质及深度经计算确定。

（4）机械多台阶同时开挖，应验算边坡的稳定，挖土机离边坡应有一定的安全距离，以防坍方，造成翻机事故。

（5）深基坑上下应先挖好阶梯或支撑靠梯，或开斜坡道，并采取防滑措施，禁止踩踏支撑上下。坑四周应设安全栏杆。

（6）人工吊运土方时，应检查起吊工具。绳索是否牢靠；吊斗下面不得站人，卸土堆应离开坑边一定距离，以防造成坑壁坍方。

## 二、 园林土方回填

园林土方回填质量直接影响到路面质量，填筑不好会出现沉降差，发生跳车现象，影响行车速度、舒适与安全，甚至会影响构筑物的稳定，出现交通堵塞现象。

### （一） 一般要求

**1. 土料要求**

填方土料应符合设计要求，保证填方的强度和稳定性，如设计无要求，则应符合下列规定。

（1）碎石类土、砂土和爆破石渣（粒径不大于每层铺厚的 2/3，当用振动碾压时，不超过 3/4），可用于表层下的填料。

（2）含水量符合压实要求的黏性土，可作各层填料。

（3）碎块草皮和有机质含量大于 8％的土，仅用于无压实要求的填方。

（4）淤泥和淤泥质土，一般不能用作填料，但在软土或沼泽地区，经过处理含水量符合压实要求的，可用于填方中的次要部位。

（5）含盐量符合规定的盐渍土，一般可用作填料，但土中不得含有盐晶、盐块或含盐植物根茎。

**2. 基底处理**

（1）场地回填应先清除基底上草皮、树根、坑穴中积水、淤泥和杂物，并应采取措施防止地表滞水流入填方区，浸泡地基，造成基土下陷。

（2）当填方基底为耕植土或松土时，应将基底充分夯实或碾压密实。

（3）当填方位于水田、沟渠、池塘或含水量很大的松软土地段，应根据具体情况采取排水疏干，或将淤泥全部挖出换土、抛填片石、填砂砾石、翻松掺石灰等措施进行处理。

（4）当填土场地地面陡于 1/5 时，应先将斜坡挖成阶梯形，阶高 0.2～0.3m，阶宽大于 1m，然后分层填土，以利于接合和防止滑动。

**3. 填土含水量**

（1）水量的大小，直接影响到夯实（碾压）质量，在夯实（碾压）前应先试验，以得到符合密实度要求条件下的最优含水量和最少夯实（或碾压）遍数。各种土的最优含水量和最大密实度参考数值见表 3-16。

表 3-16　土的最优含水量和最大干密度参考表

| 序号 | 土的种类 | 变化范围 | | 序号 | 土的种类 | 变动的范围 | |
| --- | --- | --- | --- | --- | --- | --- | --- |
| | | 最优含水量（质量分数）/％ | 最大的密度/(t/m³) | | | 最优含水量（质量分数）/％ | 最大的密度/(t/m³) |
| 1 | 砂土 | 8～12 | 1.80～1.88 | 3 | 粉质黏土 | 12～15 | 1.85～1.95 |
| 2 | 黏土 | 19～23 | 1.58～1.70 | 4 | 黏土 | 16～22 | 1.61～1.80 |

注：1. 表中土的最大干密度应以现场实际达到的数字为准。

　　2. 一般性的回填，可不作此项测定。

（2）遇到黏性土或排水不良的砂土时，其最优含水量与相应的最大干密度，应用击实试验测定。

（3）土料含水量一般以手握成团、落地开花为适宜。当含水量过大，应采取翻松、晾干、风干、换土回填、掺入干土或其他吸水性材料等措施；如土料过干，则应预先洒水润湿，亦可采取增加压实遍数或使用大功能压实机械等措施。

在气候干燥时，须采取加速挖土、运土、平土和碾压过程，以减少土的水分散失。

**（二）填埋顺序**

（1）先填石方，后填土方　土、石混合填方时，或施工现场有需要处理的建筑渣土而填方区又比较深时，应先将石块、渣土或粗粒废土填在底层，并紧紧地筑实；然后再将壤土或细土在上层填实。

（2）先填底土，后填表土　在挖方中挖出的原地面表土，应暂时堆在一旁；而要将挖出的底土先填入到填方区底层；待底土填好后，才将肥沃表土回填到填方区作面层。

（3）先填近处，后填远处　近处的填方区应先填，待近处填好后再逐渐填向远处。但每填一处，都要进行分层填实。

**（三）填埋方式的选择**

（1）一般的土石方填埋，都应采取分层填筑方式，一层一层地填，不要图方便而采取沿着斜坡向外逐渐倾倒的方式（图3-1）。分层填筑时，在要求质量较高的填方中，每层的厚度应为30cm以下，而在一般的填方中，每层的厚度可为30～60cm。填土过程中，最好能够填一层就筑实一层，层层压实。

（2）在自然斜坡上填土时，要注意防止新填土方沿着坡面滑落。为了增加新填土方与斜坡的咬合性，可先把斜坡挖成阶梯状，然后再填入土方。这样，只要在填方过程中做到了层层筑实，便可保证新填土方的稳定（图3-2）。

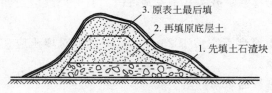

图3-1　土方分层填实

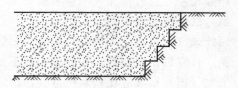

图3-2　斜坡填土法

**（四）土方压实现场监理**

**1. 铺土厚度和压实遍数**

填土每层铺土厚度和压实遍数视土的性质、设计要求的压实系数和使用的压（夯）实机具性能而定，一般应进行现场碾（夯）压试验确定。表3-17为压实机械和工具每层铺土厚度与所需的碾压（夯实）遍数的参考数值。

表3-17　土厚度与所需的碾压（夯实）遍数的参考数值

| 压实机具 | 每层铺土厚度/遍 | 每层压实遍数/遍 | 压实机具 | 每层铺土厚度/mm | 每层压实遍数/遍 |
|---|---|---|---|---|---|
| 平碾 | 200～300 | 6～8 | 振动压路机 | 120～150 | 10 |
| 羊足碾 | 200～350 | 8～16 | 推土机 | 200～300 | 6～8 |
| 蛙式打夯机 | 200～250 | 3～4 | 拖拉机 | 200～300 | 8～16 |
| 振动碾 | 60～130 | 6～8 | 人工打夯 | 不大于200 | 3～4 |

注：人工打夯时土块粒径不应大于5cm。

利用运土工具的行驶来压实时，每层铺土厚度不得超过表3-18规定的数值。

表 3-18 　利用运土工具压实填方时，每层填土的最大厚度 　　　　　单位：m

| 序号 | 填土方法和采用的运土工具 | 土的名称 | | |
|---|---|---|---|---|
| | | 粉质黏土和黏土 | 粉土 | 砂土 |
| 1 | 拖拉机拖车和其他填土方法并用机械填平 | 0.7 | 1.0 | 1.5 |
| 2 | 汽车和轮式铲运车 | 0.5 | 0.8 | 1.2 |
| 3 | 人推小车和马车运土 | 0.3 | 0.6 | 1.0 |

注：平整场地和公路的填方，每层填土的厚度，当用火车运土时不得大于1m，当用汽车和铲运机运土时不得大于0.7m。

**2. 土方压实质量要求**

(1) 土方的压实工作应先从边缘开始，逐渐向中间推进。这样碾压，可以避免边缘土被向外挤压而引起坍落现象。

(2) 填方时必须分层堆填、分层碾压夯实。不要一次性地填到设计土面高度后，才进行碾压打夯。如果是这样，就会造成填方地面上紧下松，沉降和塌陷严重的情况。

(3) 碾压、打夯要注意均匀，要使填方区各处土壤密度一致，避免以后出现不均匀沉降。

(4) 在夯实松土时，打夯动作应先轻后重。先轻打一遍，使土中细粉受震落下，填满下层土粒间的空隙；然后再加重打压，夯实土壤。

**3. 土方压实方法与监理要求**

(1) 人工夯实方法。人力打夯前应将填土初步整平，打夯要按一定方向进行，一夯压半夯，夯夯相接，行行相连，两遍纵横交叉，分层打夯。夯实基槽及地坪时，行夯路线应由四边开始，然后再夯向中间。

用蛙式打夯机等小型机具夯实时，一般填土厚度不宜大于25cm，打夯之前对填土应初步平整，打夯机依次夯打，均匀分布，不留间隙。

基坑（槽）回填应在相对两侧或四周同时进行回填与夯实。

回填管沟时，应用人工先在管子周围填土夯实，并应从管道两边同时进行，直至管顶0.5m以上。在不损坏管道的情况下，方可采用机械填土回填夯实。

(2) 机械压实方法。为保证填土压实的均匀性及密实度，避免碾轮下陷，提高碾压效率，在碾压机械碾压之前，宜先用轻型推土机、拖拉机推平，低速预压4～5遍，使表面平实；采用振动平碾压实爆破石渣或碎石类土，应先静压，而后振压。

碾压机械压实填方时，应控制行驶速度，一般平碾、振动碾不超过2km/h；羊足碾不超过3km/h；并要控制压实遍数。碾压机械与基础或管道应保持一定的距离，防止将基础或管道压坏或使之位移。

用压路机进行填方压实，应采用"薄填、慢驶、多次"的方法，填土厚度不应超过25～30cm；碾压方向应从两边逐渐压向中间，碾轮每次重叠宽度约15～25cm，避免漏压。运行中碾轮边距填方边缘应大于500mm，以防发生溜坡倾倒。边角、边坡、边缘压实不到之处，应辅以人力夯或小型夯实机具夯实。压实密实度，除另有规定外，应压至轮子下沉量不超过1～2cm为度。每碾压一层完后，应用人工或机械（推土机）将表面拉毛以利于接合。

平碾碾压一层完后，应用人工或推土机将表面拉毛。土层表面太干时，应洒水湿润后，继续回填，以保证上、下层接合良好。

用羊足碾碾压时，填土厚度不宜大于50cm，碾压方向应从填土区的两侧逐渐压向中心。

每次碾压应有 15～20cm 重叠，同时随时清除黏着于羊足之间的土料。为提高上部土层密实度，羊足碾压过后，宜辅以拖式平碾或压路机补充压平压实。

用铲运机及运土工具进行压实，铲运机及运土工具的移动须均匀分布于填筑层的全面，逐次卸土碾压。

**（五）填方边坡现场监理**

（1）填方的边坡坡度应根据填方高度、土的种类和其重要性在设计中加以规定。当设计无规定时，可按表 3-19 采用。用黄土或类黄土填筑重要的填方时，其边坡坡度可参考表 2-20 采用。

表 3-19　永久性填方边坡的高度限值

| 序号 | 土的种类 | 填方高度/m | 边坡坡度 |
|---|---|---|---|
| 1 | 黏土类土、黄土、类黄土 | 6 | 1∶1.50 |
| 2 | 粉质黏土、泥灰黏土 | 6～7 | 1∶1.50 |
| 3 | 中砂或粗砂 | 10 | 1∶1.50 |
| 4 | 砾石和碎石土 | 10～12 | 1∶1.50 |
| 5 | 易风化的岩石 | 12 | 1∶1.50 |
| 6 | 轻微风化、<br>尺寸 25cm 内的石料 | 6 以内<br>6～12 | 1∶1.33<br>1∶1.50 |
| 7 | 轻微风化、尺寸大于 25cm 的石料，边坡用最大石块、分排整齐铺砌 | 12 以内 | 1∶1.50～1∶0.75 |
| 8 | 轻微风化、尺寸大于 40cm 的石料，其边坡分排整齐 | 5 以内<br>5～10<br>＞10 | 1∶0.50<br>1∶0.65<br>1∶1.00 |

注：1. 当填方高度超过本表规定限值时，其边坡可做成折线形，填方下部的边坡坡度应为 1∶1.75～1∶2.00。

2. 凡永久性填方，土的种类未列入本表者，其边坡坡度不得大于 $\phi+45°/2$，$\phi$ 为土的自然倾斜角。

表 3-20　黄土或类黄土填筑重要填方的边坡坡度

| 填土高度/m | 自地面起高度/m | 边坡坡度 |
|---|---|---|
| 6～9 | 0～3 | 1∶1.75 |
| | 3～9 | 1∶1.50 |
| 9～12 | 0～3 | 1∶2.00 |
| | 3～6 | 1∶1.75 |
| | 6～12 | 1∶1.50 |

（2）使用时间较长的临时性填方（如使用时间超过一年的临时道路、临时工程的填方）的边坡坡度，当填方高度小于 10m 时，可采用 1∶1.5；超过 10m 时，可做成折线形，上部采用 1∶1.5，下部采用 1∶1.75。

（3）利用填土做地基时，填方的压实系数、边坡坡度应符合表 3-21 的规定。其承载力根据试验确定，当无试验数据时，可按表 3-21 选用。

表 3-21　填土地基承载力和边坡坡度

| 填土类别 | 压实系数 $\lambda_e$ | 承载力 $f_k/\text{kPa}$ | 边坡坡度允许值（高度比） | |
|---|---|---|---|---|
| | | | 坡度在 8m 以内 | 坡度 8～15m |
| 碎石、卵石 | | 200～300 | 1∶1.50～1∶1.25 | 1∶0.10～1∶0.20 |
| 砾夹石（其中砾石、卵石占全重 30%～50%） | | 200～250 | 1∶1.50～1∶1.25 | 1∶0.20～1∶0.35 |
| 土夹石（其中碎石、卵石占全重 30%～50%） | 0.94～0.97 | 150～200 | 1∶1.50～1∶1.25 | 1∶0.35～1∶0.50 |
| 黏性土（$10<I_P<14$） | | 130～180 | 1∶1.75～1∶1.50 | 1∶2.25～1∶1.75 |

注：$I_P$ 为塑性指数。

## 第三节　园林土方工程施工质量控制与检验

### 一、 土方开挖施工质量控制

（1）在挖土过程中及时排除坑底表面积水。

（2）在挖土过程中，若发生边坡滑移、坑涌时，则须立即暂停挖土，根据具体情况采取必要的措施。

（3）基坑严禁超挖，在开挖全过程中，用水准仪跟踪控制挖土标高；机械挖土时坑底留200～300mm厚的余土，进行人工挖土。

### 二、 填方施工质量控制

（1）对有密实度要求的填方，在夯实或压实之后，要对每层回填土的质量进行检验。一般采用环刀取样测定土的干密度和密实度；或用小轻便触探仪直接通过锤击数来检验干密度和密实度，符合设计要求后，才能填筑上层。

（2）基坑和室内填土，由场地最低部位开始，由一端向另一端自下而上分层铺填，每层虚铺厚度，砂质土不大于30cm；黏性土20cm左右，用人工木夯夯实，用打夯机械夯实时不大于30cm。每层按30～50m² 取样一组；场地平整填方，每层按400～900m² 取样一组；基坑和管沟回填每20～50m² 取样一组，但每层均不少于一组，取样部位在每层压实后的下半部。

（3）填方密实后的干密度，应有90％以上符合设计要求；其余10％的最低值与设计值之差不得大于0.08t/m³，且不宜集中。

### 三、 基础土方开挖工程的质量要求

基础土方工程开挖完成后，需要进行标高、长、宽、边坡和表面平整度的质量检查（表3-22）。

表 3-22　土方开挖工程质量检验标准　　　　单位：mm

| 项目 | 允许偏差或允许值 | | | | | 检验方法 |
|---|---|---|---|---|---|---|
| | 柱基<br>基坑<br>基槽 | 挖方场地平整 | | 管沟 | 地（路）<br>面基层 | |
| | | 人工 | 机械 | | | |
| 标高 | −50 | ±30 | ±50 | −50 | −50 | 水准仪 |
| 长度、宽度（由设计<br>中心线向两边量） | +200<br>−50 | +300<br>−100 | +500<br>−150 | +100 | — | 经纬仪，<br>用钢尺量 |
| 边坡 | 设计要求 | | | | | 观察或用坡<br>度尺检查 |
| 表面平整度 | 20 | 20 | 50 | 20 | 20 | 用2m靠尺和楔<br>形塞尺检查 |
| 基底土性 | 设计要求 | | | | | 观察或土样分析 |

注：地（路）面基层的偏差只适用于直接在挖、填方上做地（路）面的基层。

## 第四章

# 园林道路、桥梁工程施工现场监理

园路铺装施工监理

　　园路，是指园林中的道路工程，包括园路布局、路面层结构和地面铺装等的设计。园林道路是园林的组成部分，起着组织空间、引导游览、交通联系并提供散步休息场所的作用。它像脉络一样，把园林的各个景区联成整体。园路本身又是园林风景的组成部分，蜿蜒起伏的曲线，丰富的寓意，精美的图案，都给人以美的享受。

## 一、施工准备

　　施工前准备工作必须综合现场施工情况，考虑流水作业，做到有条不紊。否则，在开工后造成人力、物力的浪费，甚至造成施工停歇。

　　施工准备的基本内容，一般包括技术准备、物资准备、施工组织准备、施工现场准备和协调工作准备等，有的必须在开工前完成，有的则可贯穿于施工过程中进行。

　　1. 技术准备

　　(1) 做好现场调查工作。

　　① 广场底层土质情况调查。

　　② 各种物资资源和技术条件的调查。

　　(2) 做好与设计的结合、配合工作，会同建设单位、监理单位引测轴线定位点、标高控制点以及对原结构进行放线复核。

　　① 熟悉施工图：全面熟悉和掌握施工图的全部内容，领会设计意图，检查各专业之间的预埋管道、管线的尺寸、位置、埋深等是否统一或遗漏，提出施工图疑问和有利于施工的合理化建议。

　　② 进行技术交底：工程开工前，技术部门组织施工人员、质安人员、班组长进行交底，针对施工的关键部位、施工难点以及质量、安全要求、操作要点及注意事项等进行全面的交底，各班组长接受交底后组织操作工人认真学习，并要求落实在各施工环节。

③ 根据现场施工进度的要求及时提供现场所需材料以防因为材料短缺而造成停工。

**2. 物资条件准备**

根据施工进度的安排和需要量，组织分期分批进场，按规定的地点和方式进行堆放。材料进场后，应按规定对材料进行试验和检验。

**3. 施工组织准备**

（1）建立健全现场施工管理体制。

（2）现场设施布置应合理、具体、适当。

（3）劳动力组织计划表。

（4）主要机构计划表。

**4. 现场准备工作**

开工前施工现场准备工作要迅速做好，以利工程有秩序地按计划进行。所以现场准备工作进行的快慢，会直接影响工程质量和施工进展。现场开工前应将以下主要工作做好。

（1）修建房屋（临时工棚） 按施工计划确定修缮房屋数量或工棚的建筑面积。

（2）场地清理 在园路工程涉及的范围内，凡是影响施工进行的地上、地下物均应在开工前进行清理，对于保留的大树应确定保护措施。

（3）便道便桥 凡施工路线，均应在路面工程开工前做好维持通车的便道便桥和施工车辆通行的便桥（如通往料场、搅拌站的便道）。

（4）备料 现场备料多指自采材料的组织运输和收料堆放，但外购材料的调运和贮存工作也不能忽视。一般开工前材料进场应在70％以上。若有运输能力，运输道路畅通，在不影响施工的条件下可随用随运。自采材料的备置堆放，应根据路面结构、施工方法和材料性质而定。

## 二、 路基施工现场监理

**1. 测量放样**

（1）造型复测和固定

① 复测并固定造型及各观点主要控制点，恢复失落的控制桩。

② 复测并固定为间接测量所布设的控制点，如三角点、导线点等桩。

③ 当路线的主要控制点在施工中有被挖掉或埋掉的可能时，则视当地地形条件和地物情况采用有效的方法进行固定。

（2）路线高程复测 控制桩测好后，马上对路线各点均匀进行水平测量，以复测原水准基点标高和控制点地面标高。

（3）路基放样

① 根据设计图表定出各路线中桩的路基边缘、路堤坡脚及路堑坡顶、边沟等具体位置，定出路基轮廓。根据分幅施工的宽度，做好分幅标记，并测出地面标高。

② 路基放样时，在填土没有进行压实前，考虑预加沉落度，同时考虑修筑路面的路基标高校正值。

③ 路基边桩位置可根据横断面图量得，并根据填挖高度及边坡坡度实地测量校核。

④ 为标出边坡位置，在放完边桩后进行边坡放样。采用麻绳竹竿挂线法结合坡度样板法，并在放样中考虑预压加沉落度。

⑤ 机械施工中，设置牢固而明显的填挖土石方标志，施工中随时检查，发现被碰倒或

丢失立即补上。

**2. 挖方**

根据测放出的高程，使用挖土机械挖除路基面以上的土方，一部分土方经检验合格用于填方，余土运至有关单位指定的弃土场。

**3. 填筑**

填筑材料利用路基开挖出的可作填方的土、石等适用材料。作为填筑的材料，应先做试验，并将试验报告及其施工方案提交监理工程师批准。其中路基采用水平分层填筑，最大层厚不超过30cm，水平方向逐层向上填筑，并形成2%～4%的横坡以利排水。

**4. 碾压**

采用振动压路机碾压，碾压时横向接头的轮迹，重叠宽度为40～50cm，前后相邻两区段纵向重叠1～1.5m，碾压时做到无漏压、无死角并确保碾压均匀。碾压时，先压边缘，后压中间；先轻压，后重压。填土层在压实前应先整平，并应作2%～4%的横坡。当路堤铺筑到结构物附近的地方，或铺筑到无法采用压路机压实的地方，使用人工夯锤予以夯实。

## 三、 块石、 碎石垫层施工现场监理

**1. 准备与施工测量**

施工前对下基层按质量验收标准进行验收之后，恢复控制线，直线段每20m设一桩，平曲线段每10m设一桩，并在造型两侧边缘0.3～0.5m处设标志桩，在标志桩上用红漆标出底基层边缘设计标高及松铺厚度的位置。

**2. 摊铺**

（1）碎石内不应含有有机杂质。粒径不应大于40mm，粒径在5mm和5mm以下的不得超过总体积的40%；块石应选用强度均匀、级配适当和未风化的石料。

（2）块石垫层采用人工摊铺，碎石垫层采用铲车摊铺人工整平。

（3）必须保证摊铺人员的数量，以保证施工的连续性并保证摊铺速度。

（4）人工摊铺填筑填块石大面向下，小面向上，摆平放稳，再用小石块找平，石屑塞填，最后人工压实。

（5）碎石垫层分层铺完后用平板振动器振实，采用一夯压半夯、全面夯实的方法，做到层层夯实。

## 四、 水泥稳定砾石施工现场监理

**1. 材料要求**

（1）碎石　骨料最大粒径不应超过30mm，骨料的压碎值不应大于20%，硅酸盐含量不宜超过0.25%。

（2）水泥　采用普通硅酸盐水泥，矿渣硅酸盐水泥，强度等级为32.5级。

**2. 配合比设计**

（1）一般规定　根据水泥稳定砾石的标准，确定必需的水泥剂量和混合料的最佳含水量，在需要改善土的颗粒组成时，还包括掺加料的比例。

（2）原材料试验

① 施工前，进行下列试验：颗粒分析；液限和塑性指数；相对密度；重型击实试验；碎石的压碎值试验。

② 检测水泥的强度等级及初凝、终凝时间。

3. 工艺流程

施工放样→准备下承层→拌和→运输→摊铺→初压→标高复测→补整→终压→养生。

(1) 测量放样 按 20m 一个断面恢复道路中心桩、边桩，并在桩上标出基层的松铺高程和设计高程。

(2) 准备下承层 下基层施工前，对路基进行清扫，然后用振动压路机碾压 3~4 遍，如发现土过干、表面松散，适当洒水；如土过湿，发生弹簧现象，采取开窗换填砂砾的办法处理。上基层施工前，对下基层进行清扫，并洒水湿润。

(3) 拌和 稳定料的拌和场设在砂石场，料场内的砂、石分区堆放，并设有地磅，在每天开始拌和前，按配合比要求对水泥、骨料的用量准确调试，告别特别是根据天气变化情况，测定骨料的自然含水量，以调整拌和用水量。拌和时确保足够的拌和时间，使稳定料拌和均匀。

(4) 运输 施工时配备足够的运输车辆，并保持道路畅通，使稳定料尽快运至摊铺现场。

(5) 摊铺 机动车道基层、非机动车道基层采用人工摊铺。摊铺时严格控制好松铺系数，人工实时对缺料区域进行补整和修边。

(6) 压实 摊铺一小段后（时间不超过 3h），用 15t 的振动压路机静压两遍、振压一遍后暂时停止碾压，测量人员立即进行高程测量复核，将标高比设计标高超过 1cm，或低 0.5cm 的部位立即进行找补，完毕后用压路机进行振动碾压。碾压时按由边至中、由低至高、由弱至强、重叠 1/3 轮宽的原则碾压，在规定的时间内（不超过 4h）碾压到设计压实度，并无明显轮迹时为止。碾压时，严禁压路机在基层上调头或起步时速度过大，碾压时轮胎朝正在摊铺的方向。

(7) 养护 稳定料碾压后 4h 内，用经水浸泡透的麻袋严密覆盖进行养护，8h 后再用自来水浇灌养护 7 天以上，并始终保持麻袋湿润。稳定料终凝之前，严禁用水直接冲刷基层表面，避免表面浮砂损坏。

(8) 试验 混合料送至现场 0.5h 内，在监理的监督下，抽取一部分送到业主指定或认可的试验室，进行无侧限抗压强度和水泥剂量试验。压实度试验一般采用灌砂法，在碾压后 12h 内进行。

## 五、 混凝土面层施工现场监理

1. 施工流程

混凝土路面施工流程，如图 4-1 所示。

2. 模板安装

混凝土施工使用钢模板，模板长 3m，高 100m。钢模板应保证无缺损，有足够的刚度，内侧和顶、底面均应光洁、平整、顺直，局部变形不得大于 3mm。振捣时模板横向最大挠曲应小于 4mm，高度与混凝土路面板厚度一致，误差不超过 ±2mm。

立模的平面位置和高程符合设计要求，支立稳固准确，接头紧密而无离缝、前后错位和高低不平等现象。模板接头处及模板与基层相接处均不能漏浆。模板内侧清洁并涂刷隔离剂，支模时用 φ18mm 螺纹钢筋打入基层进行固定，外侧螺纹钢筋与模板要靠紧，如个别处有空隙加木块，并固定在模板上，如图 4-2 所示。

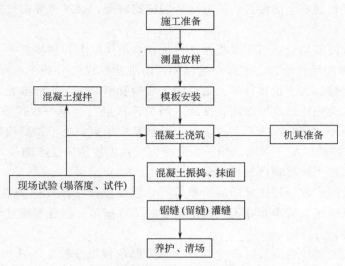

图 4-1　混凝土路面施工流程

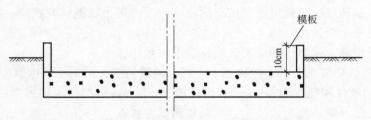

图 4-2　两侧加设 10cm 高的模板

3. 原材料、配合比、搅拌要求

混凝土浇筑前，将到场原材料送检测单位检验并进行配合比设计，所设计的配合比应满足设计抗压、抗折强度，耐磨、耐久以及混凝土拌和物和易性能等要求。混凝土采用现场强制式机械搅拌，并有备用搅拌机，按照设计配合比拟定每机的拌合量。拌和过程应做到以下几点要求。

（1）砂、碎石必须过磅并满足施工配合比要求。

（2）检查水泥质量，不能使用结块、硬化、变质的水泥。

（3）用水量需严格控制，安排专门的技术人员负责。

（4）原材料按重量计，允许误差不应超过：水泥±1％，砂、碎石±3％，水±1％（外加剂±2％）。

（5）混凝土的坍落度控制在 14～16cm，混凝土每槽搅拌时间控制在 90～120s。

4. 混凝土运输及振捣

（1）施工前检查模板位置、高程、支设是否稳固和基层平整润湿，模板是否涂遍脱模剂等，合格后方可混凝土施工。混凝土采用泵送混凝土为主，人工运输为辅。

（2）混凝土的运输摊铺、振捣、整平、做面应连续进行，不得中断。如因故中断，应设置施工缝，并设在设计规定的接缝位置。摊铺混凝土后，应随即用插入式和平板式振动器均匀振实。混凝土灌注高度应与模板相同。振捣时先用插入式振动器振混凝土板壁边缘、边角处初振或全面顺序初振一次。同一位置振动时不宜少于 20s。插入式振动器移动的间距不宜大于其作用半径的 1.5 倍，甚至模板的距离应不大于作用半径的 0.5 倍，并应避免碰撞模板。然后再用平板振动器全面振捣，同一位置的振捣时间，以不再冒出气泡并流出水泥砂浆为准。

（3）混凝土全面振捣后，再用平板振动器进一步拖拉振实并初步整平。振动器往返拖拉2～3遍，移动速度要缓慢均匀，不许中途停顿，前进速度以每分钟1.2～1.5m为宜。凡有不平之处，应及时辅以人工挖填补平。最后用无缝钢管滚筒进一步滚推表面，使表面进一步提浆均匀调平，振捣完成后进行抹面，抹面一般分两次进行。第一次在整平后，随即进行。驱除泌水并压下石子。第二次抹面须在混凝土泌水基本结束，处于初凝状态但表面尚湿润时进行。用3m直尺检查混凝土表面。抹平后沿横方向拉毛或用压纹器刻纹，使路面混凝土有粗糙的纹理表面。施工缝处理严格按设计施工。

（4）锯缝应及时，在混凝土硬结后尽早进行，宜在混凝土强度达到5～10MPa时进行，也可以由现场试锯确定，特别是在天气温度骤变时不可拖延，但也不能过早，过早会导致粗骨料从砂浆中脱落。

（5）混凝土板面完毕后应及时养护，养护采用湿草包覆盖养生，养护期为不少于7天。混凝土拆模要注意掌握好时间（24h），一般以既不损坏混凝土，又能兼顾模板周转使用为准，可视现场气温和混凝土强度增长情况而定，必要时可做试拆试验确定。拆模时操作要细致，不能损坏混凝土板的边、角。

（6）填缝采用灌入式填缝的施工，应符合下列规定。

① 灌注填缝料必须在缝槽干燥状态下进行，填缝料应与混凝土缝壁黏附紧密不渗水。

② 填缝料的灌注深度宜为3～4cm。当缝槽大于3～4cm时，可填入多孔柔性衬底材料。填缝料的灌注高度，夏天宜与板面平；冬天宜稍低于板面。

③ 热灌填缝料加热时，应不断搅拌均匀，直至规定温度。当气温较低时，应用喷灯加热缝壁。施工完毕，应仔细检查填缝料与缝壁黏结情况，在有脱开处，应用喷灯小火烘烤，使其黏结紧密。

## 六、 沥青面层施工监理

### 1. 施工顺序

沥青路面施工顺序，如图4-3所示。

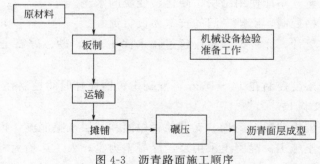

图4-3　沥青路面施工顺序

### 2. 下封层施工

（1）认真按验收规范对基层严格验收，如有不合要求地段要求进行处理，认真对基层进行清扫，并用森林灭火器吹干净。

（2）在摊铺前对全体施工技术人员进行技术交底，明确职责，责任到人，使每个施工人员都对自己的工作心中有数。

（3）采用汽车式洒布机进行下封层施工。

**3. 沥青混合料的拌和**

沥青混合料由间隙式拌和机拌制，骨料加热温度控制在175～190℃之间，后经热料提升斗运至振动筛，经33.5mm、19mm、13.2mm、5mm四种不同规格筛网筛分后储存到五个热矿仓中去。沥青采用导热油加热至160～170℃，五种热料及矿粉和沥青用料经生产配合比设计确定，最后吹入矿粉进行拌和，直到沥青混合料均匀一致，所有矿料颗粒全部裹覆沥青，结合料无花料，无结团或块或严重粗料细料离析现象为止。沥青混凝土的拌和时间由试拌确定，出厂的沥青混合料温度严格控制在155～170℃之间。

**4. 热拌沥青混合料运输**

（1）汽车从拌和楼向运料车上放料时，每卸一斗混合料挪动一下汽车的位置，以减少粗细骨料的离析现象。

（2）混合料运输车的运量较拌和或摊铺速度有所富余，施工过程中应在摊铺机前方30cm处停车，不能撞击摊铺机。卸料过程中应挂空挡，靠摊铺机的推进前进。

（3）沥青混合料的运输必须快捷、安全，使沥青混合料到达摊铺现场的温度在145～165℃之间，并对沥青混合料的拌和质量进行检查，当来料温度不符合要求或料仓结团，遭雨淋湿不得铺筑在道路上。

**5. 沥青混合料的摊铺**

（1）用摊铺机进行二幅摊铺，上下两层错缝0.5m，摊铺速度控制在2～4m/min。沥青下面层摊铺采用拉钢丝绳控制标高及平整度，上面层摊铺采用平衡梁装置，以保证摊铺厚度及平整度。摊铺速度按设置速度均衡行驶，并不得随意变换速度及停机，松铺系数根据试验段确定。正常摊铺温度应在140～160℃之间。另在上面层摊铺时纵横向接缝口订立4cm厚的木条，保证接缝口顺直。

（2）摊铺过程中对于道路上的窨井，在底层料进行摊铺前用钢板进行覆盖，以避免在摊铺过程中遇到窨井而抬升摊铺机，保证平整度。在摊铺细料前，把窨井抬至实际摊铺高程。窨井的抬法应根据底层料摊铺情况及细料摊铺厚度，结合摊铺机摊铺时的路情况来调升，以保证窨井与路面的平整度，不致出现跳车情况。对于细料摊铺过后积聚在窨井上的粉料应用小铲子铲除，清扫干净。

（3）对于路头的摊铺尽量避免人工作业，而采用LT6E小型摊铺机摊铺，以保证平整度及混合料的均匀程度。

（4）摊铺时对于平石边应略离于平石3mm，至少保平，对于搭接在平石上的混合料用铲子铲除，推耙推齐，保持一条直线。

（5）摊铺过程中应注意以下事项。

① 汽车司机应与摊铺机手密切配合，避免车辆撞击摊铺机，使之偏位，或把料卸出机外，最好是卸料车的后轮距摊铺机30cm左右，当摊铺机行进接触时，汽车起升倒料。

② 连续供料。当待料时不应将机内混合料摊完，保证料斗中有足够的存料，防止送料板外露。因故障，斗内料已结块，重铺时应铲除。

③ 操作手应正确控制摊铺边线和准确调整熨平板。

④ 检测员要经常检查松铺厚度，每5m检查一断面，每断面不少于3点，并做好记录，及时反馈信息给操作手；每50m检查横坡一次，经常检查平整度。

⑤ 摊铺中路面工应密切注意摊铺动向，对横断面不符合要求、构造物接头部位缺料、摊铺带边缘局部缺料、表面明显不平整、局部混合料明显离析、摊铺后有明显的拖痕等。均应人工局部找补或更换混合料。且必须在技术人员的指导下进行，人工修补时，工人不应站在热的沥青层面上操作。

⑥ 每天结束收工时，禁止在已摊铺好在路面上用柴油清洗机械。

⑦ 在施工中应加强前后台的联系，避免信息传递不及时造成生产损失。

⑧ 为保证道路中央绿化带侧石在摊铺时不被沥青混凝土的施工所影响，将在侧石边缘采用小型压路机碾压。

⑨ 摊铺机在开始收料前应在料斗内涂刷少量防止粘料用的柴油，并在摊铺机下铺垫塑料布防止污染路面。

**6. 沥青混合料的碾压**

（1）压实后的沥青混合料符合压实度及平整度的要求。

（2）选择合理的压路机组合方式及碾压步骤，以达到最佳结果。沥青混合料压实采用钢筒式静态压路机及轮胎压路机或振动压路机组合的方式。压路机的数量根据生产现场决定。

（3）沥青混合料的压实按初压、复压、终压（包括成型）三个阶段进行。压路机以慢而均匀的速度碾压。

（4）沥青混合料的初压符合下列要求。

① 初压在混合料摊铺后较高温度下进行，并不得产生推移、发裂，压实温度根据沥青稠度、压路机类型、气温铺筑层厚度、混合料类型经试铺试压确定。

② 压路机从外侧向中心碾压。相邻碾压带应重叠 1/3～1/2 轮宽，最后碾压路中心部分，压完全幅为一遍。当边缘有挡板、路缘石、路肩等支挡时，应紧靠支挡碾压。当边缘无支挡时，可用耙子将边缘的混合料稍稍耙高，然后将压路机的外侧轮伸出边缘 10cm 以上碾压。

③ 碾压时将驱动轮面向摊铺机。碾压路线及碾压方向不能突然改变而导致混合料产生推移。压路机启动、停止必须减速缓慢进行。

（5）复压紧接在初压后进行，并符合下列要求：复压采用轮胎式压路机；碾压遍数应经试压确定，不少于 4～6 遍，以达到要求的压实度，并无显著轮迹。

（6）终压紧接在复压后进行。终压选用双轮钢筒式压路机碾压，不宜少于两遍，并无轮迹。

采用钢筒式压路机时，相邻碾压带应重叠后轮 1/2 宽度。

（7）压路机碾压应注意以下事项。

① 压路机的碾压段长度以与摊铺速度平衡为原则选定，并保持大体稳定。压路机每次由两端折回的位置阶梯形的随摊铺机向前推进，使折回处不在同一横断面上。在摊铺机连续摊铺的过程中，压路机不随意停顿。

② 压路机碾压过程中有沥青混合料粘轮现象时，可向碾压轮洒少量水或加洗衣粉水，严禁洒柴油。

③ 压路机不在未碾压成型并冷却的路段转向、调头或停车等候。振动压路机在已成型的路面行驶时关闭振动。

④ 对压路机无法压实的桥梁、挡墙等构造物接头、拐弯死角、加宽部分及某些路边缘等局部地区，采用振动夯板压实。

⑤ 在当天碾压成型的沥青混合料层面上，不停放任何机械设备或车辆，严禁散落矿料、油料等杂物。

**7. 接缝、修边**

（1）摊铺时采用梯队作业的纵缝采用热接缝。施工时将已铺混合料部分留下 10～20cm 宽暂不碾压，作为后摊铺部分的高程基准面，再最后作跨缝碾压以消除缝迹。

（2）半幅施工不能采用热接缝时，设挡板或采用切刀切齐。铺另半幅前必须将缝边缘清扫干净，并涂洒少量粘层沥青。摊铺时应重叠在已铺层上 5～10cm，摊铺后用人工将摊铺在前半幅上面的混合料铲走。碾压时先在已压实路面上行走，碾压新铺层 10～15cm，然后压实新铺部分，再伸过已压实路面 10～15cm，充分将接缝压实紧密。上下层的纵缝错开 0.5m，表层的纵缝应顺直，且留在车道的画线位置上。

（3）相邻两幅及上下层的横向接缝均错位 5m 以上。上下层的横向接缝可采用斜接缝，上面层应采用垂直的平接缝。铺筑接缝时，可在已压实部分上面铺设些热混合料使之预热软化，以加强新旧混合料的黏结。但在开始碾压前应将预热用的混合料铲除。

（4）平接缝做到紧密黏结，充分压实，连接平顺。施工可采用下列方法：在施工结束时，摊铺机在接近端部前约 1m 处将熨平板稍稍抬起驶离现场，用人工将端部混合料铲齐后再予碾压。然后用 3m 直尺检查平整度，趁尚未冷透时垂直刨除端部平整度或层厚不符合要求的部分，使下次施工时成直角连接。

（5）从接缝处继续摊铺混合料前应用 3m 立尺检查端部平整度，当不符合要求时，予以清除。摊铺时应控制好预留高度，接缝处摊铺层施工结束后再用 3m 直尺检查平整度，当有不符合要求者，应趁混合料尚未冷却时立即处理。

（6）横向接缝的碾压应先用双轮钢筒式压路机进行横向碾压。碾压带的外侧放置供压路机行驶的垫木，碾压时压路机位于已压实的混合料层上，伸入新铺层的宽度为 15cm，然后每压一遍向混合料移动 15～20cm，直至全部在新铺层上为止，再改为纵向碾压。当相邻摊铺层已经成型，同时又有纵缝时，可先用钢筒式压路机纵缝碾压一遍，其碾压宽度为 15～20cm，然后再沿横缝作横向碾压，最后进行正常的纵向碾压。

（7）做完的摊铺层外露边缘应准确到要求的线位。修边切下的材料及任何其他的废弃沥青混合料应从路上清除。

## 七、 常见面层铺砌现场监理

### （一） 散料类面层铺砌

（1）土路 完全用当地的土加入适量砂和消石灰铺筑。常用于游人少的地方，或作为临时性道路。

（2）草路 一般用在排水良好，游人不多的地段，要求路面不积水，并选择耐践踏的草种，如绊根草、结缕草等。

（3）碎料路 是指用碎石、卵石、瓦片、碎瓷等碎料拼成的路面。图案精美丰富，色彩素艳和谐，风格或圆润细腻或朴素粗犷，做工精细，具有很好装饰作用和较高的观赏性，有助于强化园林意境，具有浓厚的民族特色和情调，多见于古典园林中。

施工方法：先铺设基层，一般用砂作基层，当砂不足时，可以用煤渣代替。基层厚约 20～25cm，铺后用轻型压路机压 2～3 次。面层（碎石层）一般为 14～20cm 厚，填后平整压实。当面层厚度超过 20cm 时，要分层铺压，下层 12～16cm，上层 10cm。面层铺设的高度应比实际高度大些。

现以卵石路面铺设为例，简单介绍其施工方法。

① 绘制图案。用木桩定出铺装图案的形状，调整好相互之间的距离，在将其固定。然后用铁锹切割出铺装图案的形状，开挖过程中尽可能保证基土的平整。

② 平整场地。勾勒出图案的边线后，就要用耙子平整场地，在此过程之中还要在平整的场地上放置一块木板，将酒精水准仪放在它的上面。

③ 铺设垫层。在平整后的基层上，铺设一层粗砂（厚度大约为3cm）。在它的上层再抹上一层约为6cm的水泥砂浆（混合比为7：1），然后用木板将其压实，整平。

④ 填充卵石。按照所设计的图案依次将卵石、圆石、碎石镶入水泥砂浆之中。

⑤ 修整图案。使用泥铲将卵石上边干的水泥砂浆刮掉，并检查铺装材料是否稳固，如果需要的话还应使用水泥砂浆对其重新加固。

⑥ 清理现场。最后在水泥砂浆完全凝固之前，用硬毛刷子清除多余的粗砂和无用的材料，但是注意不要破坏刚刚铺好的卵石。

**（二）块料类面层铺砌**

用石块、砖、预制水泥板等做路面的，统称为块料路面。此类路面花纹变化较多，铺设方便，因此在园林中应用较广。

**1. 铺砌要点**

块料路面是我国园林传统做法的继承和延伸。块料路面的铺砌要注意以下几点。

（1）广场内同一空间，园路同一走向，用一种式样的铺装较好。这样几个不同地方不同的铺砌，组成全园，达到统一中求变化的目的。实际上，这是以园路的铺装来表达园路的不同性质、用途和区域。

（2）一种类型铺装时，可用不同大小、材质和拼装方式的块料来组成，关键是用什么铺装在什么地方。例如，主要干道、交通性强的地方，要牢固、平坦、防滑、耐磨，线条简洁大方，便于施工和管理，如用同一种石料，变化大小或拼砌方法。小径、小空间、休闲林荫道，可丰富多彩一些，如我国古典园林。要深入研究园路所在其他园林要素的特征，以创造富于特色、脍炙人口的铺装来。

（3）块料的大小、形状，除了要与环境、空间相协调，还要适于自由曲折的线型铺砌，这是施工简易的关键；表面粗细适度，粗要可行儿童车，走高跟鞋，细不致雨天滑倒跌伤；块料尺寸模数，要与路面宽度相协调；使用不同材质块料拼砌，色彩、质感、形状等，对比要强烈。

（4）块料路面的边缘，要加固。损坏往往从这里开始。侧石问题。园路是否放侧石各有己见。一般认为要依实而议定：

① 看使用清扫机械是否需要有靠边；

② 所使用砌块拼砌后，边缘是否整齐；

③ 侧石是否可起到加固园路边缘的目的；

④ 最重要的是园路两侧绿地是否高出路面，在绿化尚未成型时，须以侧石防止水土冲刷。

（5）建议多采用自然材质块料。接近自然，朴实无华，价廉物美，经久耐用。甚至于旧料、废料略经加工也可利用为宝。日本有的路面是散铺粗砂而成，我国过去也有煤屑路面；碎大理石花岗岩板也广为使用，石屑更是常用填料。

施工总的要求是要有良好的路基，并加砂垫层，块料接缝处要加填充物。

2. 常见块料路面

（1）砖铺路面　目前我国机制标准砖的大小为 240mm×115mm×53mm，有青砖和红砖之分。园林铺地多用青砖，风格朴素淡雅，施工简便，可以拼凑成各种图案，以席纹和同心圆弧放射式排列为多（图 4-4）。砖铺地适于庭院和古建筑物附近。因其耐磨性差，容易吸水，适用于冰冻不严重和排水良好之处；坡度较大和阴湿地段不宜采用，因易生青苔而行走不便。目前已有采用彩色水泥仿砖铺地，效果较好。

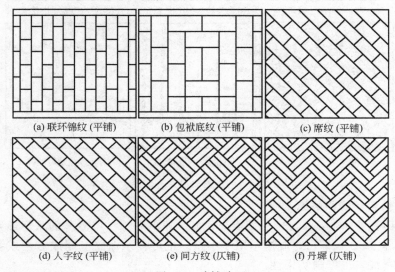

(a) 联环锦纹 (平铺)　(b) 包袱底纹 (平铺)　(c) 席纹 (平铺)

(d) 人字纹 (平铺)　(e) 间方纹 (仄铺)　(f) 丹墀 (仄铺)

图 4-4　砖铺路面

大青方砖规格为 500mm×500mm×100mm，平整、庄重、大方，多用于古典庭院。

（2）冰纹路面　冰纹路面是用边缘挺括的石板模仿冰裂纹样铺砌的地面，石板间接缝呈不规则折线，用水泥砂浆勾缝。多为平缝和凹缝，以凹缝为佳。也可不勾缝，便于草皮长出成冰裂纹嵌草路面（图 4-5）。还可做成水泥仿冰纹路，即在现浇混凝土路面初凝时，模印冰裂纹图案，表面拉毛，效果也较好。冰纹路适用于池畔、山谷、草地、林中的游步道。

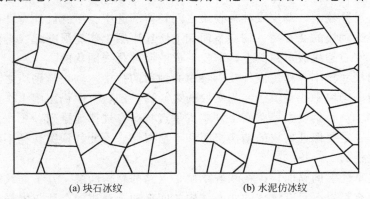

(a) 块石冰纹　(b) 水泥仿冰纹

图 4-5　冰纹路面

（3）混凝土预制块铺路　用预先模制成的混凝土方砖铺砌的路面，形状多变，图案丰富（如各种几何图形、花卉、木纹、仿生图案等）。也可添加无机矿物颜料制成彩色混凝土砖，色彩艳丽。路面平整、坚固、耐久。适用于园林中的广场和规则式路段上，也可做成半铺装留缝嵌草路面，如图4-6所示。

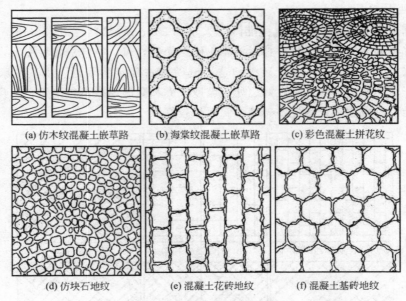

| (a) 仿木纹混凝土嵌草路 | (b) 海棠纹混凝土嵌草路 | (c) 彩色混凝土拼花纹 |
| (d) 仿块石地纹 | (e) 混凝土花砖地纹 | (f) 混凝土基砖地纹 |

图 4-6　预制混凝土方砖路

### （三）　胶结料类的面层施工

底层铺碎砖瓦 6～8cm 厚，也可用煤渣代替。压平后铺一层极薄的水泥砂浆（粗砂）抹平、浇水，保养 2～3 天即可，此法常用于小路。也可在水泥路上划成方格或各种形状的花纹，既增加艺术性，也增强实用性。

### （四）　嵌草路面的铺砌

无论用预制混凝土铺路板、实心砌块、空心砌块，还是用顶面平整的乱石、整形石块或石板，都可以铺装成砌块嵌草路面。

施工时，先在整平压实的路基上铺垫一层栽培壤土作垫层。壤土要求比较肥沃，不含粗颗粒物，铺垫厚度为 100～150mm。然后在垫层上铺砌混凝土空心砌块或实心砌块，砌块缝中半填壤土，并播种草籽。

实心砌块的尺寸较大，草皮嵌种在砌块之间预留的缝中。草缝设计宽度可在 20～50mm 之间，缝中填土达砌块的 2/3 高。砌块下面如上所述用壤土作垫层并起找平作用，砌块要铺装得尽量平整。实心砌块嵌草路面上，草皮形成的纹理是线网状的。

空心砌块的尺寸较小，草皮嵌种在砌块中心预留的孔中。砌块与砌块之间不留草缝，常用水泥砂浆黏结。砌块中心孔填土亦为砌块的 2/3 高；砌块下面仍用壤土作垫层找平，使嵌草路面保持平整。空心砌块嵌草路面上，草皮呈点状而有规律地排列。要注意的是，空心砌块的设计制作，一定要保证砌块的结实坚固和不易损坏，因此其预留孔径不能太大，孔径最好不超过砌块直径的 1/3 长。

采用砌块嵌草铺装的路面，砌块和嵌草层是道路的结构面层，其下面只能有一个壤土垫层，在结构上没有基层，只有这样的路面结构才能有利于草皮的存活与生长。

## 八、　道牙边沟施工现场监理

### 1. 路缘石

（1）路缘石的作用　路缘石是一种为确保行人及路面安全，进行交通诱导，保留水土，保护植栽，以及区分路面铺装等而设置在车道与人行道分界处、路面与绿地分界处、不同铺装路面分界处等位置的构筑物。路缘石的种类很多，有标明道路边缘类的预制混凝土路缘石、砖路缘石、石头路缘石，此外，还有对路缘进行模糊处理的合成树脂路缘石。几种常见的路缘石及构造，如图4-7～图4-10所示。

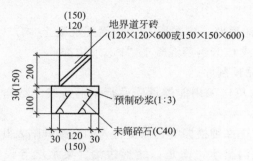

图4-7　步行道、车行道分界道牙砖路缘（单位：mm）

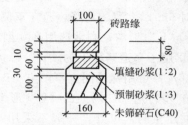

图4-8　地界道牙砖路缘（单位：mm）

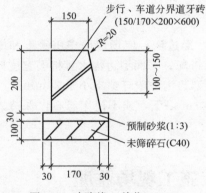

图4-9　砖路缘（单位：mm）

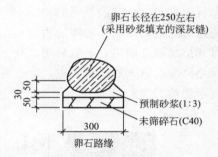

图4-10　路缘石铺设剖面图例（单位：mm）

（2）路缘石设置施工要点

① 在公共车道与步行道分界处设置路缘，一般利用混凝土制"步行道车道分界道牙砖"，设置高15cm左右的街渠或L形边沟。如在建筑区内，街渠或边沟的高度则为10cm左右。

② 区分路面的路缘，要求铺筑高度统一、整齐，路缘石一般采用"地界道牙砖"。设在建筑物入口处的路缘，可采用与路面材料搭配协调的花砖或石料铺筑。

在混凝土路面、花砖路面、石路面等与绿色的交界处可不设路缘。但对沥青路面，为保施工质量，则应当设置路缘。

2. 边沟

（1）边沟　所谓的边沟，是一种设置在地面上用于排放雨水的排水沟。其形式多种多样，有铺设在道路上的"L"形边沟，步车道分界道牙砖铺筑的街渠，铺设在停车场内园路上的碟形边沟，以及铺设在用地分界点、入口等场所的"L"形边沟（"U"字沟）。此外，还有窄缝样的缝形边沟和与路面融为一体的加装饰的边沟。

边沟所使用的材料一般为混凝土，有时也采用嵌砌小砾石。

"U"形边沟沟算的种类比较多，如混凝土制算、镀锌格栅算、铸铁格栅算、不锈钢格子算等。

（2）边沟的设置要点

① 应按照建设项目的排水总体规划指导，参考排放容量和排水坡度等因素，再决定边沟的种类和规模尺寸。

② 从总体而言，所谓的雨水排除是针对建筑区内部的雨水排放处理，因此，应在建筑区的出入口处设置边沟（主要是加格栅算的"U"字沟）。

③ 使用"L"形边沟，如是路宽6m以下的道路，应采用C20型钢筋混凝土"L"形边沟。对6m以上宽的道路，应在双侧使用C30或C35钢筋混凝土"L"形边沟。

④ "U"形沟，则常选用240型或300成品预制件。

⑤ 用于车道路面上的"U"形边沟，其沟算应采用能够承受通行车辆荷载的结构。而且最好选择可用螺栓固定不产生噪声的沟算。

⑥ 步行道、广场上的"U"形沟沟算，应选择细格栅类，以免行人的高跟鞋陷入其中。

在建筑的入口处，一般不采用"L"形边沟排水，而是以缝形边沟、集水坑等设施排水，以免破坏入口处的景观。

道旁"U"形沟，上覆细格栅，既利于排水，又不妨碍行走。

路面中部拱起，两边没有边沟，利于排水。

车行道排水多用带铁算子的"L"形边沟和"U"形边沟；广场地面多用碟形和缝形边沟；铺地砖的地面多用加装饰的边沟，要注重色彩的搭配；平面型边沟水算格栅宽度要参考排水量和排水坡度确定，一般采用250～300mm；缝型边沟一般缝隙不小于20mm。

园路路缘石以天然石材为主，缘石高度应低于20cm以下，或不使用缘石以保持人与景观之间亲切的尺度。

## 第二节　园林广场铺装施工现场监理

广场工程的施工程序基本上与园路工程相同。但由于广场上往往存在着花坛、草坪、水池等地面景物，因此，它又比一般的道路工程内容更复杂。

### 一、施工准备

1. 材料准备

准备施工机具、基层和面层的铺装材料，以及施工中需要的其他材料；清理施工现场。

2. 场地放线

按照广场设计图所绘施工坐标方格网，将所有坐标点测设在场地上并打桩定点。然后以坐标桩点为准，根据广场设计图，在场地地面上放出场地的边线、主要地面设施的范围线和挖方区、填方区之间的零点线。

3. 地形复核

对照广场竖向设计图，复核场地地形。各坐标点、控制点的自然地坪标高数据，有缺漏的要在现场测量补上。

4. 广场场地平整

需要按设计要求对场地进行回填压实及平整，为保证广场基层稳定，对场地平整做以下处理。

（1）清除并运走场地杂草、转走现场的木方及竹笆建筑材料。

（2）用挖掘机将场地其他多余土方转运到西边场地，用推土机分层摊铺开来，每层厚度控制在 30cm 左右。然后采用两台 15t 压路机对摊铺的大面积场地进行碾压，局部采用人工打夯机夯实。压至场地土方无明显下沉或压路机无明显轮迹为止。按设计要求至少需三次分层摊铺和碾压。对经压路机碾压后低于设计标高及低洼的部位采用人工回填夯实。

（3）人工夯实填土时，夯前应初步平整，夯实时要按照一定方向进行，一夯压半夯，夯夯相接，行行相连，每遍纵横交叉，分层夯打。人工夯实部分采用蛙式夯机，夯打遍数不少于 3 遍，对周边等压路机碾压不到的部位应加夯几次。

（4）广场场地平整及碾压完成后，安排测量人员放出广场道路位置，根据设计图纸标高，使道路路基标高略高于设计要求，用 15t 振动压路机对道路再进行一次碾压。采用振动压路机碾压，碾压时横向接头的轮迹，重叠宽度为 40～50cm，前后相邻两区段纵向重叠 1～1.5m，碾压时做到无漏压、无死角并确保碾压均匀。碾压时，先压边缘，后压中间；先轻压，后重压。填土层在压实前应先整平，并应做 2‰～4‰ 的横坡。当路堤铺筑到结构物附近的地方，或铺筑到无法采用压路机压实的地方，使用夯锤予以夯实。

（5）使道路路基达到设计要求的压实系数，并按设计要求做好压实试验。

（6）场地平整完成后，及时合理安排地下管网及碎石、块石垫层的施工，保证施工有序及各工种交叉作业。

## 二、 花岗石铺装现场监理

（1）垫层施工　将原有水泥方格砖地面拆除后，平整场地，用蛙式打夯机夯实，浇筑 150mm 厚素混凝土垫层。

（2）基层处理　检查基层的平整度和标高是否符合设计要求，偏差较大的事先凿平并将基层清扫干净。

（3）找水平、弹线　用 1∶2.5 水泥砂浆找平，作水平灰饼，弹线、找中、找方。施工前一天洒水湿润基层。

（4）试拼、试排、编号　花岗石在铺设前对板材进行试拼、对色、编号整理。

（5）铺设　弹线后先铺几条石材作为基准，起标筋作用。铺设的花岗石事先洒水湿润，阴干后使用。在水泥焦渣垫层上均匀地刷一道素水泥浆，用 1∶2.5 干硬性水泥砂浆做黏结层，厚度根据试铺高度决定粘接厚度。用铝合金尺找平，铺设板块时四周同时下落，用橡皮锤敲击平实，并注意找平、找直，如有锤击空声，需揭板重新增添砂浆，直至平实为止，最后揭板浇一层水灰比为 0.5 的素水泥浆，再放下板块，用锤轻轻敲击铺平。

（6）擦缝　待铺设的板材干硬后，用与板材同颜色的水泥浆填缝，表面用棉丝擦拭干净。

（7）养护、成品保护　擦拭完成后，面层铺盖一层塑料薄膜，减少砂浆在硬化过程中的水分蒸发，增强石板与砂浆的黏结牢度，保证地面的铺设质量。养护期为 3～5 天，养护期禁止上人上车，并在塑料薄膜上再覆盖硬纸垫，以保护成品。

## 三、 卵石面层铺装现场监理

在基础层上浇筑后 3～4 天方可铺设面层。首先打好各控制桩。其次挑选好 3～5cm 的卵石要求质地好，色泽均匀，颗粒大小均匀。然后在基础层上铺设 1∶2 水泥砂浆，厚度为

5cm，接着用卵石在水泥砂浆层嵌入，要求排列美观，面层均匀高低一致（可以一块 1m×1m 的平板盖在卵石上轻轻敲打，以便面层平整）。面层铺好一块（手臂距离长度）用抹布轻轻擦除多余部分的水泥砂浆。待面层干燥后，应注意浇水保养。

## 四、 停车场草坪铺装现场监理

根据设计图纸要求，停车场的草坪铺装基础素土夯实和碎石垫层后，按园路铺装处理外，在铺好草坪保护垫（绿保）10mm 厚细砂后一定要用压路机辗压 3～4 次，并处理好弹簧土，在确保地基压实度的情况下才允许浇水铺草坪。

## 五、 园路与广场铺装质量标准

（1）园路与广场各层的质量要求及检查方法如下。

① 各层的坡度、厚度、标高和平整度等应符合设计规定。

② 各层的强度和密实度应符合设计要求，上下层结合应牢固。

③ 变形缝的宽度和位置、块材间缝隙的大小以及填缝的质量等应符合要求。

④ 不同类型面层的结合以及图案应正确。

⑤ 各层表面对水平面或对设计坡度的允许偏差，不应大于 30mm。供排除液体用的带有坡度的面层应做泼水试验，以能排除液体为合格。

⑥ 块料面层相邻两块料间的高差，不应大于表 4-1 的规定。

表 4-1　各种块料面层相邻两块料的高低允许偏差

| 块料表层名称 | 允许偏差 |
| --- | --- |
| 条石面层 | 2 |
| 普通黏土砖、缸砖和混凝土板面层 | 1.5 |
| 水磨石板、陶瓷地砖、水泥花砖和硬质纤维板面层 | 1 |
| 大理石、花岗石、拼花木板和塑料地板面层 | 0.5 |

⑦ 水泥混凝土、水泥砂浆、水磨石等整体面层和铺在水泥砂浆上的板块面层以及铺贴在沥青胶结材料或胶黏剂的拼花木板、塑料板、硬质纤维板面层与基层的结合应良好，应用敲击方法检查，不得空鼓。

⑧ 面层不应有裂纹、脱皮、麻面和起砂等现象。

⑨ 面层中块料行列（接缝）在 5m 长度内直线度的允许偏差不应大于表 4-2 的规定。

表 4-2　各类面层块料行列（接缝）直线度的允许偏差

| 面层名称 | 允许偏差/mm |
| --- | --- |
| 缸砖、陶瓷锦砖、水磨石板、水泥花砖、塑料板和硬质纤维板 | 3 |
| 活动地板面积 | 2.5 |
| 大理石、花岗石面层 | 2 |
| 其他块料面层 | 8 |

⑩ 各层厚度对设计厚度的偏差，在个别地方偏差不得大于该层厚度的 10%，在铺设时检查。

⑪ 各层的表面平整度，应用 2m 长的直尺检查，如为斜面，则应用水平尺和样尺检查。各层表面平面度的偏差，不应大于表 4-3 的规定。

表 4-3　各层表面平整度的允许偏差

| 层次 | 材料名称 | | 允许偏差/mm |
|---|---|---|---|
| 基土 | 土 | | 15 |
| 垫层 | 砂、砂石、碎（卵）石、碎砖 | | 15 |
| | 灰土、三合土、炉渣、水泥混凝土 | | 10 |
| | 毛地板 | 拼花木板面层 | 3 |
| | | 其他种类面层 | 5 |
| | 木格栅 | | 3 |
| 结合层 | 用沥青玛蹄脂做结合铺设拼花木板、板块和硬质纤维面板 | | 3 |
| | 用水泥砂浆结合层面铺设板块面层以及铺设隔离层、填充层 | | 5 |
| | 用胶黏剂做结合层铺设拼花木板、塑料板和纤维板面层 | | 2 |
| 面层 | 条石、块石 | | 10 |
| | 水泥混凝土、水泥砂浆、沥青混凝土、水泥钢（铁）屑、不发火（防爆的）、防渗等面层 | | 4 |
| | 缸砖、混凝土块面层 | | 4 |
| | 整体的及预制的普通水磨石、水泥花砖和木板面层 | | 3 |
| | 整体的及预制的高级水磨石面层 | | 2 |
| | 陶瓷锦砖、陶瓷地砖、拼花木板、活动地板、塑料板、硬质纤维板等面层以及面层涂饰 | | 2 |
| | 大理石、花岗石面层 | | 1 |

（2）广场铺装工程多采用碎拼大理石、混凝土板、水磨石板、水泥花砖、定形石块、嵌草地坪等。面层所用板块的品种、质量必须符合设计要求；面层和基础层的结合（黏结）必须牢固、无空鼓（脱胶）、单块板块料边角有局部空鼓，在抽查点总数不超过 5% 者，可不计。

广场铺装工程的允许偏差和检验方法应符合表 4-4 规定。

表 4-4　广场铺装工程的允许偏差和检验方法

| 项目 | 允许偏差/mm | | | | | | | | | | 检验方法 |
|---|---|---|---|---|---|---|---|---|---|---|---|
| | 基层 | | | 碎拼大理石 | 水泥花砖 | 定性大理石 | 混凝土板块 | 卵石 | 嵌草地坪 | 定形石块 | |
| | 土 | 砂、碎石、石子 | 混凝土 | | | | | | | | |
| 表面平整 | 15 | 15 | 5 | 3 | 3 | 1 | 3 | 4 | 3 | 3 | 用 2m 塞尺和楔形尺检查 |
| 标高 | +0 50 | ±2 0 | ±1 0 | — | — | — | — | — | — | — | 用水准仪检查 |
| 缝格平直 | — | — | — | — | 3 | 2 | 3 | — | — | 3 | 用 5m 线和楔形检查 |
| 按缝高低差 | — | — | — | 0.5 | 0.5 | 0.5 | 1.5 | 2 | 1.5 | 2 | 尺量楔形塞尺检查 |
| 板块间隙 | — | — | — | — | 2 | 1 | 6 | ≥3 | 3 | ≥3 | 尺量楔形塞尺检查 |

## 第三节　园桥施工监理

园桥，是指园林中的桥，可以联系风景点的水陆交通，组织游览线路，变换观赏视线，点缀水景，增加水面层次，兼有交通和艺术欣赏的双重作用。园桥在造园艺术上的价值，往往超过交通功能。

园桥一般结构简单，但对园景影响较大，现以较为复杂拱桥为例来说明。拱桥的施工，从方法上大体可分为有支架施工和无支架施工两大类。有支架施工常用于石拱桥和混凝土预制块拱桥，而无支架施工多用于肋拱桥、双曲拱桥、箱形拱桥和桁架拱桥等，当然也有采用两者相结合的施工方法。本节重点介绍的是石拱桥的有支架施工。

## 一、 石拱桥砌体材料的施工要求

拱桥材料的选择应满足设计和施工有关规范的要求。对于石拱桥，石料的准备（包括开采、加工和运输等）是决定施工进度的一个重要环节，也在很大程度上影响石拱桥的造价和质量。特别是料石拱圈，拱石规格繁多，所费劳动力就很多。为了加快石拱桥建设速度，降低造价，减少劳动力消耗，可以采用细石混凝土砌筑片石拱，以及用大河卵石砌拱等方法修建拱桥。对石拱桥砌体材料（石料、砂浆、细石混凝土）的质量要求如下。

1. 石料的要求

（1）石料应符合设计规定的类别和强度，石质应均匀、不易风化、无裂纹。石料强度、试件规格及换算应符合设计要求。

（2）一月份平均气温低于−10℃的地区，除干旱地区不受冰冻部位或根据以往实践经验证明材料确有足够抗冻性者外，所用石料及混凝土材料须通过冻融试验证明符合表4-5的抗冻性指标时，方可使用。

**表 4-5　石料及混凝土材料抗冻性指标**　　　　　　单位：次

| 结构物类别 | 大、中桥 | 小桥及涵洞 |
| --- | --- | --- |
| 镶面或表层 | 50 | 25 |

注：抗冻性指标系指材料在含水饱和状态下经−15℃的冻结与融化的循环次数。试验后的材料应无明显损伤（裂缝、脱层），其强度不低于试验前的0.75倍。

（3）片石。一般指用爆破或楔劈法开采的石块，厚度不应小于150mm（卵形和薄片者不得采用）。用于镶面的片石，应选择表面较平整、尺寸较大者，并应稍加修整。

（4）块石。形状应大致方正，上下面大致平整，厚度200～300mm，宽度约为厚度的1.0～1.5倍，长度约为厚度的1.5～3.0倍（如有锋棱锐角，应敲除）。块石用于镶面时，应由外露面四周向内稍加修凿，后部可不修凿，但应略小于修凿部分。

（5）粗料石。是由岩层或大块石料开劈并经粗略修凿而成，外形应方正，成六面体，厚度200～30mm，宽度为厚度的1～1.5倍，长度为厚度的2.5～4倍，表面凹陷深度不大于20mm。加工镶面粗料石时，丁石长度应比相邻顺石宽度至少大150mm，修凿面每100mm长须有錾路约4～5条，侧面修凿面应与外露面垂直，正面凹陷深度不应超过15.0mm，镶面粗料石的外露面如带细凿边缘时，细凿边缘的宽度应为30～50mm。

（6）拱石。可根据设计采用粗料石、块石或片石；拱石应立纹破料，岩层面应与拱轴垂直，各排拱石沿拱圈内弧的厚度应一致。用粗料石砌筑曲线半径较小的拱圈，辐射缝上下宽度相差超过30%时，宜将粗料石加工成楔形，其具体尺寸可根据设计及施工条件确定，但应符合下列规定。

① 最小厚度 $t_1$ 不应小于20mm，最大厚度 $t_2$ 按设计或施工放样确定。

② 高度 $h$ 应为最小厚度 $t_1$ 的1.2～2.0倍。

③ 长度 $l$ 应为最小厚度 $t_1$ 的2.5～4.0倍。

（7）桥涵附属工程采用卵石代替片石时，其石质及规格须符合片石规定。

2. 砂浆的技术要求

(1) 砌筑用砂浆的类别和强度等级应符合设计规定。砂浆强度等级以 M×× 表示，为 70.7mm×70.7mm×70.7mm 试件标准养护 28 天的抗压强度（单位为 MPa）。标准养护条件如下。

① 水泥石灰等混合砂浆养护温度（20±3）℃，相对湿度 60%～80%。

② 水泥砂浆和微沫水泥砂浆养护温度（20±3）℃，相对湿度为 90% 以上。

③ 常用的砂浆强度等级分别为 M15、M10、M7.5、M5、M2.5 五个等级。

(2) 砂浆中所用水泥、砂、水等材料的质量标准宜符合混凝土工程相应材料的质量标准。砂浆中所用砂，宜采用中砂或粗砂，当缺乏中砂及粗砂时，在适当增加水泥用量的基础上，也可采用细砂。砂的最大粒径，当用于砌筑片石时，不宜超过 5mm；当用于砌筑块石、粗料石时，不宜超过 2.5mm。如砂的含泥量达不到混凝土用砂的标准，当砂浆强度等级大于或等于 M5 时，可不超过 5%，小于 M5 时可不超过 7%。

(3) 石灰水泥砂浆所用生石灰应成分纯正，煅烧均匀、透彻。一般宜熟化成消石灰粉或石灰膏使用，也可磨细成生石灰粉使用。消石灰粉和石灰膏应通过网筛过滤，并且石灰膏应在沉淀池内储存 14 天以上。磨细生石灰粉应经 4900 孔/cm² 筛子过筛。

(4) 砂浆的配合比可通过试验确定，可采用质量比或体积比，并应满足相关的技术条件的要求。当变更砂浆的组成材料时，其配合比应重新试验确定。

(5) 砂浆必须具有良好的和易性，其稠度以标准圆锥体沉入度表示，用于石砌体时宜为 50～70mm，气温较高时可适当增大。零星工程用砂浆的稠度，也可用直观法进行检查，以用手能将砂浆捏成小团，松手后既不松散又不由灰铲上流下为度。

(6) 为改善水泥砂浆的和易性，可掺入无机塑化剂或以皂化松香为主要成分的微沫剂等有机塑化剂，其掺量可参照生产厂家的规定并通过试验确定，一般为水泥用量的 0.5/10000～1.0/10000（微沫剂按 100% 纯度计）。采用时应符合下列规定。

① 微沫剂宜用不低于 70℃ 的水稀释至 5%～10% 的浓度，稀释后存放不宜超过 7 天。

② 宜用机械拌和，拌和时间宜为 3～5min。

(7) 砂浆配制应采用质量比，砂浆应随拌随用，保持适宜的稠度，一般宜在 3～4h 内使用完毕；气温超过 30℃，宜在 2～3h 内使用完毕。在运输过程中或在储存器中发生离析、泌水的砂浆，砌筑前应重新拌和，已凝结的砂浆不得使用。

3. 细石混凝土的技术要求

(1) 细石混凝土的配合比设计、材料规格和质量检验标准，应符合施工技术规范的有关规定。

(2) 细石混凝土的粗骨料可采用细卵石或碎石，最大粒径不宜大于 20mm。

(3) 细石混凝土拌和物应具有良好的和易性，坍落度宜为 50～70mm（片石砌体）或 70～100mm（块石砌体）。为改善小石子混凝土拌和物的和易性，节约水泥，可通过试验，在拌和物中掺入一定数量的减水剂等外加剂或粉煤灰等混合材料。

## 二、 拱桥施工现场监理

1. 施工准备

工程施工前，必须对设计文件、图纸、资料进行现场研究和核对；查明文件、图纸、资料是否齐全，如发现图纸、资料欠缺、错误、矛盾必须向业主提出补全和更正。如发现设计与现场有出入处，必要时应进行补充调查。小桥涵开工前应依据设计文件和任务要求编制施工方案，其中包括编制依据、工期要求、材料和机具数量、施工方法、施工力量、进度计划、质量管理等。同时应编制实施施工组织设计，使施工方案具体化，一般小桥涵的施工组织设计可配合路基施工方案编制。

2. 施工前测量

（1）对业主所交付的小桥涵中线位置桩、三角网基点桩、水准点桩及其测量资料进行检查、核对，若发现桩位不足，有移动现象或测量精度不足，应按规定要求精度进行补测或重新核对并对各种控制进行必要的移设或加固。

（2）补充施工需要的桥涵中线桩、墩台位置桩、水准基点桩及必要的护桩。

（3）当地下有电缆、管道或构造物靠近开挖的桥涵基础位置时，应对这些构造物设置标桩。监理工程师应当检查承包商确定的桥涵位置是否符合设计位置，如发现有可疑之处应要求承包商提供测量资料，检查测量的精度，必要时可要求承包商复测。

### 三、 栏杆及护栏质量要求

1. 栏杆及护栏安装要求

（1）栏杆安装必须牢固，线条顺直，整齐美观。

（2）栏杆与扶手的接缝处的填缝料，必须饱满且平整，伸缩缝必须伸缩有效。

（3）栏杆扶手不得有断裂或弯曲。

（4）栏杆块件必须在人行道板铺设完备后方可进行安装。安装栏杆时，必须全桥对直、校平（弯桥、坡桥要求平顺）。

（5）预制栏杆须用 M10 砂浆固定在人行道或安全带预留的凹槽内。

（6）安装好的栏杆必须符合设计的线型和标高，或符合监理工程师的指示。

2. 栏杆及护栏安装要求

（1）除非监理工程师另有批准，混凝土栏杆及护栏（防撞墙）应在该跨拱架及脚手架放松后才能浇筑。特别要注意使模板光顺并紧密装配，以保持其线条及外形，且在拆模时不致损伤混凝土。应按施工详图制作所有模板以及斜角条。在完成的工程中，所有角隅应准确、线条分明、加工光洁，且无裂缝、破裂或其他缺陷。

（2）预制栏杆构件应在不漏浆的模板上浇筑。当混凝土硬化足够时，即从模板中取出预制构件，并养生 10 天。

（3）可以采用加湿、加温或快硬水泥或减水剂，以缩短养生期，其方法应经过监理工程师批准。

（4）存放及装卸预制构件时，应保证边缘及角隅完整和平整，在安放前或安放时任何碎裂、损坏、开裂的构件都应废弃，并从工程中移去。

（5）与预制栏杆柱相连接的现场浇筑栏杆帽及护栏帽，在浇筑并整修混凝土时，应防止栏杆及护栏被污染或变形。

### 四、 安全带和人行道质量要求

（1）悬臂式安全带和悬臂式人行道构件，必须与主梁横向连接或在拱上建筑完成后才可安装。

（2）安全带梁及人行道梁，必须安放在未凝固的 M15 稠水泥砂浆上，并以此来形成人行道顶面设计的横向排水坡。

（3）人行道板必须在人行道梁锚固后才可铺设，对设计无锚固的人行道梁、人行道板的铺设应按照由里向外的次序。

（4）在安装有锚固的人行道梁时，应对焊缝认真检查，并注意施工安全。

## 第五章

# 园林绿化工程施工现场监理

### 第一节　园林绿化种植材料监理

#### 一、木本苗

**（一）苗木类型**

按苗木的生物学特性分为常绿乔木、落叶乔木、常绿灌木、落叶灌木、常绿藤木、落叶藤木、竹类等种类；按苗木的自然形态分为丛生型、单干型、多干型、匍匐型等类型。

（1）丛生型苗木　是指自然生长的树形呈丛生状的苗木。

（2）单干型苗木　是指自然生长或经过人工整形后具1个主干的苗木。

（3）多干型苗木　是指自然生长或经过人工整形后具有3个以上主干的苗木。

（4）匍匐型苗木　是指自然生长的树形呈匍匐状的苗木。

（5）小乔木　是指自然生长的成龄树株高在5～8m的乔木。

（6）中乔木　是指自然生长的成龄树株高在8～15m的乔木。

（7）大乔木　是指自然生长的成龄树株高在15m以上的乔木。

（8）干径　是指乔木主干离地表面1.3m处的直径。

（9）基径　是指苗木主干离地表面0.3m处的直径。

（10）冠径　是指乔木树冠垂直投影面的直径。

（11）蓬径　是指灌木、灌丛垂直投影面的直径。

（12）树高　是指从地表面至乔木正常生长顶端的垂直高度。

（13）分枝点高　是指从地表面到乔木树冠的最下分枝点的垂直高度。

（14）灌高　是指从地表面至灌木正常生长顶端的垂直高度。

（15）移植次数　是指苗木培育的全过程中移植的次数。

**（二）技术要求**

1. 对使用苗木的基本要求

（1）应选择当地适生树种，包括乡土树种以及引种驯化成功并已得到广泛应用的树种。

（2）使用苗木的树种（品种）应有标牌，标明种类（中文植物名称与拉丁学名）、规格、数量和质量。

（3）应用的苗木应具备生长健壮、枝叶繁茂、冠形完整、色泽正常、根系发达、无病虫害、无机械损伤、无冻害等基本质量要求。

（4）使用的苗木应经过移植培育。5 年生以下的移植培育至少 1 次；5 年生以上（含 5 年生）的移植培育至少 2 次。野生苗和山地苗应经北京本地苗圃养护培育 3 年以上，适应当地环境和生长发育正常后才能应用。

（5）栽植苗木必须经过植物检疫。外埠苗木进入北京市域应经法定植物检疫主管部门检验，签发检疫合格证书后，方可应用。具体检疫要求按国家和北京市有关规定执行。

2. 各类型苗木规格质量标准

（1）乔木类常用苗木主要规格质量标准见城市园林绿化用植物材料木本苗。

① 乔木类苗木主要质量要求：具主轴的应有主干，主枝 3～5 个，主枝分布均匀，乔木类苗木主要质量要求以干径、树高、冠径、主枝长度、分枝点高和移植次数为规定指标。

② 落叶大乔木慢长树干径 5.0cm 以上，快长树干径 7.0cm 以上；落叶小乔木干径 3.0cm 以上；常绿乔木树高 2.5m 以上。

③ 行道树用乔木类苗木主要质量规定指标为：落叶乔木类干径不小于 7.0cm，主枝 3～5 个，分枝点高不小于 2.8m（特殊情况下可另行掌握）；常绿乔木树高 4.0m 以上。

④ 高接乔木嫁接时间应在 3 年以上，接口平整、牢固。

（2）灌木类常用苗木主要规格质量标准见城市园林绿化用植物材料木本苗。

① 灌木类苗木主要质量标准以主枝数、蓬径、苗龄、高度或主枝长、基径、移植次数为规定指标。

② 丛生型灌木主要质量要求：灌丛丰满，主侧枝分布均匀，主枝数不少于 5 个，主枝平均高度达到 1.0m 以上。

③ 匍匐型灌木主要质量要求：应有 3 个以上主枝达到 0.5m 以上。

④ 单干型灌木主要质量要求：具主干，分枝均匀，基径在 2.0cm 以上，树高在 1.2m 以上。

⑤ 绿篱（植篱）用灌木类苗木主要质量要求：冠丛丰满，分枝均匀，下部枝叶无光秃，苗龄 3 年生以上。

（3）藤木类常用苗木主要规格质量标准见城市园林绿化用植物材料木本苗。

① 藤木类苗木主要质量标准以苗龄、分枝数、主蔓直径、主蔓长度和移植次数为规定指标。

② 藤木类苗木主要质量要求：分枝数不少于 3 个，主蔓直径应在 0.3cm 以上，主蔓长度应在 1.0m 以上。

（4）竹类常用苗木主要规格质量标准见附录 E。

① 竹类苗木主要质量标准以苗龄、竹叶盘数、土坨大小和竹竿个数为规定指标。母竹为 2～5 年生苗龄。

② 散生竹类苗木主要质量要求：大中型竹苗具有竹秆 1～2 个；小型竹苗具有竹秆 5 个以上。

③ 散生竹类苗木主要质量要求：大中型竹苗具有竹秆 1～2 个；小型竹苗具有竹秆 5 个以上。

④ 丛生竹类苗木主要质量要求：每丛竹具有竹秆 5 个以上。

3．检验方法

（1）测量苗木干径、基径等直径时用游标卡尺，读数精确到 0.1cm。测量苗木树高、灌高、分枝点高、冠径和蓬径等长度时用钢卷尺、皮尺或木制直尺，读数精确到 1.0cm。

（2）测量苗木干径，断面畸形时，测取最大值和最小值的平均值；测量苗木基径，基部膨胀或变形时，从其基部近上方正常处测取。

（3）测量乔木树高时不计徒长枝。

## 二、 球根花卉种球

球根花卉是指植株地下部分变态膨大，有的在地下形成球状物或块状物，大量贮藏养分的多年生草本花卉。球根花卉偶尔也包含少数地上茎或叶发生变态膨大者。球根花卉广泛分布于世界各地，我国各地也很普遍。供栽培观赏的有数百种，大多属单子叶植物。

### （一） 形态特征

全世界栽培的球根花卉有数百种，其中属单子叶植物的约 10 个科；属双子叶植物的约 8 个科。按地下部分的器官形态，可分为下列种类。

1．鳞茎类

地下茎是由肥厚多肉的叶变形体即鳞片抱合而成，鳞片生于茎盘上，茎盘上鳞片发生腋芽，腋芽成长肥大便成为新的鳞茎。鳞茎又可以分为有皮鳞茎和无皮鳞茎两类，有皮鳞茎类球根花卉有水仙花、郁金香、朱顶红、风信子、文殊兰、百子莲、石蒜等，无皮鳞茎类有百合、贝母等。

2．球茎类

地下茎呈实心球状或扁球形，有明显的环状茎节，节上有侧芽，外被膜质鞘，顶芽发达。细根生于球基部，开花前后发生粗大的牵引根，除支持地上部外，还能使母球上着生的新球不露出地面。这类球根花卉有唐菖蒲、小苍兰、西班牙鸢尾、番红花、秋水仙、观音兰、虎眼万年青等。

3．块茎类

地下茎或地上茎膨大呈不规则实心块状或球状，表面无环状节痕，根系自块茎底部发生，顶端有几个发芽点，这类球根花卉有白头翁、花叶芋、马蹄莲、仙客来、大岩桐、球根秋海棠等。

4．根茎类

地下茎肥大呈根状，上面具有明显的节和节间。节上有小而退化的鳞片叶，叶腋有腋芽，尤以根茎顶端侧芽较多，由此发育为地上枝，并产生不定根。这类球根花卉有美人蕉、荷花、姜花、睡莲、鸢尾、六出花等。

5．块根类

由不定根或侧根膨大形成。休眠芽着生在根颈附近，由此萌发新梢，新根伸长后下部又生成多数新块根。分株繁殖时，必须附有块根末端的根颈。这类球根花卉有大丽花、花毛莨等。

### （二） 采收贮藏

1．采收

球根花卉停止生长后叶片呈现萎黄时，即可采球茎。采收要适时，过早球根不充实；过晚地上部分枯落，采收时易遗漏子球，以叶变黄 1/2～2/3 时为采收适期。采收应选晴天，土壤湿度适当时进行。采收中要防止人为的品种混杂，并剔除病球、伤球。掘出的球根，去掉附土，表面晾干后贮藏。在贮藏中通风要求不高，但对需保持适度湿润的种类，如美人蕉、大丽花等多混入湿润砂土堆藏；对要求通风干燥贮藏的种类，如唐菖蒲、郁金香、水仙及风信子等，宜摊放于底为粗铁丝网的球根贮藏箱内。

2. 贮藏

球根贮藏是指球根成熟采掘后，放置室内并给予球根一定条件以利其适时栽植或出售的措施和过程。球根贮藏可分为自然贮藏和调控贮藏两种类型。自然贮藏指贮藏期间，对环境不加人工调控措施，促球根在常规室内环境中度过休眠期。通常在商品球出售前的休眠期或用于正常花期生产切花的球根，多采用自然贮藏。调控贮藏是在贮藏期运用人工调控措施，以达到控制休眠、促进花芽分化、提高成花率以及抑制病虫害等目的。常用的是药物处理、温度调节和气调（气体成分调节）等，以调控球根的生理过程。如郁金香若在自然条件下贮藏，则一般 10 月栽种，翌年 4 月才能开花。如运用低温贮藏（17℃经 3 个星期，然后 5℃经 10 个星期），即可促进花芽分化，将秋季至春季前的露地越冬过程，提早到贮藏期来完成，使郁金香可在栽后 50～60 天开花。这样做不仅缩短了栽培时间，并能与其他措施相结合，设法达到周年供花的目的。

球根的调控贮藏，可提高成花率与球根品质，还能催延花期，故已成为球根经营的重要措施。如对中国水仙的气调贮藏，需在相对黑暗的贮藏环境下适当提高室温，并配合乙烯处理，就能使每球花葶平均数提高一倍以上，从而成为"多花水仙"。

各类球根的贮藏条件和方法，常因种和品种而有差异，又与贮藏目的有关。对通风要求不高而需保持一定湿度的球根，如美人蕉、百合、大丽花等，可埋藏在保有一定湿度的干净砂土或锯木屑中；贮藏时需要相对干燥的球根，可采用空气流通的贮藏架分层堆放，如水仙、郁金香、唐菖蒲等。调控贮藏更需根据不同目的，分别处理，如荷兰鸢尾（*Iris hollandica*）在 8 月份每天熏烟 8～10h，连续处理 7 天，可收成花率提高一倍之效。收获后的小苍兰，在 30℃条件下贮放 4 个星期，再用木柴、鲜草焚烧，释放出乙烯气进行熏烟处理 3～6h，便可有明显促进发芽的作用。麝香百合收获后用 47.5℃ 的热水处理半小时，不仅可以促进发芽，还对线虫、根锈螨和花叶病有良好防治效果。

## 第二节 园林绿化工程施工监理

### 一、树木栽植施工监理控制要点

树木景观是园林和城市植物景观的主体部分，树木栽植工程则是园林绿化最基本，最重要的工程。在实施树木栽植之前，要先整理绿化现场。去除场地上的废弃杂物和建筑垃圾，换来肥沃的栽植壤土，并把土面整平耙细。随后，进行树木栽植工作。

#### （一）栽植

栽植，就是人为地栽种植物。园林栽植是利用植物形成环境和保护环境，构成人类的生活空间。这个空间，小则从日常居住场所开始，大则到风景区、自然保护区乃至全部国土范围。

**1. 移植期**

移植期是指栽植树木的时间。树木是有生命的机体，在一般情况下，夏季树木生命活动最旺盛，冬天其生命活动最微弱或近于休眠状态，可见树木的种植是有季节性的。移植多选择树木生命活动最微弱的时候进行移植，也有因特殊需要进行非植树季节栽植树木的情况，但需经特殊处理。

华北地区大部分落叶树和常绿树在3月上中旬至4月中下旬种植。常绿树、竹类和草皮等，在7月中旬左右进行雨季栽植。秋季落叶后可选择耐寒、耐旱的树种，用大规格苗木进行栽植。这样可以减轻春季植树的工作量。一般常绿树、果树不宜秋天栽植。

华东地区落叶树的种植，一般在2月中旬至3月下旬，在11月上旬至12月中下旬也可以。早春开花的树木，应在11～12月种植。常绿阔叶树以3月下旬最宜、6～7月、9～10月进行种植也可以。香樟、柑橘等以春季种植为好。针叶树春、秋都可以栽种，但以秋季为好。竹子一般在9～10月栽植为好。

东北和西北北部严寒地区，在秋季树木落叶后，土地封冻前种植成活更好。冬季采用带冻土移植大树，其成活率也很高。

**2. 栽植对环境的要求**

（1）对温度的要求。植物的自然分布和气温有密切的关系，不同的地区就应选用能适应该区域条件的树种。并且栽植当日平均温度等于或略低于树木生物学最低温度时，栽植成活率高。

（2）对光的要求。一般光合作用的速度，随着光的强度的增加而加强。在光线强的情况下，光合作用强，植物生命特征表现强；反之，光合作用减弱，植物生命特征表现弱，故在阴天或遮光的条件下，对提高种植成活率有利。

（3）对土壤的要求。土壤是树木生长的基础，它是通过其中水分、肥分、空气、温度等来影响植物生长的。

土壤水分和土壤的物理组成有密切的关系，对植物生长有很大影响。当土壤不能提供根系所需的水分时，植物就产生枯萎，当达到永久枯萎点时，植物便死亡。因此，在初期枯萎以前，必须开始浇水。掌握土壤含水率，即可及时补水。

土壤养分充足对于种植的成活率、种植后植物的生长发育有很大影响。

树木有深根性和浅根性两种。种植深根性的树木应有深厚的土壤，在移植大乔木时比小乔木、灌木需要更多的根土，所以栽植地要有较大的有效深度。具体可见表5-1。

表5-1　植物生长所必需的最低限度土层厚度　　　　　　单位：cm

| 类别 | 植物生存的最小厚度 | 植物培养的最小厚度 |
| --- | --- | --- |
| 种类 | 15 | 30 |
| 植被 | 30 | 45 |
| 小灌木 | 45 | 60 |
| 大灌木 | 60 | 90 |
| 浅根性乔木 | 90 | 150 |

**（二）整地**

**1. 清理障碍物**

在施工场地上，凡对施工有碍的一切障碍物如堆放的杂物、违章建筑、坟堆、砖石块等要清除干净。一般情况下已有树木凡能保留的尽可能保留。

2. 整理现场

根据设计图纸的要求，将绿化地段与其他用地界限区划开来，整理出预定的地形，使其与周围排水趋向一致。整理工作一般应在栽植前 3 个月以上的时期内进行。

（1）对 8°以下的平缓耕地或半荒地，应根据植物种植必需的最低土层厚度要求（表 5-2）进行整地。通常翻耕 30～50cm 深度，以利蓄水保墒。并视土壤情况，合理施肥以改变土壤肥性。平地整地要有一定倾斜度，以利排除过多的雨水。

表 5-2　绿地植物种植必需的最低土层厚度

| 植被类型 | 草木花卉 | 草坪地被 | 小灌木 | 大灌木 | 浅根乔木 | 深根乔木 |
|---|---|---|---|---|---|---|
| 土层厚度/cm | 30 | 30 | 45 | 60 | 90 | 150 |

（2）对工程场地宜先清除杂物、垃圾，随后换土。种植地的土壤含有建筑废土及其他有害成分，如强酸性土、强碱土、盐碱土、重黏土、砂土等，均应根据设计规定，采用客土或改良土壤的技术措施。

（3）对低湿地区，应先挖排水沟降低地下水位防止返碱。通常在种植前一年，每隔 20m 左右就挖出一条深 1.5～2.0m 的排水沟，并将掘起来的表土翻至一侧培成垅台，经过一个生长季，土壤受雨水的冲洗，盐碱减少，杂草腐烂了，土质疏松，不干不湿，即可在垅台上种树。

（4）对新堆土山的整地，应经过一个雨季使其自然沉降，才能进行整地植树。

（5）对荒山整地，应先清理地面，刨出枯树根，搬除可以移动的障碍物，在坡度较平缓，土层较厚的情况下，可以采用水平带状整地。

**（三）定点和放线**

1. 行道树的定点放线

道路两侧成行列式栽植的树木，称行道树。要求栽植位置准确，株行距相等（在国外有用不等距的）。一般是按设计断面定点。在已有道路旁定点以路牙为依据，然后用皮尺、钢尺或测绳定出行位，再按设计定株距，每隔 10 株于株距中间钉一木桩（不是钉在所挖坑穴的位置上），作为行位控制标记，以确定每株树木坑（穴）位置的依据，然后用白灰点标出单株位置。

由于道路绿化与市政、交通、沿途单位、居民等关系密切，植树位置的确定，除和规定设计部门配合协商外，在定点后还应请设计人员验点。

2. 自然式定位放线

（1）坐标定点法　根据植物配置的疏密度先按一定的比例在设计图及现场分别打好方格，在图上用尺量出树木在某方格的纵横坐标尺寸，再按此数据用皮尺丈量在现场对应的位置。

（2）仪器测放　用经纬仪或小平板仪依据地上原有基点或建筑物、道路将树群或孤植树依照设计图上的位置依次定出每株的位置。

（3）目测法　对于设计图上无固定点的绿化种植，如灌木丛、树群等可用上述两种方法画出树群树丛的栽植范围，其中每株树木的位置和排列可根据设计要求在所定范围内用目测法进行定点，定点时应注意植株的生态要求并注意自然美观。定好点后，多采用白灰打点或打桩，标明树种、栽植数量（灌木丛树群）、坑径。

### （四）栽植穴、槽的挖掘

栽植穴、槽的质量对植株以后的生长有很大的影响。除按设计确定位置外，应根据根系或土球大小、土质情况来确定坑（穴）径大小（一般应比规定的根系或土球直径大20～30cm）；根据树种根系类别，确定坑（穴）的深浅。坑（穴）或沟槽口径应上下一致，以免植树时根系不能舒展或填土不实。栽植穴、槽的规格，可参见表5-3～表5-7。

表5-3　常绿乔木类种植穴规格　　　　　　单位：cm

| 树高 | 土球直径 | 种植深度 | 种植直径 |
| --- | --- | --- | --- |
| 150 | 40～50 | 50～60 | 80～90 |
| 150～250 | 70～80 | 80～90 | 100～110 |
| 250～400 | 80～100 | 90～110 | 120～130 |
| 400以上 | 140以上 | 120以上 | 180以上 |

表5-4　落叶乔木类种植穴规格　　　　　　单位：cm

| 胸径 | 种植穴深度 | 种植穴直径 | 胸径 | 种植穴深度 | 种植穴直径 |
| --- | --- | --- | --- | --- | --- |
| 2～3 | 30～40 | 40～60 | 5～6 | 60～70 | 80～90 |
| 3～4 | 40～50 | 60～70 | 6～8 | 70～80 | 90～100 |
| 4～5 | 50～60 | 70～80 | 8～10 | 80～90 | 100～110 |

表5-5　花灌木类种植穴规格　　　　　　单位：cm

| 管径 | 种植穴深度 | 种植穴直径 |
| --- | --- | --- |
| 200 | 70～90 | 90～110 |
| 100 | 60～70 | 70～90 |

表5-6　竹类种植穴规格　　　　　　单位：cm

| 种植穴深度 | 种植穴直径 |
| --- | --- |
| 盘根或土球深20～40 | 比盘根或土球大40～50 |

表5-7　绿篱类种植槽规格（深×宽）　　　　　　单位：cm

| 苗高 | 单行 | 双行 |
| --- | --- | --- |
| 50～80 | 40×40 | 40×60 |
| 100～120 | 50×50 | 50×70 |
| 120～150 | 60×60 | 60×80 |

栽植穴的形状应为直筒状，穴底挖平后把底土稍耙细，保持平底状。穴底不能挖成尖底状或锅底状。在新土回填的地面挖穴，穴底要用脚踏实或夯实，以免后来灌水时渗漏太快。在斜坡上挖穴时，应先将坡面铲成平台，然后再挖栽植穴，而穴深则按穴口的下沿计算。

挖穴时挖出的坑土若含碎砖、瓦块、灰团太多，就应另换好土栽树。若土中含有少量碎块，则可除去碎块后再用。如果挖出的土质太差，也要换成客土。

栽植穴挖好之后，一般即可开始种树。但若种植土太瘦瘠，就先要在穴底垫一层基肥。基肥一定要用经过充分腐熟的有机肥，如堆肥、厩肥等。基肥层以上还应当铺一层壤土，厚5cm以上。

### （五）掘苗（起苗）

#### 1. 选苗

在掘苗之前，首先要进行选苗，除了根据设计提出对规格和树形的特殊要求外，还要注意选择生长健壮、无病虫害、无机械损伤、树形端正和根系发达的苗木。做行道树种植的苗木分枝点应不低于 2.5m。选苗时还应考虑起苗包装运输的方便，苗木选定后，要挂牌或在根基部位画出明显标记，以免挖错。

2. 掘苗前的准备工作

起苗时间最好是在秋天落叶后或土冻前、解冻后均可，因此时正值苗木休眠期，生理活动微弱，起苗对它们影响不大，起苗时间和栽植时间最好能紧密配合，做到随起随栽。

为了便于挖掘，起苗前 1~3 天可适当浇水使泥土松软，对起裸根苗来说也便于多带宿土，少伤根系。

3. 掘苗规格

掘苗规格主要是指根据苗高或苗木胸径确定苗木的根系大小。苗木的根系是苗木的重要器官，受伤的、不完整的根系将影响苗木生长和苗木成活，苗木根系是苗木分级的重要指标。因此，起苗时要保证苗木根系符合有关的规格要求。

4. 掘苗

掘苗时间和栽植时间最好能紧密配合，做到随起随栽。为了挖掘方便，掘苗前 1~3 天可适当浇水使泥土松软，对起裸根苗来说也便于多带宿土，少伤根系。掘苗时，常绿苗应当带有完整的根团土球，土球散落的苗木成活率会降低。土球的大小一般可按树木胸径的 10 倍左右确定。对于特别难成活的树种要考虑加大土球，土球的包装方法，如图 7-1 所示。土球高度一般可比宽度少 5~10cm。一般的落叶树苗也多带有土球，但在秋季和早春起苗移栽时，也可裸根起苗。裸根苗木若运输距离比较远，需要在根蔸里填塞湿草，或在其外包裹塑料薄膜保湿，以免根系失水过多，影响栽植成活率。为了减少树苗水分蒸腾，提高移栽成活率，掘苗后装车前应进行粗略修剪。

（六） 包装运输与假植

1. 包装

落叶乔、灌木在掘苗后装车前应进行粗略修剪，以便于装车运输和减少树木水分的蒸发。

包装前应先对根系进行处理，一般是先用泥浆或水凝胶等吸水保水物质蘸根，以减少根系失水，然后再包装。泥浆一般是用黏度比较大的土壤，加水调成糊状。水凝胶是由吸水极强的高分子树脂加水稀释而成的。

包装要在背风庇荫处进行，有条件时可在室内、棚内进行。包装材料可用麻袋、蒲包、稻草包、塑料薄膜、牛皮纸袋、塑膜纸袋等。无论是包裹根系，还是全苗包装，包裹后要将封口扎紧，减少水分蒸发、防止包装材料脱落。将同一品种相同等级的存放在一起，挂上标签，便于管理和销售。

包装的程度视运输距离和存放时间确定。运距短，存放时间短，包装可简便一些；运距长，存放时间长，包装要细致一些。

2. 装运根苗

（1）装运乔木时，应将树根朝前，树梢向后，顺序安（码）放（图 5-1）。

（2）车后厢板，应铺垫草袋、蒲包等物，以防碰伤树根、干皮。

（3）树梢不得拖地，必要时要用绳子围绕吊起，捆绳子的地方也要用蒲包垫上，不要使其勒伤树皮。

图 5-1　装运乔木的方法

（4）装车不得超高，压得不要太紧。

（5）装完后用苫布将树根盖严、捆好，以防树根失水。

3. 装运带土球苗

（1）2m 以下的苗木可以立装；2m 以上的苗木必须斜放或平放。土球朝前，树梢向后，并用木架将树冠架稳。

（2）土球直径大于 20cm 的苗木只装一层，小土球可以码放 2～3 层。土球之间必须安（码）放紧密，以防摇晃。

（3）土球上不准站人或放置重物。

4. 卸车

苗木在装卸车时应轻吊轻放，不得损伤苗木和造成散球。起吊带土球（台）的小型苗木时，应用绳网兜土球吊起，不得用绳索缚捆根茎起吊。重量超过 1t 的大型土球，应在土球外部套钢丝缆起吊。进场后监理人员应对苗木进行现场验收（图 5-2）。

图 5-2　监理人员对进场的苗木土球进行验收

5. 假植

苗木运到现场后应及时栽植。凡是苗木运到后在几天以内不能按时栽种，或是栽种后苗木有剩余的，都要进行假植。假植有带土球栽植与裸根栽植两种情况。

（1）带土球的苗木假植　假植时，可将苗木的树冠捆扎收缩起来，使每一棵树苗都是土球挨土球、树冠靠树冠，密集地挤在一起。然后，在土球层上面盖一层壤土，填满土球间的缝隙，再对树冠及土球均匀地洒水，使上面湿透，以后仅保持湿润就可以了；或者，把带着土球的苗木临时性地栽到一块绿化用地上，土球埋入土中 1/3～1/2 深，株距则视苗木假植时间长短和土球、树冠的大小而定。一般土球与土球之间相距 15～30cm 即可。苗木成行列式栽好后，浇水保持一定湿度即可。

（2）裸根苗木假植　裸根苗木必须当天种植。裸树苗木自起苗开始暴露时间不宜超过8h。当天不能种植的苗木应进行假植。对裸根苗木，一般采取挖沟假植方式，先要在地面挖浅沟，沟深 40～60cm。然后将裸根苗木一棵棵紧靠着呈 30°角斜栽到沟中，使树梢朝向西边或朝向南边。如树梢向西，开沟的方向为东西向；若树梢向南，则沟的方向为南北向。苗木密集斜栽好以后，在根蔸上分层覆土，层层插实。以后经常对枝叶喷水，以保持湿润。

不同的苗木假植时，最好按苗木种类、规格分区假植，以方便绿化施工。假植区的土质不宜太泥泞，地面不能积水，在周围边沿地带要挖沟排水。假植区内要留出起运苗木的通道。在太阳特别强烈的日子里，假植苗木上面应该设置遮光网，减弱光照强度。对珍贵树种和非种植季节所需苗木，应在合适的季节起苗，并用容器假植。

**（七）　苗木种植前的修剪**

（1）种植前应进行苗木根系修剪，宜将劈裂根、病虫根、过长根剪除，并对树冠进行修剪，保持地上地下平衡。

（2）乔木类修剪应符合下列规定。

① 具有明显主干的高大落叶乔木应保持原有树形，适当疏枝，对保留的主侧枝应在健壮芽上短截，可剪去枝条 1/5～1/3。

② 无明显主干、枝条茂密的落叶乔木，对干径 10cm 以上树木，可疏枝保持原树形；对干径为 5～10cm 的苗木，可选留主干上的几个侧枝，保持原有树形进行短截。

③ 枝条茂密具圆头型树冠的常绿乔木可适量疏枝。树叶集生树干顶部的苗木可不修剪。具轮生侧枝的常绿乔木用作行道树时，可剪除基部 2～3 层轮生侧枝。

④ 常绿针叶树，不宜修剪，只剪除病虫枝、枯死枝、生长衰弱枝、过密的轮生枝和下垂枝。

⑤ 用作行道树的乔木，定干高度宜大于 3m，第一分枝点以下枝条应全部剪除，分枝点以上枝条酌情疏剪或短截，并应保持树冠原型。

⑥ 珍贵树种的树冠宜作少量疏剪。

（3）灌木及藤蔓类修剪应符合下列规定。

① 带土球或湿润地区带宿土裸根苗木及上年花芽分化的开花灌木不宜作修剪，当有枯枝、病虫枝时应予剪除。

② 枝条茂密的大灌木，可适量疏枝。

③ 对嫁接灌木，应将接口以下砧木萌生枝条剪除。

④ 分枝明显、新枝着生花芽的小灌木，应顺其树势适当强剪，促生新枝，更新老枝。

⑤ 用作绿篱的乔灌木，可在种植后按设计要求整形修剪。苗圃培育成型的绿篱，种植

后应加以整修。

⑥ 攀缘类和蔓性苗木可剪除过长部分。攀缘上架苗木可剪除交错枝、横向生长枝。

（4）苗木修剪质量应符合下列规定。

① 剪口应平滑，不得劈裂。

② 枝条短截时应留外芽，剪口应距留芽位置以上 1cm。

③ 修剪直径 2cm 以上大枝及粗根时，截口必须削平并涂防腐剂。

**（八）定植**

**1. 定植的方法**

定植应根据树木的习性和当地的气候条件，选择最适宜的时期进行。

（1）将苗木的土球或根蔸放入种植穴内，使其居中。

（2）再将树干立起扶正，使其保持垂直。

（3）然后分层回填种植土，填土后将树根稍向上提一提，使根群舒展开，每填一层土就要用锄把将土压紧实，直到填满穴坑，并使土面能够盖住树木的根茎部位。

（4）检查扶正后，把余下的穴土绕根茎一周进行培土，做成环形的拦水围堰。其围堰的直径应略大于种植穴的直径。堰土要拍压紧实，不能松散。

（5）种植裸根树木时，将原根际埋下 3～5cm 即可，应将种植穴底填土呈半圆土堆，置入树木填土至 1/3 时，应轻提树干使根系舒展，并充分接触土壤，随填土分层踏实。

（6）带土球树木必须踏实穴底土层，而后置入种植穴，填土踏实。

（7）绿篱成块种植或群植时，应由中心向外顺序退植。坡式种植时应由上向下种植。大型块植或不同彩色丛植时，宜分区分块。

（8）假山或岩缝间种植，应在种植土中掺入苔藓、泥炭等保湿透气材料。

（9）落叶乔木在非种植季节种植时，应根据不同情况分别采取以下技术措施。

① 苗木必须提前采取疏枝、环状断根或在适宜季节起苗用容器假植等处理。

② 苗木应进行强修剪，剪除部分侧枝，保留的侧枝也应疏剪或短截，并应保留原树冠的 1/3，同时必须加大土球体积。

③ 可摘叶的应摘去部分叶片，但不得伤害幼芽。

④ 夏季可搭棚遮阴、树冠喷雾、树干保湿，保持空气湿润；冬季应防风防寒。

⑤ 干旱地区或干旱季节，种植裸根树木应采取根部喷布生根激素、增加浇水次数等措施。

（10）对排水不良的种植穴，可在穴底铺 10～15cm 沙砾或铺设渗入管、盲沟，以利排水。

（11）栽植较大的乔木时，在定植后应加支撑，以防浇水后大风吹倒苗木。

**2. 注意事项和要求**

（1）树身上、下应垂直。如果树干有弯曲，其弯向应朝当地风方向。行列式栽植必须保持横平竖直，左右相差最多不超过树干一半。

（2）栽植深度，裸根乔木苗，应较原根茎土痕深 5～10cm；灌木应与原土痕齐；带土球苗木比土球顶部深 2～3cm。

（3）行列式植树，应事先栽好"标杆树"。方法是：每隔 20 株左右，用皮尺量好位置，先栽好一株，然后以这些标杆树为瞄准依据，全面开展栽植工作。

（4）灌水堰筑完后，将捆拢树冠的草绳解开取下，使枝条舒展。

**（九）栽植后的养护管理**

**1. 立支柱**

较大苗木为了防止被风吹倒，应立支柱支撑，多风地区尤应注意；沿海多台风地区，往往需埋水泥预制柱以固定高大乔木。

（1）单支柱　用固定的木棍或竹竿，斜立于下风方向，深埋入土30cm。支柱与树干之间用草绳隔开，并将两者捆紧。

（2）双支柱　用两根木棍在树干两侧，垂直钉入土中。支柱顶部捆一横挡，先用草绳将树干与横挡隔开以防擦伤树皮，然后用绳将树干与横挡捆紧。

行道树立支柱，应注意不影响交通，一般不用斜支法，常用双支柱、三脚撑或定型四脚撑。

**2. 灌水**

树木定植后24h内必须浇上第一遍水，定植后第一次灌水称为头水。水要浇透，使泥土充分吸收水分，灌头水主要目的是通过灌水将土壤缝隙填实，保证树根与土壤紧密结合以利根系发育，故亦称为压水。水灌完后应作一次检查，由于踩不实树身会倒歪，要注意扶正，树盘被冲坏时要修好。之后应连续灌水，尤其是大苗，在气候干旱时，灌水极为重要，千万不可疏忽。常规做法为定植后必须连续灌3次水，之后视情况适时灌水。第一次连续3天灌水后，要及时封堰（穴），即将灌足水的树盘撒上细面土封住，称为封堰，以免蒸发和土表开裂透风。树木栽植后的浇水量，参见表5-8。

表5-8　树木栽植后的浇水量

| 苗木种类及规格 | | | | 浇水量/kg |
|---|---|---|---|---|
| 乔木及常绿胸径/cm | 灌木高度/m | 绿篱高度/m | 树堰直径/cm | |
| | 1.2～1.5 | 1～1.2 | 60 | 50 |
| | 1.5～1.8 | 1.2～1.5 | 70 | 75 |
| 3～5 | 1.8～2 | 1.5～2 | 80 | 100 |
| 5～7 | 2～2.5 | | 90 | 200 |
| 7～10 | | | 100 | 250 |

**3. 扶直封堰**

（1）扶直　浇第一遍水渗入后的次日，应检查树苗是否有倒、歪现象，发现后应及时扶直，并用细土将堰内缝隙填严，将苗木固定好。

（2）中耕　水分渗透后，用小锄或铁耙等工具，将土堰内的土表锄松，称"中耕"。中耕可以切断土壤的毛细管，减少水分蒸发，有利保墒。植树后浇三水之间，都应中耕一次。

（3）封堰　浇第三遍水并待水分渗入后，用细土将灌水堰内填平，使封堰土堆稍高于地面。土中如果含有砖石杂质等物，应挑拣出来，以免影响下次开堰。华北、西北等秋季植树，应在树干基部堆成30cm高的土堆，以保持土壤水分，并能保护树根，防止风吹摇动，影响成活。

**4. 其他养护管理**

（1）对受伤枝条和栽前修剪不理想的枝条，应进行复剪。

（2）对绿篱进行造型修剪。

（3）防治病虫害。

（4）进行巡查、围护、看管，防止人为破坏。

（5）清理场地，做到工完场净，文明施工。

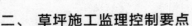

## 二、 草坪施工监理控制要点

### （一） 场地准备

草坪是近年来的一个热门植物景观，是用多年生矮小草本植株密植，并经修剪的人工草地。

**1. 场地清理**

（1） 在有树木的场地上，要全部或者有选择地把树和灌丛移走，也要把影响下一步草坪建植的岩石、碎砖瓦块以及所有对草坪草生长的不利因素清除掉，还要控制草坪建植中或建植后可能与草坪草竞争的杂草。

（2） 对木本植物进行清理，包括树木、灌丛、树桩及埋藏树根的清理。

（3） 还要清除裸露石块、砖瓦等。在 35cm 以内表层土壤中，不应当有大的砾石瓦块。

**2. 翻耕**

（1） 面积大时，可先用机械犁耕，再用圆盘犁耕，最后耙地。

（2） 面积小时，用旋耕机耕一两次也可达到同样的效果，一般耕深 10~15cm。

（3） 耕作时要注意土壤的含水量，土壤过湿或太干都会破坏土壤的结构。看土壤水分含量是否适于耕作，可用手紧握一小把土，然后用大拇指使之破碎，如果土块易于破碎，则说明适宜耕作。土太干会很难破碎，太湿则会在压力下形成泥条。

**3. 整地**

（1） 为了确保整出的地面平滑，使整个地块达到所需的高度，按设计要求，每相隔一定距离设置木桩标记。

（2） 填充土壤松软的地方，土壤会沉实下降，填土的高度要高出所设计的高度，用细质地土壤充填时，大约要高出 15%；用粗质土时可低些。

（3） 在填土量大的地方，每填 30cm 就要镇压，以加速沉实。

（4） 为了使地表水顺利排出场地中心，体育场草坪应设计成中间高、四周低的地形。

（5） 地形之上至少需要有 15cm 厚的覆土。

（6） 进一步整平地面坪床，同时也可把底肥均匀地施入表层土壤中。

① 在种植面积小、大型设备工作不方便的场地上，常用铁耙人工整地。为了提高效率，也可用人工拖耙耙平。

② 种植面积大，应用专用机械来完成。与耕作一样，细整也要在适宜的土壤水分范围内进行，以保证良好的效果。

**4. 土壤改良**

土壤改良是把改良物质加入土壤中，从而改善土壤理化性质的过程。保水性差、养分贫乏、通气不良等都可以通过土壤改良得到改善。

大部分草坪草适宜的酸碱度在 6.5~7.0 之间。土壤过酸过碱，一方面会严重影响养分的有效性，另一方面有些矿质元素含量过高而对草坪草产生毒害，从而大大降低草坪质量。因此，对过酸过碱的土壤要进行改良。对过酸的土壤，可通过施用石灰来降低酸度。

对于过碱的土壤，可通过加入硫酸镁等来调节。

**5. 排水及灌溉系统**

草坪与其他场地一样，需要考虑排除地面水，因此最后平整地面时，要结合考虑地面排水问题，不能有低凹处，以避免积水。做成水平面也不利于排水。草坪多利用缓坡来排水。

在一定面积内修一条缓坡的沟道，其最底下的一端可设雨水口接纳排出的地面水，并经地下管道排走，或以沟直接与湖池相连。理想的平坦草坪的表面应是中部稍高，逐渐向四周或边缘倾斜。建筑物四周的草坪应比房基低 5cm，然后向外倾斜。

地形过于平坦的草坪或地下水位过高或聚水过多的草坪、运动场的草坪等均应设置暗管或明沟排水，最完善的排水设施是用暗管组成一系统与自由水面或排水管网相连接。

草坪灌溉系统是兴造草坪的重要项目。目前国内外草坪大多采用喷灌。为此，在场地最后整平前，应将喷灌管网埋设完毕。

### 6. 施肥

在土壤养分贫乏和 pH 值不适时，在种植前有必要施用底肥和土壤改良剂。施肥量一般应根据土壤测定结果来确定，上壤施用肥料和改良剂后，要通过耙、旋耕等方式把肥料和改良剂翻入土壤一定深度并混合均匀。

在细整地时一般还要对表层土壤少量施用氮肥和磷肥，以促进草坪幼苗的发育。苗期浇水频繁，速效氮肥容易淋洗，为了避免氮肥在未被充分吸收之前出现淋失，一般不把它翻到深层土壤中，同时要对灌水量进行适当控制。施用速效氮肥时，一般种植前施氮量为 $50\sim80\mathrm{kg/hm^2}$，对较肥沃土壤可适当减少，较瘠薄土壤可适当增加。如有必要，出苗两周后再追施 $25\mathrm{kg/hm^2}$。施用氮肥要十分小心，用量过大会将子叶烧坏，导致幼苗死亡。喷施时要等到叶片干后进行，施后应立即喷水。如果施的是缓效性氮肥，施肥量一般是速效氮肥用量的 $2\sim3$ 倍。

### （二）种植

植草坪的主要方法是种子建植和营养体（无性）建植。选择使用哪种建植方法依费用、时间要求、现有草坪建植材料及其生长特性而定。种子建植费用最低，但速度较慢。无性建植材料包括草皮、草块、枝条和匍匐茎。其中直铺草皮费用最高，但速度最快。

### 1. 种子建植

大部分冷季型草坪草都能用种子建植法建坪。暖季型草坪草中，假俭草、斑点雀稗、地毯草、野牛草和普通狗牙根均可用种子建植法来建植，也可用无性建植法来建植。马尼拉结缕草、杂交狗牙根则一般常用无性繁殖的方法建坪。

（1）播种时间　主要根据草种与气候条件来决定。播种草籽，自春季至秋季均可进行冬季不过分寒冷的地区，以早秋播种为最好；此时土温较高，根部发育好，耐寒力强，有利越冬。如在初夏播种，冷季型草坪草的幼苗常因受热和干旱而不易存活。同时，夏季一年生杂草也会与冷季型草坪草发生激烈竞争，而且夏季胁迫前根系生长不充分，抗性差。反之，如果播种延误至晚秋，较低的温度会不利于种子的发芽和生长，幼苗越冬时出现发育不良、缺苗、霜冻和随后的干燥脱水会使幼苗死亡。最理想的情况是：在冬季到来之前，新植草坪已成坪，草坪草的根和匍匐茎纵横交错，这样才具有抵抗霜冻和土壤侵蚀的能力。

在晚秋之前来不及播种时，有时可用休眠（冬季）播种的方法来建植冷季型草坪草，在土壤温度稳定在 10℃ 以下时播种。这种方法必须用适当的覆盖物进行保护。

在有树荫的地方建植草坪，由于光线不足，采取休眠（冬季）播种的方法和春季播种建植比秋季要好。草坪草可在树叶较小、光照较好的阶段生长。当然在有树遮阴的地方种植草坪，所选择的草坪品种必须适于弱光照条件，否则生长将受到影响。

在温带地区，暖季型草坪草最好是在春末和初夏之间播种。只要土壤温度达到适宜发芽温度时即可进行。在冬季来临之前，草坪已经成坪，具备了较好的抗寒性，利于安全越冬。

秋季土壤温度较低，不宜播种暖季型草坪草。晚夏播种虽有利于暖季型草坪草的发芽，但形成完整草坪所需的时间往往不够。播种晚了，草坪草根系发育不完善，植株不成熟，冬季常发生冻害。

（2）播种量　播种量的多少受多种因素限制，包括草坪草种类及品种、发芽率、环境条件、苗床质量、播后管理水平和种子价格等。一般由两个基本要素决定：生长习性和种子大小。每个草坪草种的生长特性各不相同。匍匐茎型和根茎型草坪草一旦发育良好，其蔓伸能力将强于母体。因此，相对低的播种量也能够达到所要求的草坪密度，成坪速度要比种植丛生型草坪草快得多。草地早熟禾具有较强的根茎生长能力，在草地早熟禾草皮生产中，播种量常低于推荐的正常播种量。

（3）播种方法

① 撒播法。播种草坪草时要求把种子均匀地撒于坪床上，并把它们混入 6mm 深的表土中。播深取决于种子大小，种子越小，播种越浅。播得过深或过浅都会导致出苗率低。如播得过深，在幼苗进行光合作用和从土壤中吸收营养元素之前，胚胎内储存的营养不能满足幼苗的营养需求而导致幼苗死亡。播得过浅，没有充分混合时，种子会被地表径流冲走、被风刮走或发芽后干枯。

② 喷播法。喷播是一种把草坪草种子、覆盖物、肥料等混合后加入液流中进行喷射播种的方法。喷播机上安装有大功率、大出水量单嘴喷射系统，把预先混合均匀的种子、黏结剂、覆盖物、肥料、保湿剂、染色剂和水的浆状物，通过高压喷到土壤表面。施肥、播种与覆盖一次操作完成，特别适宜陡坡场地，如高速公路、堤坝等大面积草坪的建植。该方法中，混合材料的选择及其配比是保证播种质量效果的关键。喷播使种子留在表面，不能与土壤混合和进行滚压，通常需要在上面覆盖植物（秸秆或无纺布）才能获得满意的效果。当气候干旱、土壤水分蒸发太大、太快时，应及时喷水。

（4）后期管理　播种后应及时喷水，水点要细密、均匀，从上而下慢慢浸透地面。第1～2次喷水量不宜太大；喷水后应检查，如发现草籽被冲出时，应及时覆土埋平。两遍水后则应加大水量，经常保持土壤潮湿，喷水不可间断。这样，约经一个多月时间，就可以形成草坪了。此外，还必须注意围护，防止有人践踏，否则会造成出苗严重不齐。

**2. 营养体建植**

建植草坪的营养体繁殖方法包括铺草皮、栽草块、栽枝条和匍匐茎。除铺草皮之外，以上方法仅限于在强匍匐茎或强根茎生长习性的草坪草繁殖建坪中使用。营养体建植与播种相比，其主要优点是见效快。

（1）草皮铺栽法　这种方法的主要优点是形成草坪快，可以在任何时候（北方封冻期除外）进行，且栽后管理容易，缺点是成本高，并要求有丰富的草源。质量良好的草皮均匀一致、无病虫、杂草，根系发达，在起卷、运输和铺植操作过程中不会散落，并能在铺植后1～2周内扎根。起草皮时，厚度应该越薄越好，所带土壤以 1.5～2.5cm 为宜，草皮中无或有少量枯草层形成。也可以把草皮上的土壤洗掉以减轻重量，促进扎根，减少草皮土壤与移植地土壤质地差异较大而引起土壤层次形成的问题。

典型的草皮块一般长度为 60～180cm，宽度为 20～45cm。有时在铺设草皮面积很大时会采用大草皮卷。通常是以平铺、折叠或成卷运送草皮。为了避免草皮（特别是冷季型草皮）受热或脱水而造成损伤，起卷后应尽快铺植，一般要求在 24～48h 内铺植好。草皮堆积在一起，由于草皮植物呼吸产出的热量不能排出，使温度升高，能导致草皮损伤或死亡。在草皮堆放期间，气温高、叶片较长、植株体内含氮量高、病害、通风不良等都可加重草皮发热产生的危害。为了尽可能减少草皮发热，用人工方法进行真空冷却效果十分明显，但费用会大大提高。

草皮的铺栽方法常见的有下列 3 种。

① 无缝铺栽，是不留间隔全部铺栽的方法。草皮紧连，不留缝隙，相互错缝，要求快速建成草坪时常使用这种方法。草皮的需要量和草坪面积相同（100％），如图 5-3（a）所示。

② 有缝铺栽，各块草皮相互间留有一定宽度的缝进行铺栽。缝的宽度为 4～6cm，当缝宽为 4cm 时，草皮必须占草坪总面积的 70％以上，如图 5-3（b）所示。

③ 方格形花纹铺栽，草皮的需用量只需占草坪面积的 50％，建成草坪较慢，如图 5-3（c）所示。注意密铺应互相衔接不留缝，间铺间隙应均匀，并填以种植土。草块铺设后应滚压、灌水。

铺设草皮时，要求坪床潮而不湿。如果土壤干燥，温度高，应在铺草皮前稍微浇水，润湿土壤，铺后立即灌水。坪床浇水后，人或机械不可上行走。

铺设草皮时，应把所铺的相接草皮块调整好，使相邻草皮块首尾相接，尽量减少由于收缩而出现的裂缝。要把各个草皮块与相邻的草皮块紧密相接，并轻轻夯实，以便与土壤均匀接触。在草皮块之间和各暴露面之间的裂缝用过筛的土壤填紧，这样可减少新铺草皮的脱水问题。填缝隙的土壤应不含杂草种子，这样可把杂草减少到最低限度。当把草皮块铺在斜坡上时，要用木桩固定，等到草坪草充分生根，并能够固定草皮时再移走木桩。如坡度大于10％，每块草皮钉两个木桩即可。

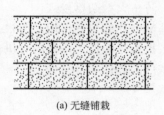 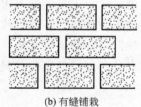 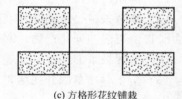

（a）无缝铺栽　　　　　　　　（b）有缝铺栽　　　　　　　（c）方格形花纹铺栽

图 5-3　草坪的铺栽方法

（2）直栽法　直栽法是将草块均匀栽植在坪床上的一种草坪建植方法。草块是由草坪或草皮分割成的小的块状草坪。草块上带有约 5cm 厚的土壤。常用的直栽法有以下三种。

① 栽植正方形或圆形的草坪块。草坪块的大小约为 5cm×5cm，栽植行间距为 30～40cm，栽植时应注意使草坪块上部与土壤表面齐平。常用此方法建植草坪的草坪草有结缕草，但也可用于其他多匍匐茎或强根茎草坪草。

② 把草皮分成小的草坪草束，按一定的间隔尺寸栽植。这一过程一般可以用人工完成，也可以用机械。机械直栽法是采用带有正方形刀片的旋筒把草皮切成草坪草束，通过机器进行栽植，这是一种高效的种植方法，特别适用于不能用种子建植的大面积草坪中。

③ 采用在果岭通气打孔过程中得到的多匍匐茎的草坪草束来建植草坪。把这些草坪草束撒在坪床上，经过滚压使草坪草束与土壤紧密接触和坪面平整。由于草坪草束上的草坪草易于脱水，因而要经常保持坪床湿润，直到草坪草长出足够的根系为止。

（3）枝条匍匐茎法　枝条和匍匐茎是单株植物或者是含有几个节的植株的一部分，节上可以长出新的植株。插枝条法通常的做法是把枝条种在条沟中，相距 15～30m，深 5～7cm。

每根枝条要有2~4个节，栽植过程中，要在条沟填土后使一部分枝条露出土壤表层。插入枝条后要立刻滚压和灌溉，以加速草坪草的恢复和生长。也可使用直栽法中使用的机械来栽植，它把枝条（而非草坪块）成束地送入机器的滑槽内，并且自动地种植在条沟中。有时也可直接把枝条放在土壤表面，然后用扁棍把枝条插入土壤中。

插枝条法主要用来建植有匍匐茎的暖季型草坪草，但也能用于匍匐翦股颖草坪的建植。

匍茎法是指把无性繁殖材料（草坪草匍匐茎）均匀地撒在土壤表面，然后再覆土和轻轻滚压的建坪方法。一般在撒匍匐茎之前喷水，使坪床土壤潮而不湿。用人工或机械把打碎的匍匐茎均匀撒到坪床上，而后覆土，使草坪匍匐茎部分覆盖，或者用圆盘犁轻轻耙过，使匍匐茎部分地插入土壤中。轻轻滚压后立即喷水，保持湿润，直至匍匐茎扎根。

### （三）草坪修剪

修剪是指为了维护草坪的美观或者为了特定的目的使草坪保持一定高度而进行的定期修剪草坪多余枝条的工作。修剪主要是剪去草坪草叶片或者枝条的上半部分。修剪后草坪草再生部位主要有：

① 剪去上部叶片的老叶可以继续生长；

② 未被伤害的幼叶尚能长大；

③ 基部的分蘖节可以产生新的枝条。

**1. 草坪修剪的作用**

（1）控制草坪草的生长高度，保持草坪的平整美观。

（2）抑制草坪向上生长，修剪能促进草坪草基部生长点萌发新枝，促进横向生长，增加草坪密度。

（3）抑制由于枝叶过密而引起的病害，驱逐草坪地上害虫，防止大型杂草侵入。

（4）修剪去掉过量的叶片，利于阳光到达草坪基部，改善基部叶片的光合作用，为根系的生长提供更多的同化产物，同化产物向根系的运转又能为根系提供呼吸作用所需的有机养分，改善草坪根系的活性，促进其对水分和养分的吸收，提高草坪的弹性和平整性。

（5）防止草坪草因开花结实而老化。

**2. 草坪修剪高度**

草坪修剪高度是指草坪修剪后立即测得的地上枝条的垂直高度，也称留茬高度。

适宜修剪高度一般为4~5cm，但依草坪草的生理、形态学特征和使用目的不同而适当变化。遮阴、受损草坪及草坪草受到环境胁迫时修剪高度适当提高。

草坪草修剪遵守1/3原则，即每次修剪下的茎叶不能超过草高的1/3。例如，修剪高度为4cm，那么当草长到6cm时就修剪，剪去顶端2cm。

当草坪草生长很高时，不能通过一次修剪就将草坪草剪至要求的高度。如果一次将草坪修剪到正常的留茬高度，将使草坪草的根系在一定时期内生长停止。正确的做法是：定期间隔剪草，增加修剪次数，逐渐将草坪降到要求的高度。例如，草坪高度为9cm，要求修剪到4cm，首先把草剪掉3cm，降到6cm，经过一段时间后，将草坪再剪去1/3，将草坪草逐渐降低到4cm。这样做虽然比较费时、费工，但能够保持良好的草坪质量。

**3. 修剪时期及次数**

修剪时期：3~10月，晴朗天气。修剪频率依修剪高度及修剪1/3原则确定。草坪的修剪频率主要取决于草坪草的生长速度。在温度适宜、雨量充沛的春季和秋季，冷季型草坪草生长旺盛，每月需修剪2~3次，而在炎热的夏季，每月修剪一次即可。暖季型草坪草则正相反。

草坪草修剪遵守 1/3 原则，草坪修剪的越低，剪草的频率就越高，如果假定一草坪每天生长 0.3cm，留茬高度为 3cm，草高 4.5cm 时就要修剪，即平均 5 天剪一次。如果留茬高度为 6cm 时，当草高长到 9cm 时才需要修剪，也就是大约 10 天剪一次。

4. 修剪方式

草坪的修剪应按照一定的模式来操作，以保证不漏剪并能使草坪美观。修剪之前，先观察草坪的形状，规划草坪修剪的起点和路线，一般先修剪草坪的边缘，这样可以避免剪草机在往复修剪过程中接触硬质边缘（如水泥路等），中心大面积草坪则采用一定方向上来回修剪的方式操作。由于修剪方向的不同，草坪草茎叶倾斜方向也不同，导致茎叶对光线的反射方向发生很大变化，在视觉上就产生了明暗相间的条纹，这可以增加草坪的美观。

在斜坡上剪草，手推式剪草机要横向行走，车式剪草机则顺着坡度上下行走。为了安全起见，当坡度高于 15°时，禁止剪草。

同一草坪，每次修剪应变换行进方向，避免在同一地点、同一方向多次重复修剪，否则草坪将趋于同一方向定向生长，久而久之，使草坪生长势变弱，并且容易使草坪上土壤板结。另外，来回往复修剪过程中注意要有稍许重叠，避免漏剪。

修剪过程中可以绕过灌丛或林下等不容易操作的地方。剪草机不容易操作的地方最后用剪刀修剪。

草坪边缘的修剪同样是维持草坪整体景观的重要环节，绝不可忽视。边际草坪由于环境特殊常呈现复杂状态，应根据不同情况，采用相应的方法修剪。对越出草坪边界的茎叶可用切边机或平头铲等切割整齐；对毗邻路边或栅栏，剪草机难以修剪的边际草坪，可用割灌机或刀、剪整修平整。此外，草坪边际的杂草，必须随时加以清除，以免其向草坪内发展蔓延。

5. 修剪质量

草坪修剪的质量与所使用剪草机的类型和修剪时草坪的状况有关。剪草机类型的选择、修剪方式的确定、修剪物的处理等均影响到草坪修剪的质量。

6. 修剪物的处理

由剪草机修剪下的草坪草组织的总体称为修剪物或草屑。

对于草屑的处理主要有以下 3 种方案。

（1）如果剪下的叶片较短，可直接将其留在草坪内分解，将大量营养物质返回到土壤中。

（2）草叶太长时，要将草屑收集带出草坪，较长的草叶留在草坪表面不仅影响美观，而且容易滋生病害。但若天气干热，也可将草屑留放在草坪表面，以阻止土壤水分蒸发。

（3）发生病害的草坪，剪下的草屑应清除出草坪并进行焚烧处理。

**（四）草坪的施肥**

1. 草坪生长需要的营养元素

在草坪草的生长发育过程中必需的营养元素有碳（C）、氢（H）、氧（O）、氮（N）、磷（P）、钾（K）、钙（Ca）、镁（Mg）、硫（S）、铁（Fe）、锰（Mn）、铜（Cu）、锌（Zn）、硼（B）、钼（Mo）、氯（Cl）等 16 种。草坪草的生长对每一种元素的需求量有较大差异，通常按植物对每种元素需求量的多少，将营养元素分为三组，即大量元素、中量元素和微量元素（表 5-9）。

表 5-9　草坪草生长所需要的营养元素

| 分类 | 元素名称 | | 化学符号 | 有效形态 |
|---|---|---|---|---|
| 大量元素 | 氮 | | N | $NH_4^+$, $NO_3^-$ |
| | 磷 | | P | $HPO_4^{2-}$, $HPO_4^{2-}$ |
| | 钾 | | K | $K^+$ |
| 中量元素 | 钙 | | Ca | $Ca^{2+}$ |
| | 镁 | | Mg | $Mg^{2+}$ |
| | 硫 | | S | $SO_4^{2-}$ |
| 微量元素 | 铁 | | Fe | $Fe^{2+}$, $Fe^{3+}$, |
| | 锰 | | Mn | $Mn^{2+}$ |
| | 铜 | | Cu | $Cu^{2+}$ |
| | 锌 | | Zn | $Zn^{2+}$ |
| | 钼 | | Mo | $MoO_4^{2+}$ |
| | 氯 | | Cl | $Cl^-$ |
| | 硼 | | B | $H_2BO_3^-$ |

无论是大量、中量还是微量营养元素，只有在适宜的含量和适宜的比例时才能保证草坪草的正常生长发育。根据草坪草的生长发育特性，进行科学的、合理的养分供应，即按需施肥，才能保证草坪各种功能的正常发挥。

2. 草坪合理施肥

草坪施肥是草坪养护管理的重要环节。通过科学施肥，不但为草坪草生长提供所需的营养物质，还可增强草坪草的抗逆性，延长绿色期，维持草坪应有的功能。

对草坪质量的要求决定肥料的施用量和施用次数。对草坪质量要求越高，所需求的养分供应也越高。如运动场草坪、高尔夫球场果岭、发球台和球道草坪以及作为观赏用草坪对质量要求较高，其施肥水平也比一般绿地及护坡草坪要高得多。表 5-10 和表 5-11 分别列出了暖季型草坪草和冷季型草坪草作为不同用途时对氮素的需求状况，以供参考。

表 5-10　不同暖季型草坪草对氮素的需求状况

| 暖季型草坪草 | | 每个生长月的需氮量/(kg/hm²) | | |
|---|---|---|---|---|
| 中文名 | 英文名 | 一般绿地草坪 | 运动场草坪 | 需氮情况 |
| 美洲雀稗 | Bahiagrass | 0.0～9.8 | 4.9～24.4 | 低 |
| 狗牙根 | Bermudagrass | | | |
| 普通狗牙根 | | 9.8～19.5 | 19.5～34.2 | 低～中 |
| 杂交狗牙根 | | 19.5～29.3 | 29.3～73.2 | 中～高 |
| 格兰马草 | Blue grama | 0.0～14.6 | 9.8～19.5 | 很低 |
| 野牛草 | Buffalograss | 0.0～14.6 | 9.8～19.5 | 很低 |
| 假俭草 | Centipedegrass | 0.0～14.6 | 14.6～19.5 | 很低 |
| 铺地狼尾草 | Kikuvu | 9.8～14.6 | 14.6～29.3 | 低～中 |
| 海滨雀稗 | Seashore paspalum | 9.8～19.5 | 19.5～39.0 | 低～中 |
| 钝叶草 | St. Augustnegrass | 14.6～24.2 | 19.5～29.3 | 低～中 |
| 结缕草 | Zoysiagrass | | | |
| 普通品种 | | 4.9～14.6 | 14.6～24.4 | 低～中 |
| 改良品种 | | 9.8～14.6 | 14.6～29.3 | 低～中 |

3. 施肥方案的制订

草坪施肥的主要目标是：① 补充并消除草坪草的养分缺乏；② 平衡土壤中各种养分；③ 保证特定场合、特定用途草坪的质量水平，包括密度、色泽、生理指标和生长量。此外，施肥还应该尽可能地将养护成本和潜在的环境问题降至最低。因此，制定合理的施肥方案，

表 5-11 不同冷季型草坪草对氮素的需求状况

| 冷季型草坪草 | | 每个生长月的需氮量/(kg/hm²) | | |
| --- | --- | --- | --- | --- |
| 中文名 | 英文名 | 一般绿地草坪 | 运动场草坪 | 需氮情况 |
| 碱茅 | Alkaligrass | 0.0～9.8 | 9.8～19.5 | 很低 |
| 一年生早熟禾 | Annual bluegrass | 14.6～24.4 | 19.5～39.0 | 低～中 |
| 加拿大早熟禾 | Canada bluegrass | 0.0～9.8 | 9.8～19.5 | 很低 |
| 细弱翦股颖 | Colonial bentgrass | 14.6～24.4 | 19.5～39.0 | 低～中 |
| 匍匐翦股颖 | Creeping bentgrass | 14.6～29.3 | 14.6～48.8 | 低～中 |
| 邱氏羊茅 | Chewing fescue | 9.8～19.5 | 14.6～24.4 | 低 |
| 匍匐紫羊茅 | Creeping red rescue | 9.8～19.5 | 14.6～24.4 | 低 |
| 硬羊茅 | Hard fescue | 9.8～19.5 | 14.6～24.4 | 低 |
| 草地早熟禾 | Kentucky bluegrass | | | |
| 普通品种 | | 4.9～14.6 | 9.8～29.3 | 低～中 |
| 改良品种 | | 14.6～19.5 | 19.5～39.0 | 中 |
| 多年生黑麦草 | Perennial ryegrass | 9.8～19.5 | 19.5～34.2 | 低～中 |
| 粗茎早熟禾 | Rough bluegrass | 9.8～19.5 | 19.5～34.2 | 低～中 |
| 高羊茅 | Tall escue | 9.8～19.5 | 14.6～34.2 | 低～中 |
| 冰草 | Wheatgrass | 4.9～9.8 | 9.8～24.4 | 低 |

提高养分利用率，不论对草坪草本身还是对经济和环境都十分重要。

（1）施肥量确定　确定草坪肥料施用量主要应考虑下列因素。

① 草种类型和所要求的质量水平。

② 气候状况（温度、降雨等）。

③ 生长季长短。

④ 土壤特性（质地、结构、紧实度、pH 有效养分等）。

⑤ 灌水量。

⑥ 碎草是否移出。

⑦ 草坪用途等。

气候条件和草坪生长季节的长短也会影响草坪需肥量的多少。在我国南方和北方地区气候条件差异较大，温度、降雨、草坪草生长季节的长短都存在很大不同，甚至栽培的草种也完全不同。因此，施肥量计划的制订必须依据其具体条件加以调整。

（2）施肥时间　根据草坪管理者多年的实践经验，认为当温度和水分状况均适宜草坪草生长的初期或期间是最佳的施肥时间，而当有环境胁迫或病害胁迫时应减少或避免施肥。

① 对于暖季型草坪草来说，在打破春季休眠之后，以晚春和仲夏时节施肥较为适宜。

② 第一次施肥可选用速效肥，但夏末秋初施肥要小心，以防止草坪草受到冻害。

③ 对于冷季型草坪草而言，春、秋季施肥较为适宜，仲夏应少施肥或不施。晚春施用速效肥应十分小心，这时速效氮肥虽促进了草坪草快速生长，但有时会导致草坪抗性下降而不利于越夏。这时如选用适宜释放速度的缓释肥可能会帮助草坪草经受住夏季高温高湿的胁迫。

（3）施肥次数

① 根据草坪养护管理水平。草坪施肥的次数或频率常取决于草坪养护管理水平，并应考虑以下因素。

a. 对于每年只施用一次肥料的低养护管理草坪，冷季型草坪草每年秋季施用，暖季型草坪草在初夏施用。

b. 对于中等养护管理的草坪，冷季型草坪草在春季与秋季各施肥一次，暖季型草坪草在春季、仲夏、秋初各施用一次即可。

c. 对于高养护管理的草坪，在草坪草快速生长的季节，无论是冷季型草坪草还是暖季型草坪草至少每月施肥一次。

d. 当施用缓效肥时，施肥次数可根据肥料缓效程度及草坪反应作适当调整。

② 少量多次施肥方法。少量多次的施肥方法在那些草坪草生长基质为砂性土壤、降水丰沛、易发生氮渗漏的种植地区或季节非常实用。少量多次施肥方法特别适宜在下列情况下采用。

a. 在保肥能力较弱的砂质土壤上或雨量丰沛的季节。

b. 以砂为基质的高尔夫球场和运动场。

c. 夏季有持续高温胁迫的冷季型草坪草种植区。

d. 处于降水丰沛或湿润时间长的气候区。

e. 采用灌溉施肥的地区。

**（五）草坪的灌溉**

刚完成播种或栽植的草坪，灌溉是一项保证成坪的重要措施。灌溉有利于种子和无性繁殖材料的扎根和发芽。水分供应不足往往是造成草坪建植失败的主要原因。随着新建草坪草的逐渐成长，灌溉次数应逐渐减少，但灌溉强度应逐渐加强。随着单株植物的生长，其根系占据更大的土壤空间，枝条变得更加健壮。只要根区土壤持有足够的有效水分，土壤表层不必持续保持湿润。

随着灌溉次数的减少，土壤通气状况得到改善，当水分蒸发或排出时，空气进入土壤。生长发育中和成熟的草坪植物根区都需要有较高的氧浓度，以便于呼吸。

**1. 水源与灌水方法**

（1）水源没有被污染的井水、河水、湖水、水库存水、自来水等均可作灌水水源。国内外目前试用城市"中道水"作绿地灌溉用水。随着城市中绿地不断增加，用水量大幅度上升，给城市供水带来很大的压力。"中道水"不失为一种可靠的水源。

（2）灌水方法有地面漫灌、喷灌和地下灌溉等。地面漫灌是最简单的方法，其优点是简单易行，缺点是耗水量大，水量不够均匀，坡度大的草坪不能使用。采用这种灌溉方法的草坪表面应相当平整，且具有一定的坡度，理想的坡度是 $0.5\%\sim1.5\%$。这样的坡度用水量最经济，但大面积草坪要达到以上要求，较为困难，因而有一定的局限性。

喷灌是使用喷灌设备令水像雨水一样淋到草坪上。其优点是能在地形起伏变化大的地方或斜坡使用，灌水量容易控制，用水经济，便于自动化作业。主要缺点是建造成本高。但此法仍为目前国内外采用最多的草坪灌水方法。

地下灌溉是靠毛细管作用从根系层下面设的管道中的水由下向上供水。此法可避免土壤紧实，并使蒸发量及地面流失量减到最低程度。节省水是此法最突出的优点。然而由于设备投资大，维修困难，因而使用此法灌水的草坪甚少。

**2. 灌水时间**

在生长季节，根据不同时期的降水量及不同的草种适时灌水是极为重要的。一般可分为三个时期。

（1）返青到雨季前。这一阶段气温高，蒸腾量大，需水量大，是一年中最关键的灌水时期。根据土壤保水性能的强弱及雨季来临的时期可灌水 2～4 次。

（2）雨季基本停止灌水。这一时期空气湿度较大，草的蒸腾量下降，而土壤含水量已提高到足以满足草坪生长需要的水平。

（3）雨季后至枯黄前这一时期降水量少，蒸发量较大，而草坪仍处于生命活动较旺盛阶段，与前两个时期相比，这一阶段草坪需水量显著提高，如不能及时灌水，不但影响草坪生长，还会引起提前枯黄进入休眠。在这一阶段，可根据情况灌水 4~5 次。此外，在返青时灌返青水，在北方封冻前灌封冻水也都是必要的。草种不同，对水分的要求不同，不同地区的降水量也有差异。因而，必须根据气候条件与草坪植物的种类来确定灌水时期。

3. 灌水量

每次灌水的水量应根据土质、生长期、草种等因素而确定。以湿透根系层、不发生地面径流为原则。如北京地区的野牛草草坪，每次灌水的用水量为 $0.04~0.10t/m^2$。

**（六）病虫及杂草控制**

在新建植的草坪中，很容易出现杂草。大部分除草剂对幼苗的毒性比成熟草坪草的毒性大。有些除草剂还会抑制或减慢无性繁殖材料的生长。因此，大部分除草剂要推迟到绝对必要时才能施用，以便留下充足的时间使草坪成坪。在第一次修剪前，对于耐受能力一般的草坪草也不要施用萌后型的 2,4-D、二甲四氯和麦草畏等。由于阔叶性杂草幼苗期对除草剂比成熟的草敏感，使用量可以减半，这样可以尽量减小对草坪草的危害性。对于控制马唐和其他夏季一年生杂草，施有机砷化物时要推迟得更晚一些（第二次修剪之后），并且也要施用正常量的一半。在新铺的草坪中，需要用萌前除草剂来防治春季和夏季出现于草坪卷之间缝隙中的杂草马唐等。但是，为了避免抑制根系的生长，要等到种植后 3~4 周才能施用。如果有恶性多年生杂草出现，但不成片时，在这些地方就要尽快用草甘膦点施。如果蔓延范围直径达到 10~15cm 时，必须在这些地方重新播种。

过于频繁的灌溉和太大的播种量造成的草坪群体密度过大，也容易引起病害发生。因而，控制灌溉次数和控制草坪群体密度可避免大部分苗期病害。一般情况下，建议使用拌种处理过的种子。如用甲霜灵处理过的种子可以控制枯萎病病菌。当诱发病害的条件出现时，可于草坪草萌发后施用农药来预防或抑制病害的发生。

在新建草坪中，蝼蛄常在幼苗期危害草坪。当这种昆虫处于活动期时，可把苗株连根拔起，以及挖洞导致土壤干燥，严重损坏草坪。蚂蚁的危害主要限于移走草坪种子，使蚁穴周围缺苗。常用的方法是播种后立即掩埋草种或撒毒饵驱赶害虫。

## 三、屋顶绿化工程施工监理控制要点

屋顶绿化可以广泛地理解为在各类古今建筑物、构筑物、城围、桥梁（立交桥）等的屋顶、露台、天台、阳台或大型人工假山山体上进行造园，种植树木花卉的统称。屋顶绿化对增加城市绿地面积，改善日趋恶化的人类生存环境空间；改善城市高楼大厦林立，改善众多道路的硬质铺装而取代的自然土地和植物的现状；改善过度砍伐自然森林，各种废气污染而形成的城市热岛效应、沙尘暴等对人类的危害；开拓人类绿化空间，建造田园城市，改善人们的居住条件，提高生活质量，以及对美化城市环境，改善生态效应有着极其重要的意义。

**（一）基本要求**

1. 屋顶绿化建议性指标

不同类型的屋顶绿化应有不同的设计内容，屋顶绿化要发挥绿化的生态效益，应有相宜的面积指标作保证。屋顶绿化的建议性指标见表 5-12。

表 5-12　屋顶绿化建议性指标

| 项目 | 各部项目 | 指标 |
|---|---|---|
| 花园式屋顶绿化 | 绿化屋顶面积占屋顶总面积 | ≥60% |
| | 绿化种植面积占绿化屋顶总面积 | ≥85% |
| | 铺装园路面积占绿化面积 | ≤12% |
| | 园林小品面积占绿化面积 | ≤3% |
| 简单式屋顶绿化 | 绿化屋顶面积占屋顶绿化面积 | ≥80% |
| | 绿化种植面积 | ≥90% |

**2. 屋顶承重安全**

屋顶绿化应预先全面调查建筑的相关指标和技术资料，根据屋顶的承重，准确核算各项施工材料的重量和一次容纳游人的数量。

**3. 屋顶防护安全**

屋顶绿化应设置独立出入口和安全通道，必要时应设置专门的疏散楼梯。为防止高空物体坠落和保证游人安全，还应在屋顶周边设置高度在 80cm 以上的防护围栏。同时要注重植物和设施的固定安全。

**4. 屋顶绿化相关材料荷重参考值**

（1）植物材料平均荷重和种植荷载参考见表 5-13。

表 5-13　植物材料平均荷重和种植荷载参考表

| 植物类型 | 规格/m | 植物平均荷重/kg | 种植荷载/(kg/m²) |
|---|---|---|---|
| 乔木(带土球) | $H=2.0\sim2.5$ | 50～120 | 250～300 |
| 大灌木 | $H=1.5\sim2.0$ | 60～80 | 150～250 |
| 小灌木 | $H=1.0\sim1.5$ | 30～60 | 100～150 |
| 地被植物 | $H=0.2\sim1.0$ | 15～30 | 50～100 |
| 草坪 | $H=1m^2$ | 10～15 | 50～100 |

注：选择植物应考虑植物生长产生的活荷载变化。种植荷载包括种植区构造层自然状态下的整体荷载。

（2）其他相关材料密度参考值见表 5-14。

表 5-14　其他相关材料密度参考值一览表

| 材料 | 混凝土 | 水泥砂浆 | 河卵石 | 豆石 | 青石板 | 水质材料 | 钢质材料 |
|---|---|---|---|---|---|---|---|
| 密度/(kg/m³) | 2500 | 2350 | 1700 | 1800 | 2500 | 1200 | 7800 |

### （二）屋顶绿化类型

**1. 花园式屋顶绿化**

（1）新建建筑原则上应采用花园式屋顶绿化，在建筑设计时统筹考虑，以满足不同绿化形式对于屋顶荷载和防水的不同要求。

（2）现状建筑根据允许荷载和防水的具体情况，可以考虑进行花园式屋顶绿化。

（3）建筑静荷载应大于等于 250kg/m²。乔木、园亭、花架、山石等较重的物体应设计在建筑承重墙、柱、梁的位置。

（4）以植物造景为主，应采用乔、灌、草结合的复层植物配植方式，产生较好的生态效益和景观效果。

**2. 简单式屋顶绿化**

（1）建筑受屋面本身荷载或其他因素的限制，不能进行花园式屋顶绿化时，可进行简单式屋顶绿化。

（2）建筑静荷载应大于等于 $100kg/m^2$。

（3）主要绿化形式如下。

① 覆盖式绿化。根据建筑荷载较小的特点，利用耐旱草坪、地被、灌木或可匍匐的攀缘植物进行屋顶覆盖绿化。

② 固定种植池绿化。根据建筑周边圈梁位置荷载较大的特点，在屋顶周边女儿墙一侧固定种植池，利用植物直立、悬垂或匍匐的特性，种植低矮灌木或攀缘植物。

③ 可移动容器绿化。根据屋顶荷载和使用要求，以容器组合形式在屋顶上布置观赏植物，可根据季节不同随时变化组合。

**（三）种植设计与植物选择**

1. 种植设计

（1）花园式屋顶绿化

① 植物种类的选择，应符合下列规定。

a. 适应栽植地段立地条件的当地适生种类。

b. 林下植物应具有耐阴性，其根系发展不得影响乔木根系的生长。

c. 垂直绿化的攀缘植物依照墙体附着情况确定。

d. 具有相应抗性的种类。

e. 适应栽植地养护管理条件。

f. 改善栽植地条件后可以正常生长的、具有特殊意义的种类。

② 绿化用地的栽植土壤应符合下列规定。

a. 栽植土层厚度符合规定的数值，且无大面积不透水层。

b. 废弃物污染程度不致影响植物的正常生长。

c. 酸碱度适宜。

d. 物理性质符合表 5-15 的规定。

e. 凡栽植土壤不符合以上各款规定者必须进行土壤改良。

③ 铺装场地内的树木其成年期的根系伸展范围，应采用透气性铺装。

④ 以突出生态效益和景观效益为原则，根据不同植物对基质厚度的要求，通过适当的微地形处理或种植池栽植进行绿化。屋顶绿化植物基质厚度要求见表 5-16。

表 5-15　土壤物理性质指标

| 指标 | 土层厚度范围/m | |
|---|---|---|
| | 0～30 | 30～110 |
| 密度/(g/cm²) | 1.17～1.45 | 1.17～1.45 |
| 总孔隙度/% | ＞45 | 45～52 |
| 非毛管孔隙度/% | ＞10 | 10～20 |

表 5-16　屋顶绿化植物基质厚度要求

| 植物类型 | 规格/m | 基质深度/cm |
|---|---|---|
| 小型乔木 | $H=2.0～2.5$ | ≥60 |
| 大灌木 | $H=1.5～2.0$ | 50～60 |
| 小灌木 | $H=1.0～1.5$ | 30～50 |
| 草本、地被植物 | $H=0.2～1.0$ | 10～30 |

⑤ 利用丰富的植物色彩来渲染建筑环境，适当增加色彩明快的植物种类，丰富建筑整体景观。

⑥ 植物配置以复层结构为主，由小型乔木、灌木和草坪、地被植物组成。本地常用和引种成功的植物应占绿化植物的 80% 以上。

（2）简单式屋顶绿化

① 绿化以低成本、低养护为原则，所用植物的滞尘和控温能力要强。

② 根据建筑自身条件，尽量达到植物种类多样、绿化层次丰富、生态效益突出的效果。

2. 植物选择原则

（1）遵循植物多样性和共生性原则，以生长特性和观赏价值相对稳定、滞尘控温能力较强的本地常用和引种成功的植物为主。

（2）以低矮灌木、草坪、地被植物和攀缘植物等为主，原则上不用大型乔木，有条件时可少量种植耐旱小型乔木。

（3）应选择须根发达的植物，不宜选用根系穿刺性较强的植物，防止植物根系穿透建筑防水层。

（4）选择易移植、耐修剪、耐粗放管理、生长缓慢的植物。

（5）选择抗风、耐旱、耐高温的植物。

（6）选择抗污性强，可耐受、吸收、滞留有害气体或污染物质的植物。

**（四）屋顶绿化施工**

1. 屋顶绿化施工操作程序

（1）花园式屋顶绿化　花园式屋顶绿化施工流程，如图 5-4 所示。

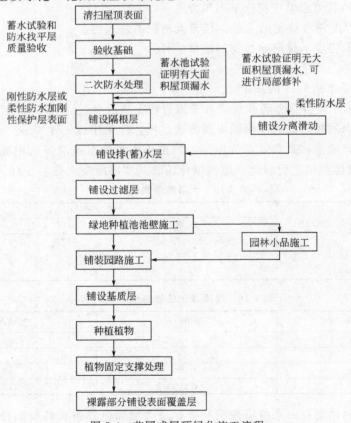

图 5-4　花园式屋顶绿化施工流程

（2）简单式屋顶绿化　简单式屋顶绿化施工流程，如图5-5所示。

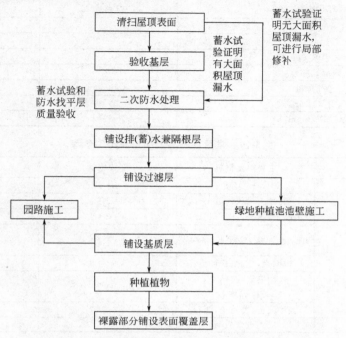

图 5-5　简单式屋顶绿化施工流程

### 2. 屋顶绿化种植区构造层

种植区构造层由上至下分别由植被层、基质层、隔离过滤层、排（蓄）水层、隔根层、分离滑动层等组成。

（1）植被层　通过移栽、铺设植生带和播种等形式种植的各种植物，包括小型乔木、灌木、草坪、地被植物、攀缘植物等。

（2）基质层　是指满足植物生长条件，具有一定的渗透性能、蓄水能力和空间稳定性的轻质材料层。

① 基质理化性状要求。基质理化性状要求见表5-17。

表 5-17　基质理化性状要求

| 理化性状 | 要求 | 理化性状 | 要求 |
|---|---|---|---|
| 湿密度/(kg/m³) | 450～1300 | 全氮量/(g/kg) | ＞1.0 |
| 非毛管孔隙度/% | ＞10 | 全磷量/(g/kg) | ＞0.6 |
| pH 值 | 7.0～8.5 | 全钾量/(g/kg) | ＞17 |
| 含盐量/% | ＜0.12 | | |

② 基质主要包括改良土和超轻量基质两种类型。改良土由田园土、排水材料、轻质骨料和肥料混合而成；超轻量基质由表面覆盖层、栽植育成层和排水保水层三部分组成。目前常用的改良土与超轻量基质的理化性状见表5-18。

③ 基质配制。屋顶绿化基质荷重应根据湿密度进行核算，不应超过1300kg/m³。常用的基质类型和配制比例参见表5-19，可在建筑荷载和基质荷重允许的范围内，根据实际酌情配比。

表 5-18　常用改良土与超轻量基质理化性状

| 理化指标 | | 改良土 | 超轻量基质 |
|---|---|---|---|
| 密度/(kg/m³) | 干密度 | 550～900 | 120～150 |
| | 湿密度 | 780～1300 | 450～650 |
| 热导率/[W/(m·K)] | | 0.5 | 0.35 |
| 内部孔隙度 | | 5% | 20% |
| 总孔隙度 | | 49% | 70% |
| 有效水分 | | 25% | 37% |
| 排水速率/(mm/h) | | 42 | 58 |

表 5-19　常用基质类型和配制比例参考

| 基质类型 | 主要配比材料 | 配置比例 | 湿密度/(kg/m³) |
|---|---|---|---|
| 改良土 | 田园土,轻质土 | 1:1 | 1200 |
| | 腐叶土,蛭石,砂土 | 7:2:1 | 780～1000 |
| | 田园土,草炭,(蛭石和肥) | 4:3:1 | 1100～1300 |
| | 田园土,草炭,松针土,珍珠岩 | 1:1:1:1 | 780～1100 |
| | 田园土,草炭,松针土 | 3:4:3 | 780～950 |
| | 轻沙壤土,腐殖土,珍珠岩,蛭石 | 2.5:5:2:0.5 | 1100 |
| | 轻沙壤土,腐殖土,蛭石 | 5:3:2 | 1100～1300 |
| 超轻量基质 | 无机介质 | — | 450～650 |

注：基质湿密度一般为干密度的 1.2～1.5 倍。

（3）隔离过滤层

① 一般采用既能透水又能过滤的聚酯纤维无纺布等材料，用于阻止基质进入排水层。

② 隔离过滤层铺设在基质层下，搭接缝的有效宽度应达到 10～20cm，并向建筑侧墙面延伸至基质表层下方 5cm 处。

（4）排（蓄）水层

① 一般包括排（蓄）水板、陶砾（荷载允许时使用）和排水管（屋顶排水坡度较大时使用）等不同的排（蓄）水形式，用于改善基质的通气状况，迅速排出多余水分，有效缓解瞬时压力，并可蓄存少量水分。

② 排（蓄）水层铺设在过滤层下。应向建筑侧墙面延伸至基质表层下方 5cm 处。铺设方法，如图 5-6 所示。

③ 施工时应根据排水口设置排水观察井，并定期检查屋顶排水系统的通畅情况。及时清理枯枝落叶，防止排水口堵塞造成壅水倒流。

（5）隔根层

① 一般有合金、橡胶、PE（聚乙烯）和 HDPE（高密度聚乙烯）等材料类型，用于防止植物根系穿透防水层。

② 隔根层铺设在排（蓄）水层下，搭接宽度不小于 100cm，并向建筑侧墙面延伸 15～20cm。

（6）分离滑动层

① 一般采用玻纤布或无纺布等材料，用于防止隔根层与防水层材料之间产生粘连现象。

② 柔性防水层表面应设置分离滑动层；刚性防水层或有刚性保护层的柔性防水层表面，分离滑动层可省略不铺。

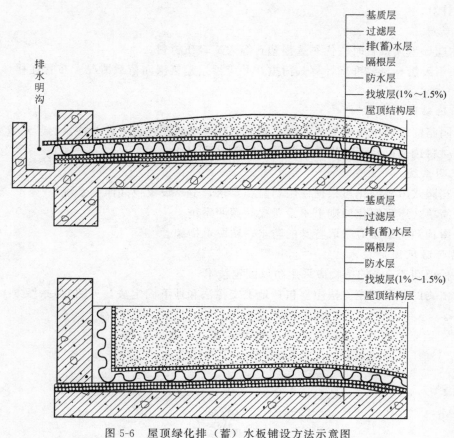

图 5-6 屋顶绿化排（蓄）水板铺设方法示意图

注：挡土墙可砌筑在排（蓄）水板上方，多余水分可通过排（蓄）水板排至四周明沟

③ 分离滑动层铺设在隔根层下。搭接缝的有效宽度应达到 10～20cm，并向建筑侧墙面延伸 15～20cm。

（7）屋面防水层

① 屋顶绿化防水做法应符合设计要求，达到二级建筑防水标准。

② 绿化施工前应进行防水检测并及时补漏，必要时做二次防水处理。

③ 宜优先选择耐植物根系穿刺的防水材料。

④ 铺设防水材料应向建筑侧墙面延伸，应高于基质表面 15cm 以上。

3. 园林小品

（1）为提供游憩设施和丰富屋顶绿化景观，必要时可根据屋顶荷载和使用要求，适当设置园亭、花架等园林小品。

① 园林小品设计要与周围环境和建筑物本体风格相协调，适当控制尺度。

② 材料选择应质轻、牢固、安全，并注意选择好建筑承重位置。

③ 与屋顶楼板的衔接和防水处理，应在建筑结构设计时统一考虑，或单独做防水处理。

（2）水池

① 屋顶绿化原则上不提倡设置水池，必要时应根据屋顶面积和荷载要求，确定水池的大小和水深。

② 水池的荷重可根据水池面积、池壁的重量和高度进行核算。池壁重量可根据使用材

料的密度计算。

（3）景石

① 在选择屋顶景石时应优先选择塑石等人工轻质材料。

② 采用天然石材要准确计算其荷重，并应根据建筑层面荷载情况，布置在楼体承重柱、梁之上。

**4. 园路铺装**

（1）园路的设计手法应简洁大方，与周围环境相协调，追求自然朴素的艺术效果。

（2）材料选择以轻型、生态、环保、防滑材质为宜。

**5. 照明系统**

（1）花园式屋顶绿化可根据使用功能和要求，适当设置夜间照明系统。

（2）简单式屋顶绿化原则上不设置夜间照明系统。

（3）屋顶照明系统应采取特殊的防水、防漏电措施。

**6. 植物防风固定技术**

（1）种植高于 2m 的植物应采用防风固定技术。

（2）植物的防风固定方法主要包括地上支撑法和地下固定法，见图 5-7～图 5-10。

图 5-7　植物地上支撑法示意图（一）

1—带有土球的木本植物；2—圆木直径 60～80mm，呈三角形支撑架；

3—将圆木与三角形钢板（5mm×25mm×120mm），用螺栓拧紧固定；

4—基质层；5—隔离过滤层；6—排（蓄）水层；7—隔根层；8—屋面顶板

**7. 养护管理技术**

（1）浇水

① 花园式屋顶绿化养护管理，灌溉间隔一般控制在 10～15 天。

② 简单式屋顶绿化一般基质较薄，应根据植物种类和季节不同，适当增加灌溉次数。

（2）施肥

① 应采取控制水肥的方法或生长抑制技术，防止植物生长过旺而加大建筑荷载和维护

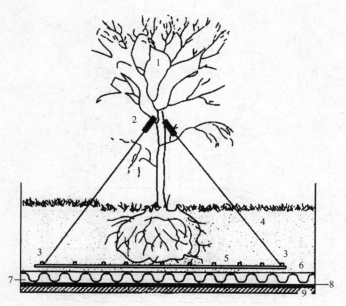

图 5-8 植物地上支撑法示意图 （二）

1—带有土球的木本植物；2—三角支撑架与主分支点用橡胶缓冲垫固定；

3—将三角支撑架与钢板用螺栓拧紧固定；4—基质层；5—底层固定钢板；

6—隔离过滤层；7—排（蓄）水层；8—隔根层；9—屋面顶板

图 5-9 植物地下固定法示意图 （一）

1—带有土球的树木；2—钢板、φ3mm 螺栓固定；

3—扁铁网固定土球；4—固定弹簧绳；5—固定钢架（依土球大小而定）

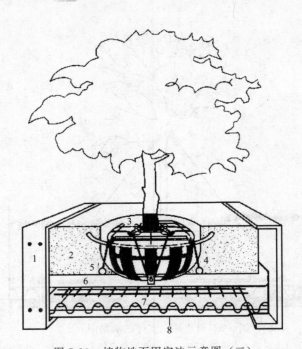

图 5-10  植物地下固定法示意图（二）

1—种植法；2—基质层；3—钢丝牵索，用螺栓拧紧固定；4—弹性绳索；5—螺栓与底层钢丝网固定；

6—隔离过滤层；7—排（蓄）水层；8—隔根层

成本。

② 植物生长较差时，可在植物生长期内按照 $30\sim50g/m^2$ 的比例，每年施 $1\sim2$ 次长效 N、P、K 复合肥。

（3）修剪。根据植物的生长特性，进行定期整形修剪和除草，并及时清理落叶。

（4）病虫害防治。应采用对环境无污染或污染较小的防治措施，如人工及物理防治、生物防治、环保型农药防治等措施。

（5）防风防寒。应根据植物抗风性和耐寒性的不同，采取搭风障、支防寒罩和包裹树干等措施进行防风防寒处理。使用材料应具备耐火、坚固、美观的特点。

（6）灌溉设施

① 宜选择滴灌、微喷、渗灌等灌溉系统。

② 有条件的情况下，应建立屋顶雨水和空调冷凝水的收集回灌系统。

## 四、 大树移植工程施工监理控制要点

### （一） 前期准备工作

1. 树穴开挖

乔木类栽植树穴的开挖以预先进行为好。特别是春植计划，若能提前至秋冬季安排挖穴有利于基肥的分解和栽植土的风化，可有效提高栽植成活率。树穴的大小和深浅应根据树木规格和土层厚薄、坡度大小、地下水位高低及土壤墒情而定。风沙大的地区大坑不利保墒宜小坑栽植。

2. 施足基肥

腐熟的植物枝叶、人畜粪尿或经过风化的河泥、阴沟泥等均可使用。用量每穴 10kg 左

右，视穴大小增减。基肥施入穴底后须覆盖约 20cm 厚的泥土，使之与新植树木根系隔离防止因肥料发酵而烧根。

3. 树木准备

栽植树木的调集准备对于保证栽植成活率十分重要。一般情况下，树木调集应遵循就近采购的原则，以满足生态条件的相对一致。必要时可准备 1～2 个预备供应商以防临时有变。在挖取大树时要特别注意根部伤口的处理。

4. 加强检疫

随着国际和地区之间质交换的日益频繁，树木病虫害的传播也变得日益严重起来。为了杜绝重大病虫害的蔓延和扩散，特别是从外省市或境外引进树木，更应注意树木检疫、消毒。消毒方法有浸渍、喷洒、熏蒸等。

（二）大树的选择

从理论上讲，只要时间掌握好，措施合理，任何品种树木都能进行移植，现介绍常见移植的树木和采取的方法。

（1）常绿乔木　桧柏、油松、白皮松、雪松、龙柏、侧柏、云杉、冷杉、华山松等。

（2）落叶乔木及珍贵观花树木　国槐、栾树、小叶白蜡、元宝枫、银杏、白玉兰等。

根据设计图纸和说明所要求的树种规格、树高、冠幅、胸径、树形（需要注明观赏面和原有朝向）和长势等，到郊区或苗圃进行调查，选树并编号。选择时应注意以下几点。

（1）要选择接近新栽地生境的树木。野生树木主根发达，长势过旺的，适应能力也差，不易成活。

（2）不同类别的树木，移植难易不同。一般灌木比乔木移植容易；落叶树比常绿树容易；扦插繁殖或经多次移植须根发达的树比播种未经移植直根性和肉质根类树木容易；叶型细小比叶少而大者容易；树龄小比树龄大的容易。

（3）一般慢生树选 20～30 年生；速生树种则选用 10～20 年生，中生树可选 15 年生，果树、花灌木为 5～7 年生，一般乔木树高在 4m 以上，胸径 12～25cm 的树木则最合适。

（4）应选择生长正常的树木以及没有感染病虫害和未受机械损伤的树木。

（5）选树时还必须考虑移植地点的自然条件和施工条件，移植地的地形应平坦或坡度不大，过陡的山坡，根系分布不正，不仅操作困难且容易伤根，不易起出完整的土球，因而应选择便于挖掘处的树木，最好使起运工具能到达树旁。

（三）大树移植的时间

随着现代城市景观环境要求的不断提高，在有充足资金做保障和不破坏原有生态资源的条件下，通过大树移栽优化城市绿地结构，迅速提升城市景观，在近期已成为加速城市园林绿化进程的重要手段。因此，掌握科学的大树移栽技术，提高成活率，确保资金高效利用，是园林绿化科研工作中的一个重要课题。通过近年来的科学研究与生产实践，积累如下移栽技术经验。

（1）选择移栽苗。经过人工培育与移栽过的大树，根系发达，须根多，适应能力强，易成活。

（2）注意树木的原有生长方向。挖掘时做好南北向标记，保证栽植时的阴阳面与原有立地条件一致。

（3）选择"服务寿命长"的树种进行移栽。寿命短的树种移栽成活后，很快就会衰老，长势弱，达不到预期的绿化效果。

（4）挖掘的土球要多带吸收根。按照行业标准做到随掘、随运、随栽，避免吸收根因暴露时间久而遭受伤害。

（5）做好修剪、施肥、保温保湿等工作。通过移栽后的精心养护管理，维持植物体内上下水分的平衡代谢等。

当然，掌握以上移栽技术，只是保证大树移栽成活的一个方面。在实践中，选择合理的移栽时间，为植物生长创造适宜的条件，是影响大树移栽成活的一个重要方面，甚至是决定移栽成败的关键。这里所指的"栽植时间"要从多个方面理解。

① 要有充足时间做好移栽前的准备工作。根据树木成活原理：大树所带吸收根越多，栽植后越易成活。吸收根一般分布在树冠投影的外围，理论上讲，土球至少应有树冠大小。实际操作因运输难度不可能挖掘较大土球，为此必须采取断根缩坨法促进大树的须根生长。主要做法是，在栽植前两年，以树干胸径的 5 倍为直径围绕树干的外围挖条沟，宽约 30～40cm、深约 50～70cm，然后将疏松土回填入沟内。第一年春季沿沟间隔挖几段，向沟内回填新土；第二年挖剩下的另外几段，向沟内回填新土；待到第三年长出许多须根后，再移栽。

② 把握一年中适宜移栽的时间。要保证树木栽植能成活，关键要做到树体上下水分等代谢平衡。根据这一原理，一般以秋季落叶后至春季萌芽前栽植为宜。在实践中，因不同地区、不同环境条件，可分为春栽、雨季栽植、秋栽、冬栽。春栽：春季是树木开始生长的大好时期，且多数地区土壤水分充足，是我国大部分地区的主要栽植季节。在冬季严寒地区或在当地不甚耐寒的边缘树种以春栽为妥，可免防寒越冬之劳。雨季栽植：春旱，特别是秋冬也干旱的地区，以雨季栽植为好。秋栽：秋季气温逐渐下降，蒸腾量较低，土壤水分状况较稳定，树木贮藏的营养较丰富，多数树木的根系生长有一次高峰，树木能充分吸收地下的水分。因此适宜秋栽的地区较广泛，且以一落叶即栽植为好。冬栽：在冬季土壤基本不结冰的华南、华中、华东等长江流域可进行冬栽。在冬季严寒的东北部、东北大部，由于土壤冻结较深，对当地乡土树种，可用冻土球移栽，优点是利用冬闲，省包装和运输机械。

**（四）大树的预掘**

为了保证树木移植后能很好地成活，可在移植前采取一些措施，促进树木的须根生长，这样也可以为施工提供方便条件，常用下列方法。

**1. 多次移植**

在专门培养大树的苗圃中多采用多次移植法，速生树种的苗木可以在头几年每隔 1～2 年移植一次，待胸径达 6cm 以上时，可每隔 3～4 年再移植一次。而慢生树待其胸径达 3cm 以上时，每隔 3～4 年移一次，长到 6cm 以上时，则隔 5～8 年移植一次，这样树苗经过多次移植，大部分的须根都聚生在一定的范围，因而再移植时可缩小土球的尺寸和减少对根部的损伤。

**2. 预先断根法（回根法）**

适用于一些野生大树或一些具有较高观赏价值的树木的移植，一般是在移植前 1～3 年的春季或秋季，以树干为中心，2.5～3 倍胸径为半径或以较小于移植时土球尺寸为半径画一个圆或方形，再在相对的两面向外挖 30～40cm 宽的沟（其深度则视根系分布而定，一般为 50～80cm），对较粗的根应用锋利的锯或剪，齐平内壁切断，然后用沃土（最好是沙壤土或壤土）填平，分层踩实，定期浇水，这样便会在沟中长出许多须根。到第二年的春季或秋季再以同样的方法挖掘另外相对的两面，到第三年时，在四周沟中均长满了须根，这时便可移走。挖掘时应从沟的外缘开挖，断根的时间可按各地气候条件有所不同。

3. 根部环状剥皮法

同上法挖沟，但不切断大根，而采取环状剥皮的方法，剥皮的宽度为10～15cm，这样也能促进须根的生长，这种方法由于大根未断，树身稳固，可不加支柱。

**（五）　树木的挖掘**

1. 裸根挖掘

（1）裸根移植仅限于落叶乔木，按规定根系大小，应视根系分布而定，一般为1.3m处干径的8～10倍。

（2）裸根移植成活的关键是尽量缩短根部暴露时间。移植后应保持根部湿润，方法是根系掘出后喷保湿剂或沾泥浆，用湿草包裹等。

（3）沿所留根幅外垂直下挖操作沟，沟宽60～80cm，沟深视根系的分布而定，挖至不见主根为准，一般80～120cm。

（4）挖掘过程所有预留根系外的根系应全部切断，剪口要平滑不得劈裂。

（5）从所留根系深度1/2处以下，可逐渐向内部掏挖，切断所有主侧根后，即可打碎土台，保留护心土，清除余土，推倒树木，如有特殊要求可包扎根部。

2. 土球挖掘

适用于挖掘圆形土球，树木胸径为10～15cm或稍大一些的常绿乔木，土球的直径和高度应根据树木胸径的大小来确定。

（1）带土球移植，应保证土球完好，尤其雨季更应注意。

（2）土球规格一般按干径1.3m处的7～10倍，土球高度一般为土球直径的2/3左右。参见表5-20。

表 5-20　土球规格

| 树木胸径 | 土球规格 | | |
|---|---|---|---|
| | 土球直径 | 土球高度/m | 留底直径 |
| 10～12 | 胸径8～10倍 | 60～70 | 土球直径的1/3 |
| 13～15 | 胸径7～10倍 | 70～80 | |

（3）挖掘高大乔木或冠幅较大的树木前应立好支柱，支稳树木。

（4）将包装材料，蒲包、蒲包片、草绳用水浸泡好待用。

（5）掘前以树干为中心，按规定尺寸画出圆圈，在圈外挖60～80cm的操作沟至规定深度。挖时先去表土，见表根为准，再行下挖，挖时遇粗根必须用锯锯断再削平，不得硬铲，以免造成散坨。

（6）修坨，用铣将所留土坨修成上大下小呈截头圆锥形的土球。

（7）收底，土球底部不应留的过大，一般为土球直径的1/3左右。收底时遇粗大根系应锯断。

（8）围内腰绳，用浸好水的草绳，将土球腰部缠绕紧，随绕随拍打勒紧，腰绳宽度视土球土质而定。一般为土球的1/5左右。

（9）开底沟，围好腰绳后，在土球底部向内挖一圈5～6cm宽的底沟，以利打包时兜绕底沿，草绳不易松脱。

（10）用包装物（蒲包、蒲包片、麻袋片等）将土球包严，用草绳围接固定。

（11）打包时绳要收紧，随绕随敲打，用双股或四股草绳以树干为起点，稍倾斜，从上往下绕到土球底沿沟内再由另一面返到土球上面，再绕树干顺时针方向缠绕，应先成双层或四股草绳，第二层与第一层交叉压花。草绳间隔一般为8～10cm。注意绕草绳时双股绳应排好理顺。

（12）围外腰绳，打好包后在土球腰部用草绳横绕20～30cm的腰绳，草绳应缠紧，随绕随用木槌敲打，围好后将腰绳上下用草绳斜拉绑紧，避免脱落。

（13）完成打包后，将树木按预定方向推倒，遇有直根应锯断，不得硬推，随后用蒲包片将底部包严，用草绳与土球上的草绳相串联。

3. 木箱挖掘

适用于挖掘方形土台，树木的胸径为15～25cm的常绿乔木，土台的规格一般按树木胸径的7～10倍选取，可参见表5-21。用木板包装大树的挖掘及包装，其施工要点如下。

表5-21　土台规格

| 树木胸径/cm | 15～18 | 18～24 | 25～27 | 28～30 |
|---|---|---|---|---|
| 木箱规格<br>（上边长×高）/m | 1.5×2.6 | 1.8×0.70 | 2.0×0.70 | 2.2×0.80 |

（1）用木箱移植的土台呈正方形，上大下小，一般下部较上部少1/10左右。

（2）放线，先清除表土，露出表面根，按规定以树干为中心，选好树冠观赏面，画出比规定尺寸大5～10cm的正方形土台范围，尺寸必须准确。然后在土台范围外80～100cm再画出一正方形白灰线，为操作沟范围。

（3）立支柱，用3～4根将树支稳，呈三角或正方形，支柱应坚固，长度要在分枝点以上，支柱底部可钉小横棍，再埋严、夯实。支柱与树枝干应捆绑紧，但相接处必须垫软物，不得直接磨树皮。为更牢固支柱间还可加横杆相连。

（4）按所画出的操作沟范围下挖，沟壁应规整平滑，不得向内洼陷。挖至规定深度，挖出的土随时平铺或运走。

（5）修整土台，按规定尺寸，四角均应较木箱板大出5cm，土台面平滑，不得有砖石或粗根等突出土台。修好的土台上面不得站人。

（6）土台修整后先装四面的边板，上边板时板的上口应略低于土台1～2cm，下口应高于土台底边1～2cm。靠箱板时土台四角用蒲包片垫好再靠紧箱板，靠紧后暂用木棍与坑边支牢。检查合格后用钢丝绳围起上下两道放置，位置分别置于上下沿的15～20cm处。两道钢丝绳接口分别置于箱板的方向（一东一西或一南一北），钢丝绳接口处套入紧线器挂钩内，注意紧线器应稳定在箱板中间的带上。为使箱板紧贴土台，四面均应用1～2个圆木樽垫在绳板之间，放好后两面用驳棍转动，同步收紧钢丝绳，随紧随用木棍敲打钢丝绳，直至发出金属弦音声为止。

（7）钉箱板，用加工好的铁腰子将木箱四角连接，钉铁腰子，应距两板上下各5cm处为上下两道，中间每隔8～10cm一道，必须钉牢，圆钉应稍向外倾斜钉入，钉子不能弯曲，铁皮与木带间应绷紧，敲打出金属颤音后方可撤除钢丝绳。2.5cm以上木箱也可撤出圆木后再收紧钢丝绳。

（8）掏底，将四周沟槽再下挖30～40cm深后，从相对两侧同时向土台内进行掏底，掏底宽度相当安装单板的宽度，掏底时留土略高于箱板下沿1～2cm。遇粗根应略向土台内将根锯断。

（9）掏好一块板的宽度应立即安装，装时使底板一头顶装在木箱边板的木带上，下部用木墩支紧，另一头用油压千斤顶顶起，待板靠近后，用圆钉钉牢铁腰子，用圆木墩顶紧，撤出油压千斤顶，随后用支棍在箱板上端与坑壁支牢，坑壁一面应垫木板，支好后方可继续向内掏底。

（10）向内掏底时，操作人员的头部、身体严禁进入土台底部，掏底时风速达 4 级以上应停止操作。

（11）遇底土松散时，上底板时应垫蒲包片，底板可封严不留间隙。遇少量亏土脱土处应用蒲包装土或木板等物填充后，再钉底板。

（12）装上板，先将表土铲垫平整，中间略高 1～2cm，上板长度应与边板外沿相等，不得超出或不足。上板前先垫蒲包片，上板放置的方向与底板交叉，上板间距应均匀，一般为15～20cm。如树木多次搬运，上板还可改变方向再加一层呈井字形。

### （六）　大树的装卸和运输

大树的装卸和运输工作也是大树移植中的重要环节之一。装卸和运输的成功与否，直接影响到树木的成活、施工的质量以及树形的美观等。其基本工序，如图 5-11 和图 5-12所示。

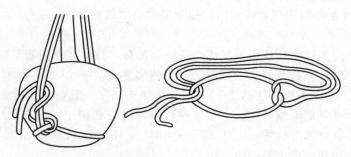

图 5-11　土球的吊装

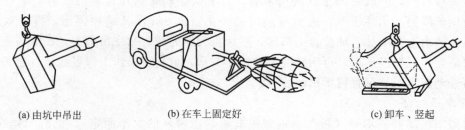

(a) 由坑中吊出　　　　　　(b) 在车上固定好　　　　　　(c) 卸车、竖起

图 5-12　木板包装的大树吊装

**1. 一般规定**

（1）大树的装卸及运输必须使用大型机械车辆，因此为确保安全顺利地进行，必须配备技术熟练的人员统一指挥。操作人员应严格按安全规定作业。

（2）装卸和运输过程应保护好树木，尤其是根系，土球和木箱应保证其完好。树冠应围拢，树干要包装保护。

（3）装车时根系、土球、木箱向前，树冠朝后。

（4）装卸裸根树木，应特别注意保护好根部，减少根部劈裂、折断，装车后支稳、挤严，并盖上湿草袋或苫布遮盖加以保护。卸车时应顺序吊下。

（5）装卸土球树木应保护好土球完整，不散坨。为此装卸时应用粗麻绳捆绑，同时在绳与土球间，垫上木板，装车后将土球放稳，用木板等物卡紧，不使滚动。

（6）装卸木箱树木，应确保木箱完好，关键是拴绳，起吊，首先用钢丝绳在木箱下端约1/3处拦腰围住，绳头套入吊钩内。另再用一根钢丝绳或麻绳按合适的角度一头垫上软物拴在树干恰当的位置，另一头也套入吊钩内，缓缓使树冠向上翘起后，找好重心，保护树身，则可起吊装车。装车时，车厢上先垫较木箱长20cm的10cm×10cm的方木两根，放箱时注意不得压钢丝绳。

（7）树冠凡翘起超高部分应尽量围拢。树冠不要拖地，为此在车厢尾部放稳支架，垫上软物（蒲包、草袋）用以支撑树干。

（8）运输时应派专人押车。押运人员应熟悉掌握树木品种、卸车地点、运输路线、沿途障碍等情况，押运人员应在车厢上并应与司机密切配合，随时排除行车障碍。

（9）路途远、气候过冷、风大或过热时，根部必须盖草包等物进行保护。

（10）树木运到栽植地后必须检查。

① 树枝和泥球损伤情况。

② 树根泥球大小规格和树穴规格应适宜，泥球有松散漏底的，树穴应在漏底的相应部位填上土，树木吊入树穴后不应出现空隙。

③ 底土回填深度必须使树木种植后，根颈部位高出地面10cm左右。

**2. 起重机吊运法**

目前我国常用的是汽车起重机，其优点是机动灵活，行动方便，装车简捷。

木箱包装吊运时，用两根7.5～10mm的钢索将木箱两头围起，钢索放在距木板顶端20～30cm的地方（约为木板长度的1/5），把4个绳头结在一起，挂在起重机的吊钩上，并在吊钩和树干之间系一根绳索，使树木不致被拉倒，还要在树干上系1～2根绳索，以便在吊起时用人力来控制树木的位置，以便于不损伤树冠，有利于起重机工作。在树干上束绳索处，必须垫上柔软材料，以免损伤树皮。

吊运软材料包装的或带冻土球的树木时，为了防止钢索损坏包装的材料，最好用粗麻绳，因为钢丝绳容易勒坏土球。先将双股绳的一头留出1m多长结扣固定，再将双股绳分开，捆在土球由上向下3/5的位置上绑紧，然后将大绳的两头扣在吊钩上，在绳与土球接触处用木块垫起，轻轻起吊后，再用脖绳套在树干下部，也扣在吊钩上即可起吊。这些工作做好后，再开动起重机就可将树木吊起装车。

**3. 滑车吊运法**

在树旁用杉篙搭一木架（杉篙的粗细根据所起运树木的大小而定），把滑车挂在架顶，利用滑车将树木吊起后，立即在穴面铺上两条50～60cm宽的木板，其厚度根据汽车和树木的重量及坑的大小来决定。

**4. 运输**

树木装进汽车时，使树冠向着汽车尾部，土块靠近司机室，树干包上柔软材料放在木架或竹架上，用软绳扎紧，土块下垫一块木衬垫，然后用木板将土球夹住或用绳子将土球缚紧于车厢两侧。

通常一辆汽车只装一株树，在运输前应先进行行车道路的调查，以免中途遇故障无法通行，行车路线一般都是城市划定的运输路线，应了解其路面宽度、路面质量、横架空线、桥梁及其负荷情况、人流量等，行车过程中押运员应站在车厢尾一面检查运输途中土球绑扎是否松动、树冠是否扫地、左右是否影响其他车辆及行人，同时要手持长竿，不时挑开横架空线，以免发生危险。

5. 大树移植对树皮的保护

（1）起吊对大树移植成活及对树皮的保护起到至关重要的作用。一旦土球挖掘好后，起吊对树皮损伤非常关键，不同大树根据实际情况（如土壤干湿度、土壤质地）及树干本身特性都不尽相同，故在起吊方式上也就不尽相同，是吊土球、吊树干，还是吊树杈等都不相同，其中吊土球在起吊中是最普遍使用的，同时也是对树皮保护最好的方式。首先土球外围除用草绳包好后，有时需用草帘、麻袋、铁丝网片、木制框等材料来加强对土球的保护；其次起吊用材尽量用宽吊带，这样可以减少吊带与土球之间的受力；再次，在吊土球的同时需用另一支点与土球同时起吊。

当土球干湿度与土质不适合吊土球时，或起吊的是特大树，可采用吊分叉方式。如分叉受力弱则采用吊树干。树干自身由于品种的不同、栽植季节的差异，树皮与木质部结合度的不一样，故起吊时大树往往在起吊位置除用草绳包裹外还要用旧毛毯或多层麻片包裹，有时特大树还需用竹片把树干围住固定，外再用旧毛毯或多层麻片包裹起吊。起吊时吊带要用宽带，起吊位置多用几点起吊，这样可以减少吊带与树干之间的受力。

（2）装车、运输过程中应避免车身与树干、树干与树干之间碰撞。大树装车后，由于树体自身大，为避免树干与车身接触，应在树干与车身之间用软垫垫住。大树树干包上柔软材料放在木架上，用软绳扎紧，树冠也要用软绳适当缠拢。土球下垫木板，然后用木板将土球夹住或用绳子将土球缚紧在车厢两侧。如遇到所装大树不是一棵，而是几棵，除采取以上措施外，还需要在树与树之间的树干加软垫并用麻绳固紧，以防止滑动而损坏树皮。

（3）卸吊、种植对大树树皮的保护。在卸吊、种植过程中，所采取的方式基本上与挖掘、起吊相同。但往往还会碰到装车时可采用吊土球，而在卸车时不能采用吊土球的情况，这就需要采用以上吊树干及吊分叉的方法。

**（七）施工中大树的养护技术**

1. 保持树体水分代谢平衡

大树，特别是未经移植或断根处理的大树，在移植过程中，根系会受到较大的损伤，吸水能力大大降低。树体常常因供水不足、水分代谢失去平衡而枯萎，甚至死亡。因此，保持树体水分代谢平衡是新植大树养护管理、提高移植成活率的关键。为此，在施工中具体要做好以下几方面的工作。

（1）包干　用草绳、蒲包、苔藓等材料严密包裹树干和比较粗壮的分枝。上述包扎物具有一定的保湿性和保温性。经包干处理后可起到以下作用。

① 可避免强光直射和干风吹袭，减少树干、树枝的水分蒸发。

② 可贮存一定量的水分，使枝干经常保持湿润。

③ 可调节枝干温度，减少高温和低温对枝干的伤害，效果较好。

目前，有些地方采用塑料薄膜包干，此法在树体休眠阶段效果是好的，但在树体萌芽前应及时撤换。因为，塑料薄膜透气性能差，不利于被包裹枝干的呼吸作用，尤其是高温季节内部热量难以及时散发会引起高温，灼伤枝干、嫩芽或隐芽，对树体造成伤害。

（2）喷水　树体地上部分，特别是叶面，因蒸腾作用而易失水，必须及时喷水保湿。喷水要求细而均匀，喷及树上各个部位和周围空间、地面，为树体提供湿润的小气候环境。可采用高压水枪喷雾，或将供水管安装在树冠上方，根据树冠大小安装一个或若干个细孔喷头进行喷雾，效果较好，但较费工费料。有人采取"吊盐水"的方法，即在树枝上挂上若干个装满清水的盐水瓶，运用吊盐水的原理，让瓶内的水慢慢滴在树体上，并定期加水，既省工又节省投资。但喷水不够均匀，水量较难控制，一般用于去冠移植的树体，在抽枝发叶后仍需喷水保湿。

（3）遮阴　大树移植初期或高温干燥季节，要搭制荫棚遮阴，以降低棚内温度，减少树体的水分蒸发。在成行、成片种植，密度较大的区域，宜搭制大的荫棚，省材又方便管理。孤植树宜按株搭制。要求全冠遮阴，荫棚的上方及四周与树冠保持50cm左右距离，以保证棚内有一定的空气流动空间，防止树冠日灼危害。遮阴度为70%～75%，让树体接受一定的散射光，以保证树体光合作用的进行。以后视树木生长情况和季节变化，逐步去掉遮阴物。

2. 促发新根

（1）控水　新移植大树，根系吸水功能减弱，对土壤水分需求量较小。因此，只要保持土壤适当湿润即可。土壤含水量过大，反而会影响土壤的透气性能，抑制根系的呼吸，对发根不利，严重的会导致烂根死亡。

（2）严格控制土壤浇水量　移植时第一次浇透水，以后应视天气情况、土壤质地，检查分析，谨慎浇水。同时要慎防喷水时过多水滴进入根系区域。

（3）要防止树池积水　种植时留下的浇水穴，在第一次浇透水后即应填平或略高于周围地面，以防下雨或浇水时积水。同时，在地势低洼易积水处，要开排水沟，保证雨天能及时排水。

（4）要保持适宜的地下水位高度（一般要求在1.5m以下）　在地下水位较高处，要采取网沟排水，汛期水位上涨时，可在根系外围挖深井，用水泵将地下水排至场外，严防淹根。

（5）保持土壤通气　保持土壤良好的透气性能有利于根系萌发。为此，一方面要做好中耕松土工作，以防土壤板结；另一方面，要经常检查土壤通气设施，通气管或竹笼。发现通气设施堵塞或积水的，要及时清除，以经常保持良好的通气性能。

3. 保护新芽

新芽萌发是新植大树进行生理活动的标志，是大树成活的希望。更重要的是，树体地上部分的萌发对根系具有自然而有效的刺激作用，能促进根系的萌发。因此，在移植初期特别是移植时进行重修剪的树体所萌发的芽要加以保护，让其抽枝发叶，待树体成活后再行修剪整形。同时，在树体萌芽后，要特别加强喷水、遮阴、防病治虫等养护工作，保证嫩芽与嫩梢的正常生长。

4. 树体保护

新移植大树，抗性减弱，易受自然灾害、病虫害、人为的和禽畜危害，必须严加防范。

（1）支撑　树大招风，大树种植后应立即支撑固定，慎防倾倒。正三角桩最利于树体稳定，支撑点以树体高2/3处左右为好，并用布条或麻布片绑在树干上作为保护层，以防支撑物晃动时伤害树皮。

（2）防病治虫　坚持以防为主，根据树种特性和病虫害发生发展规律，勤检查，做好防范工作。一旦发生病情，要对症下药，及时防治。

（3）施肥　施肥有利于恢复树势。大树移植初期，根系吸肥力低，宜采用根外追肥一般半个月左右一次。用尿素、硫酸铵、磷酸二氢钾等速效性肥料配制成浓度为0.5%～1%的肥液，选早晚或阴天进行叶面喷洒，遇降雨应重喷一次。根系萌发后，可进行土壤施肥，要求薄肥勤施，慎防伤根。

（4）防冻。新植大树的枝梢、根系萌发迟，年生长周期短，积累的养分少，因而组织不充实，易受低温危害，应做好防冻保温工作。

### 五、 水生植物栽植质量控制要点

#### 1. 严格控制栽植土和栽培基质的要点

栽植土的理化性状和结构应符合设计要求，栽培基质配比应能满足水生植物生长和开花要求；栽培土和栽培基质不得含有污染水质的成分；饮用水源水域采用的栽植土和栽培基质，栽植前必须经有资质的化验室化验，取得化验结果后方能栽植；栽植土层或栽培基质厚度，有设计要求的应符合设计要求，无设计要求的应≥50cm。

#### 2. 栽植和工程养护的控制要点

栽植种类、品种和单位面积栽植数应符合设计要求或合同约定；栽植范围基本符合设计要求，点景栽植配置合理，观赏效果好；栽植后生长出新苗期间应控制水位，防止新生苗（株）因水淹没窒息死苗；水生植物生长期间应防止水中杂草，应调节好水质防止污染，水生植物病虫害应采用生物防治，在饮用水源水域实施防治措施时，严禁使用化学农药。

## 第三节　园林绿化工程养护期监理

### 一、 养护期监理工作要求

随着绿化市场的逐步拓展，工程建设监理应运而生，这为杜绝"豆腐渣工程"和合理支付工程经费提供了保障。绿化工程虽不像建筑工程那样"人命关天"，但如果运作不规范，极有可能出现设计与实际效果大相径庭，造成资源和资金上的浪费。

不少地方政府已意识到绿化工程监理的重要，但由于我国目前还没有规范的绿化工程监理细则，也未设立专门的园林绿化监理工程师考核制度，而绿化工程又以栽种植物为主要内容，十分注重感观效果和生态效应，因此绿化工程监理是其他监理工程师所无法替代的。要想做好绿化工程监理应从以下几方面入手。

#### 1. 专业人才

社会上懂绿化工程施工和养护的人很多，但真正能胜任绿化工程监理职责的应该是具备园林绿化或风景园林专业知识的人，同时还需要具有丰富的园林绿化设计、施工、养护管理经验。

#### 2. 自始参与

绿化往往是在整个建筑工程基本完成后才开始实施，前期工程的建设对绿化工程有着直接的影响，比如预留绿地内耕植土能否获得有效保护。实际工作中业主和建筑施工单位常将耕植土当一般填充物使用，预留绿地也成了临时建筑工地。待绿化时，预留绿地上熟土没了，土壤结构遭受破坏，上面留下一片垃圾。为了栽种植被又不得不花钱清运垃圾、购买熟土回填。如果业主让绿化监理工程从工作建设之初就参与进来，不但能为自己控制绿化工程造价，同时也能为工程的顺利开展奠定基础。

#### 3. 栽植验收

栽植前的场地整理、种植穴的大小、种植的苗木以及栽植过程均需监理严格按招标文件和行业规范进行逐项验收，可依据建设部颁布的《城市绿化工程施工及验收规范》和各省、市制定的城市园林绿化植物种植技术规定。每道工序验收合格后签好质量验收合格单，上一道工序不合格不得进入下一道工序。

### 4. 工程变更

绿化工程在实际施工中，由于受主客观因素影响较大，常发生工程变更。发生变更就要求建设、施工和监理三方及时商定变更事宜，确定变更工程量以及造价，填好变更通知书，三方签字盖章各留一份，最后核定工程造价以备日后核查。

### 5. 跟踪监督

绿化工程监理和建筑工程监理的另一大区别是责任期限不同。建筑工程只限于施工阶段，而绿化工程不仅有施工前、施工中，同时还包括缺陷责任期内的监理。栽植苗木只完成全部工作量的一部分，最终能否达到设计效果，更关键的还要看接下来的养护管理。这就要求监理继续对工程进行督查、考核，直至最后竣工验收。这一阶段主要包括修剪、治虫、除草、浇水、松土、施肥、扶正等工作，可依据各省、市制定的城市园林绿化植物养护技术规定以及相关行业要求，采取百分考核制进行考核，并将考核结果与最终工程造价挂钩。

### 6. 工程决算

绿化工程缺陷责任期满即行竣工验收，依据为建设部颁布的《城市绿化工程施工及验收规范》和各地相关的行业规定。乔灌木、草花按株计量，草坪按覆盖面积计量，宿根、球根、水生花卉要按覆盖面积或芽、球数计量。审定工程造价时，监理工程师必须与建设方和施工方共同依据工程竣工图、中标单价分析表、工程变更通知书、质量验收合格单等相关资料以及现场核验的数量进行审核，确定最终工程造价。

## 二、 养护期监理工作内容

### 1. 管理程序

包括淋水、开窝培土、修剪、施肥、除草、修剪抹芽、病虫害防治、扶正、补苗（苗木费另计）等整套过程。

### 2. 管理工具

（1）花剪、长剪、高空剪、铲草机、剪草机。

（2）喷雾器、桶、斗车、竹箕。

（3）铲、锄、锯子、电锯、梯子。

（4）燃料、维修费。

（5）有机肥、复合肥、氮肥、鳞肥、钾肥。

（6）各种农药。

### 3. 养护内容

（1）乔木　每年施有机肥料一次，每株施饼肥 0.25kg，追肥一次，每棵施复合肥、混尿素 0.1kg，采用穴施、喷洒、水肥等，然后用土覆盖，淋水透彻，水渗透深度 10cm 以上，及时防治病虫害，保持树木自然生长状态，无须造型修剪，及时剪除黄枝、病虫枝、荫蔽徒长枝及阻碍车辆通行的下垂枝，及时清理干净修剪物。每周清除树根周围杂草一次，确保无杂草。

（2）灌木、绿篱、袋苗　每季度施肥一次，每 667m² 施尿素混复合肥 10kg，采用撒施及水肥等，施后 3h 内淋水一次，每天淋水 1 次（雨天除外），水渗透深度 10cm 以上，及时防治病虫害，修剪成圆形、方行或锥行的，每周小修一次，每月大修一次，剪口平滑、美观，及时清除修剪物，及时剪除枯枝、病虫枝，及时补种老、病死植株，每周清除杂草一次。

（3）草本类　每季度施肥一次，每667m² 施尿素混复合肥10kg，采用撒施及水肥等，施后3h内淋水一次，每天淋水1次（雨天除外），水渗透深度10cm以上，及时防治病虫害，每周剪除残花一次、清除杂草一次，及时剪除枯枝、黄枝。

（4）台湾草　每季度施肥一次，每667m² 施尿素混复合肥10kg，施肥均匀、淋水透彻，水渗透深度5cm以上，及时防治病虫，及时补种萎死残缺部分，覆盖率达98％以上，每月修剪1～2次。

（5）室内阴生植物　每天浇水一次，每3天抹叶片尘埃一次，保持植物生长旺盛，叶色墨绿光亮，盆身洁净。

## 三、 苗木栽植后养护管理监理控制要点

对栽植后的苗木，要进行科学细致的养护管理作业，确保成活和绿化景观效果。并编排养护管理日程计划安排，报请监理工程师核准。

1. 修剪

修剪能养成和维持一定的树形，使能与既定的园林风格相协调。能调节树体内的营养分配和环境条件的影响，促使树木生长健壮。

观形树木一般在冬末初生长开始修剪一次，以后每一次生长停止后修剪一次。观色、闻香、赏花等落叶树木在仲冬或落叶后修剪一次，以剪去陡长枝、交错枝、重叠枝、孪生枝、纤弱枝、病虫残伤枝及枯枝等。

行道树根据既定树形进行修剪，主干式的常绿或落叶树无论冬夏都只作平衡树形的修剪。

绿篱维持原定形状，在休眠期中进行一次，生长期中进行1～2次修剪。

对死株、病虫害危害严重的不符合生长条件的苗木，视季节情况及时更换、补植。

2. 肥水管理

普通树木落叶后施基肥与萌芽前施追肥，花期长的在生长期中加一次追肥。灌木及小树在树冠投形下掘一断续的坪状沟，大树作放射状沟进行施肥。掘沟深度以达到根系为度。冬施宜深，放射沟近树浅而远树深。冬施以有机基肥为主，夏施以速效追肥为主。

3. 树干管理

单植树与行道树，特别是定植初年，都要设置支柱防风。冬夏各进行一次刷白，高度为1～1.5m左右。

4. 树基管理

树冠投形下地面要由树干略向四周渐低，外缘作高出土面15～20cm之围，围内经常中耕降草，保持土壤松软无杂草，以利于保水和通透。

5. 喷药、防寒

对树木每年在落叶后至萌芽前进行一次喷药，生长期中进行1～2次，注意园林中的防寒、防风等养护措施。根据天气情况和土壤干、湿度状况，对栽植的树、苗适时灌水。同时做好对树木的抗旱锻炼。封冻前浇透封冻水，防止冬季抽干。

6. 主要控制要点

（1）灌水满足树木生长要求。

（2）施肥合理，保持树木生长营养平衡。

（3）树木无较大的病虫害。

（4）修剪抚育得当，符合技术规范要求。

（5）卫生保洁细致，抚育管理及时。

## 四、 草坪种植后养护管理监理控制要点

随着我国国民经济的发展和人民生活水平的提高，对环境质量的要求越来越高。优美的环境是现代社会文明的体现。

草坪作为整体环境绿化的基色，其对环境绿化美化的重要功效，已被人们普遍认可。近年来，我国草坪业的发展迅速，每年草坪草种的引种数量成倍增长，草坪面积不断扩大，这给原本就滞后的草坪管理带来了更加严重的问题。因此，提高草坪从业人员的建植及养护管理水平，是使我国草坪业向良性轨道发展的一条重要途径，尤其是草坪养护管理技术的提高，可减少因重复建植造成的浪费，延长草坪的使用年限，充分发挥草坪对环境的绿化美化作用。

1. 草坪建植

（1）建植时间选择　由于不同类型的草坪草种适宜的生长温度有所不同，因而建植时间的选择也有所区别。冷季型草坪草种适宜的生长温度为 $15\sim25℃$，因此冷季型草坪的建植多选择早春和秋季。春播草坪浇水压力大，易受杂草危害，相比而言，秋季建植为最佳时间。在我国部分夏季冷凉干燥地区，夏初雨季来临前建植草坪效果也较好。暖季型草坪草种适宜生长温度为 $25\sim35℃$，暖季型草坪的建植主要以夏季为主。

（2）坪床处理　坪床处理是建坪的重要步骤，主要包括土壤清理、翻耕、平整，改良、施肥及排水灌溉系统的安装等项工作。要认真清除坪床中的建筑垃圾、杂草等杂物，施入细沙或泥炭，改善土壤的通透性。根据土壤的肥状况，播种时可适当施入磷酸二铵、复合肥、有机肥等为底肥，施用量以 $30\sim40g/m^2$ 为宜（有机肥施入量可适当加大）。对于面积较大，土壤结构较差，特别是运动场，建植草坪时要充分考虑到场地的排水问题。

（3）草种选择及混配比例　选择适宜当地气候土壤条件的草坪草种是成功建坪的重要前提。其基本原则：首先要选择适宜当地土壤气候条件的草种，即先解决生存问题，其次再选择颜色、质地、均一性等方面，再次要依据不同的管理条件选择适宜的草种。

（4）草坪草种混配原则　由于几种草种混合播种，可以适应差异较大的环境条件，形成优势互补，因此混合播种是目前建植草坪所普遍采用的方式。草坪草种混配的重要依据是要充分考虑到混播建植草坪的外观、质地等方面的均一性，即要有完整均一的景观效果。不同地区、同一地区不同用途的草坪混配选择及比例有所不同。而且管理条件的好坏，其混播比例亦有所不同。

（5）播种方式及播种量　草坪播种主要以撒播为主，播种量因品种及播种时间不同略有区别。混播草种的混播方法有两种：同一种中不同品种混播可采用先将草种混合均匀，然后进行播种。不同种间草种混播，如果种间种子大小相差不多，可采用先混后播的方法（如高羊茅、多年生黑麦草混播）；如果种间种子大小相差较大，应按混播比例进行单独播种（如草地早熟禾、高羊茅混播等）。播种方式多采用交叉播种。

播种后适当覆土有利种子发芽，覆土厚度应小于 0.5cm，可采用草坪专用覆土耙覆土。有条件的地方可增加地表覆盖。

2. 草坪管理

（1）灌溉　草坪建植后进入养护管理阶段，播种后应及时灌溉，可采用地表移动，地下固定等多种喷灌方式。充足的水分供应是保证建坪成功的关键。苗期要保证充足的水分，新草坪建植过程中，不及时灌溉是建坪失败的主要原因之一，水分不足（时断时续）对种子的萌发影响非常重要。另一方面，过量的水分将会使草坪根系变浅，因此草坪草苗期要适时进行"蹲苗"处理，以利于草坪草根系向深层发育。

成熟草坪的灌溉，主要应考虑灌水时间、灌水量及土壤性质等方面。在夏季高温季节，草坪灌水应避免在中午或晚上进行，以防止因高湿而引起的病害对草坪草所产生的危害。当土壤湿润到 10～15cm 深时草坪草就可有充分的水分供给。另外，草坪草需水量的大小，还受土壤性质的影响，黏质土壤、沙质土壤对灌水量及灌水次数均有不同的要求。

（2）修剪　修剪是建植高质量草坪的一个重要管理措施。其遵循的基本规则为"剪去量 1/3"原则。第一次修剪在草坪草长到 7cm 左右时进行，对新建草坪适时进行修剪，可促进草坪的分蘖和增加草坪密度。

成熟草坪在返青前进行低修剪，可促进草坪提早返青。适当使用草坪矮化剂，可减少剪草次数，促进分蘖，增加草坪密度，提高草坪草的抗逆性。

当草坪受到不利因素胁迫时，要适当提高修剪高度，以提高草坪的抗性。不同草种建植的草坪修剪高度不同，而且因其不同用途亦有所不同。

草坪修剪的质量取决于所用剪草机的类型、修剪方式、修剪时间等方面。

（3）追肥　施肥对草坪管理来说，与灌溉、修剪同样重要。草坪生长季节施肥以磷、钾肥为主，过量施用氮肥会促进草坪草茎叶迅速生长，大大增加剪草次数，使草坪草细胞壁变薄，组织软而多汁，并减少养分储存，从而导致草坪草的耐热、抗旱、耐寒和耐践踏性降低，抗病能力降低。

草坪肥料的使用计划取决于所建的草坪的草种组成、人们对草坪质量的要求、生长季的长短、土壤质地、天气状况、灌溉频率、草屑的去留、草坪周围的环境条件（遮阴程度等）等方面。有经验的管理人员可根据草坪草的外部表现确定草坪的肥料供给水平。

（4）杂草控制　草坪杂草的防除涉及的领域较广，主要包括杂草发生、农药使用、草坪管理措施等方面综合防治技术，加之我国为农业大国，长期使用除草剂对农田杂草的防除，导致杂草对除草剂产生了耐药性。耐药性杂草种群迅速发展和蔓延，给以化学防治为主体的杂草综合管理措施提出了新的课题。因此草坪杂草的防除已成为草坪建植管理过程中的主要问题之一。

依植物分类学特点区分，草坪杂草可分为单子叶杂草和双子叶杂草两大类，依据防除目的，杂草的类型又分为一年生禾草、多年生禾草和阔叶类杂草等类型。

草坪杂草的防除首先要了解杂草的发生规律，夏季是杂草多发季节，一年生杂草危害较重，春季造成主要危害的则是二年生双子叶杂草。全年中，草坪杂草的发生一般表现出双子叶杂草→单子叶杂草→双子叶杂草的顺序发生规律。依作用原理，杂草的防除包括人工拔除、生物防除和化学防除等方面。

根据杂草的发生规律，草坪杂草防除的最佳方法是生物防除，即通过选择适宜的草种混配组合，最佳播种时期，避开杂草高发期，对草坪进行合理的水肥管理，增加修剪频率，促进草坪草的长势，增强与杂草的竞争能力，抑制杂草的发生。化学防除一般以防除双子叶杂草效果比较明显，且药剂的使用也比较安全，对于灭生性的除草剂，因其对任何植物均具有杀伤作用，所以主要用于建坪前的坪床处理，对于这类药剂的使用，一定要充分考虑其残效期的长短。

对于选择性除草剂，目前，我国在草坪建植中的芽前除草剂的使用相对比较安全，且效果较好。但对这类除草剂的使用一定的慎重，应在专业人员的指导下进行。

（5）病虫害防治　病虫害防治在草坪养护管理中占有极其重要的地位，应引起草坪管理者的高度重视。

### 五、花坛种植养护工作监理控制要点

（1）浇水　苗栽好后，要不断浇水，以补充土中水分之不足。浇水的时间、次数、灌水量则应根据气候条件及季节的变化灵活掌握。每天浇水时间，一般应安排在上午 10 时前或下午 2～4 时以后。如果一天只浇一次，则应安排傍晚前后为宜；忌在中午气温正高、阳光直射的时间浇水。浇水量要适度，避免花根腐烂或水量不足；浇水水温要适宜，夏季不能低于 15℃，春秋两季不能低于 10℃。

（2）施肥　草花所需要的肥料，主要依靠整地时所施入的基肥。在定植的生长过程中，也可根据需要，进行几次追肥。追肥时，千万注意不要污染花、叶。施肥后应及时浇水。对球根花卉，不可使用未经充分腐熟的有机肥料，否则会造成球根腐烂。

（3）中耕除草　花坛内发现杂草应及时清除，以免杂草与花苗争肥、争水、争光。另外，为了保持土壤疏松，有利花苗生长，还应经常中耕、松土。但中耕深度要适当，不要损伤花根，中耕后的杂草及残花、败叶要及时清除掉。

（4）修剪　为控制花苗的植株高度，促使茎部分蘖，保证花丛茂密、健壮以及保持花坛整洁、美观，应随时清除残花、败叶，经常修剪，以保持图案明显、整齐。

（5）补植　花坛内如果有缺苗现象，应及时补植，以保持花坛内的花苗完美无缺。补植花苗的品种、规格都应和花坛内的花苗一致。

（6）立支柱　生长高大以及花朵较大的植株，为防止倒伏、折断，应设立支柱，将花茎轻轻绑在支柱上。支柱的材料可用细竹竿或定型塑料杆。有些花朵多而大的植株，除立支柱外，还应用铅丝编成花盘将花朵托住。支柱和花盘都不可影响花坛的观瞻，最好涂以绿色。

（7）防治病虫害　花苗生长过程中，要注意及时防治地上和地下的病虫害，由于草花植株娇嫩，所施用的农药，要掌握适当的浓度，避免发生药害。

（8）更换花苗　由于草花生长期短，为了保持花坛经常性的观赏效果，要经常做好更换花苗的工作。

### 六、屋顶绿化养护管理监理控制要点

1. 浇水

（1）花园式屋顶绿化养护管理，灌溉间隔一般控制在 10～15 天。

（2）简单式屋顶绿化一般基质较薄，应根据植物种类和季节不同，适当增加灌溉次数。

2. 施肥

（1）应采取控制水肥的方法或生长抑制技术，防止植物生长过旺而加大建筑荷载和维护

成本。

（2）植物生长较差时，可在植物生长期内按照 $30\sim50g/m^2$ 的比例，每年施 $1\sim2$ 次长效 N、P、K 复合肥。

3. 修剪

根据植物的生长特性，进行定期整形修剪和除草，并及时清理落叶。

4. 病虫害防治

应采用对环境无污染或污染较小的防治措施，如人工及物理防治、生物防治、环保型农药防治等措施。

5. 防风防寒

应根据植物抗风性和耐寒性的不同，采取搭风障、支防寒罩和包裹树干等措施进行防风防寒处理。使用的材料应具备耐火、坚固、美观的特点。

6. 灌溉设施

（1）宜选择滴灌、微喷、渗灌等灌溉系统。

（2）有条件的情况下，应建立屋顶雨水和空调冷凝水的收集回灌系统。

## 第四节 园林绿化工程监理验收

绿化工程监理验收工作一般流程，如图 5-13 所示。

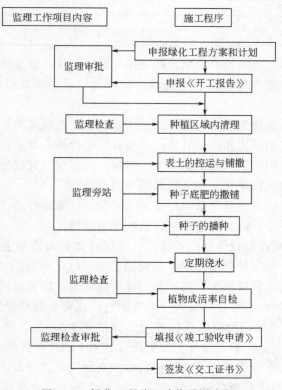

图 5-13 绿化工程监理验收通用流程

## 一、 管理要求

（1）承包人在监理工程师的指导下，应将挖方的表土作为绿化之用。承包商应提供任何短缺的表土，应为取得合乎质量的足够数量表土做各种必要的安排。

（2）在监理工程师的指导下，做成的种植区域应具有美观的外形、排列与坡度。所有的大泥块、石块和其他在耕作中掘出的碎石以及其他有碍种植、不适于回填的物质应立即从现场清除，承包人应以监理工程师满意的方式给予处理。

（3）所有的种植作业，包括回填在内，均要由有经验的工人进行，并遵守公认的一般惯例。所有植物大小均应接近于能种植，应比它们在苗圃生产地的埋深深 20～30m。

（4）植草区域应有苗壮茂盛的草坪，树木和灌木应显示出健康成长的生机。树木应适当地用桩支撑，在干旱地区应当留有大小够用的水坑，而无杂草。

（5）绿化植物应符合图纸要求，并选用适宜本地区生长的植物。

（6）种植植物的土壤应含有有机质，土中不应含有盐、碱及垃圾等对植物生长有害的物质；在缺少表土或厚度不足的表土层上种植植物时，承包人应撒铺经监理工程师批准的土壤，使土壤厚度达到植物生长所必需的最小土层厚度，见表 5-22。

表 5-22　植物生长的最小土层厚度

| 种别 | 植物生长的最小厚度/cm |
| --- | --- |
| 短草 | 15 |
| 小灌木 | 30 |
| 大灌木 | 45 |
| 浅根性乔木 | 60 |
| 深根性乔木 | 90 |

（7）种植草种应尽可能使用农家肥，如使用化肥时，应为标准商用等级化肥并按散装提供或在新、干净密封并适当标明的袋中提供，商用化肥最少有效营养物百分比对尿素应为20%的氮。

（8）所有的绿化植物应具有稳定边坡的能力，容易繁殖移植和管理，能抵御病虫害；适于当地栽种，具有良好的环境和参观效果；应是标准品种的一等品，有丰满干枝体系和苗壮的根系、植物应无缺损树节、太阳灼伤、擦破树皮、风冻伤害或其他损伤，植物外观应显示出正常健康的苗壮状态，能承受上部及根部适当的修剪。

（9）绿化植物的种植应选择最适当的季节及日期，一般落叶类（幼芽出现前）应在早春种植，常青类比之晚一个月或在当地适宜种植的季节播种。

（10）进场的苗木应符合设计图纸的规定。单株植物必须带原土栽植，土球直径一般为树木底径的 8～12 倍，用草袋包装牢固，树冠捆扎好，防止折断；裸根植物，应将根部浸入调制的泥浆中，待沾满泥浆后取出，必须衬以青苔或草类，用竹筐或草袋包装。

（11）种植时，树坑的直径至少应大于土团的直径或树木根部伸展宽度 40cm；树坑深度至少为 80cm 的圆筒形，或超过树木根深或土团深度至少 20cm，灌木树坑直径应大于土团直径或根部伸展宽度 30cm；灌木深度至少要超过灌木土团或根部的底部 15cm；树坑在种植前应先灌透底水，待底水全部渗透才能进行苗木的栽种，其埋置深度应比在苗圃中深 10cm。

（12）苗木放入坑内需苗根舒展，分次填土，先填表土，分层踩实，边填边踩，并注意提苗，避免寒振，填土要高于原地面。

（13）铺草皮时，需先做好地表的清理和上土工作，可采用平铺方法铺草皮；对于边坡较高较陡之处也可铺植，即由坡脚处向上钉铺，用小尖木桩或竹签钉固于边坡上；也可采用叠线或方格式铺植，铺后即可喷灌浇水。

（14）栽植后要立即浇水，第一次应彻底浇透。浇前应先筑土堰，堰埂要筑在土坑边外，土埂应结实；一般每隔3～5天浇第二次水，以后经常进行浇水管理，确保成活率。

（15）承包人在种植工作结束，监理工程师应进行验收，但承包人仍应对绿化的植物进行有效的管理，使植物保持良好的生长条件，达到植物全部存活。管理工作包括洒水、修剪、施肥、清除杂草、杂物、垃圾、防治病虫害以及保持种植地带的整洁和美观。

## 二、 质量检验的要点和方法

### 1. 场地清理要求

（1）种植地点和种植区域的轮廓线应由承包商标出和立桩，布局应在种植区域开工前得到监理工程师的认可。监理工程师可以调整地点，以适应场地条件。

（2）单株种植，在开挖或挖掘树坑时，应将表土挖出置于坑边，并与底土分开堆放。碱土、砾土、石头或在开挖中遇到其他有碍于植物生长的物体，应从土壤中分离出来（用筛子筛去）。

（3）树坑直径应大于400mm，大于保护根土包球的直径或根系展伸直径。树坑深至少800mm，当树在坑内处于适当高度时，土球或树的根系底部距离坑底应有不小于200mm的空间。树坑周围应修整，其底部应水平。

（4）灌木坑直径至少300mm，应大于根球直径或根系展伸直径。灌木坑要有一定深度，当灌木处于坑的适当位置时，灌木根球或灌木根系底部与坑底至少有150mm的空间。

### 2. 植草地表的准备工作内容

（1）承包人在播种草籽时，应对植草区域进行开垦。开垦的区域在150mm深度内，应消除大块土和硬土层。

（2）承包人要清理地表的任何碎屑，在合同适用期内，把工地上的碎屑垃圾收集起来。

（3）在地基表土上，受溅落的沥青、水泥和其他有害物质影响的范围都应挖除，污染土壤的处理依照监理工程师的指示进行。

（4）承包人应向缺少自然表土层、厚度小于100mm的区域供应铺撒表土，人为造成不少于100mm的表土生长层。

（5）地表面应当平顺，缓坡上不应有土堆与凹陷，并要稍作预滚压。应当控制人行通道与其他外形的最后剖面，以形成连续高程，除非图纸特殊说明，否则排水的坡度最小为1：60，最大为1：6。在做这项工作时，应避免过多地取走表土，并保证在表面准备工作结束后，有效的表土层深度至少为100mm。

（6）将准备好的良好的苗床施种植底肥，以适当的数量均匀撒在准备好的苗床上。肥料应深耕至苗床深度10mm，施肥时间不得超过播种前48h，或播种时即施肥。

## 三、 绿化工程材料的质量检查

### 1. 表土

（1）在能够使用且没有破坏作用的条件下，允许承包人以适当的方式从用地范围内取得合适的表土，开挖的地点、深度、边线和坡度应依照监理工程师的指导进行。

（2）表土的意思为土壤中含有供植物生长的有机物质，无不适合的物质（如直径超过25mm的石头、黏土块、杂草、树根、木棍、垃圾以及对植物生长有害的物质）。任何表土在送到现场之前，承包人至少应提交1m³的标本，请监理工程师书面批准。

（3）承包人可按监理工程师指示的位置及大小建立土料堆。土料堆应防风、防雨水冲蚀，有足够的排水区，防止往来车辆。在存放期间，不允许料堆上有植物生长。

**2. 草籽**

草籽应是包装的混合草种，由监理工程师指示或同意的成分组成。

**3. 肥料**

最好使用优质的农家肥。如用化学肥料，应用标准商业等级的化学肥料。最小有效成分含量为：硫酸铵肥料含氮20%，尿素含氮45%。使用的肥料应得到监理工程师的批准。

**4. 树和灌木**

（1）送到现场的树木，依据树种，树高应为1.5～3.0m，树干直径不小于30mm。灌木种植在坡角或沟沿，高应为1.0～1.5m；种在路中保留地的灌木，高度应为0.6～0.7m。

（2）所有的树木均应为标准品种，并应有正常的发育良好的树枝或树干系统，并有苗壮的根系。为满足特定的尺寸而过分修剪的大树应拒绝采用。树木应无变态的树枝，避免有太阳的灼伤及磨损树皮，免遭冰冻或其他外形损伤。树木应具有通直的树干和良好的分权，不能有直径超过20mm没有愈合的伤痕。

**5. 水**

用于植物生长和养护的水，应无油、酸、碱、盐或任何有害于苗木生长的物质，除非监理工程师的认可，否则不得使用溪流、湖泊、池塘或类似水源中的水。

**6. 表土的堆放**

表土应按图纸要求的位置和深度供给和铺放。承包人应轻微地拍实表土，使最后的表面平整并达到要求的高度，无土块，随时可以耕作、种植或播种，按要求保证植物根的覆盖层。除非另有规定，否则表土应覆盖到邻近的没有干扰的地面，与路缘石、预制排水和铺装的路面齐平，防止机械对所翻松或所铺表土的区域过度压实。

## 四、 植草区的播种要求

（1）草籽播种的合适时间一般是春季，此时种子出苗已不受霜冻的影响；或在秋季初，预期的霜冻影响到来之前，草已长成。

（2）播种草籽应在无风的天气，用一台横向的双行等播的高效机器进行，土壤应轻轻耙过，以盖住草籽。

（3）种完草籽后，应立即滚压，滚压后立即浇水，然后保持潮湿，直到萌芽、生长。承包人应保护好新播种区，使它不受践踏和车辆驶入的影响，直到草很好地长成。在播种之日起1个月内，草籽没有萌芽的区域，承包人应进行重耕和重新播种。

## 五、 绿化施工控制

**1. 植树控制要点**

（1）除图纸说明或监理工程师有所指示外，落叶植物应在早春种植，大约1个月以后种植常青树。在运输之前，所有的植物应立即掘出，包扎打捆，为运输做好准备，并应按照园艺技术精心护理。

（2）任何时候，所有植物的根系不得干燥，也不得暴露在任何人工热源或冰冻温度里。在运输过程中，所有植物必须包装良好，以保证不受太阳、风吹与气候和季节的侵害。所有的裸根植物的根系，必须包装在有稀泥和其他适用材料的稻草袋内。所有常青树和灌木都应有泥土球和草袋包装，泥土球必须坚固，草袋在运输到现场及种植时必须保持完好。每一树冠应仔细捆好，以防树枝折断。

（3）运到现场的植物，都应带清楚的标签，为了与规定的植物一致，便于识别，标签应写出植物的园艺名称、大小年龄或其他详细资料。

（4）不允许用替代植物品种，除非向监理工程师提出有力的证明，证明所规定的植物在合同期内，正常种植季节中是不可行的。如果使用替代植物，必须事先得到监理工程师的批准，监理工程师认为有必要，应签发一个变动指令。

（5）对裸根植物，坑底部应有大约 150mm 深度的松表土，撒入大约 2.5kg 有机肥料，并用 50～100mm 的回填土层盖住肥料，以防止根部直接接触肥料。开挖表土应当先放，然后放底层土。裸根植物置于树坑中央，根部按天然情况适当散开。折断或损坏的根，应当剪掉，以保证根部生长良好。然后小心地围绕根部进行表土的回填，适当、充分地压实。对单株植物应有一个深 150mm 的蓄水浅坑。回填的树坑要彻底灌水，加水到表面成泥浆。

2. 技术修剪控制

（1）成片树林修剪

① 对于杨树、油松等主轴明显的树种，要尽量保护中央领导枝。当出现竞争枝（双头现象），只选留一个；如果领导枝枯死折断，树高尚不足 10m 者，应于中央干上部选一强的侧生嫩枝扶直，培养成新的中央领导枝。

② 适时修剪主干下部侧生枝，逐步提高分枝点。分枝点的高度应根据不同树种、树龄而定。同一分枝点的高度应大体一致，而林缘分枝点应低留，使其呈现丰满的林冠线。

③ 对于一些主干很短，但树已长大，不能再培养成独干的树木，也可以把分生的主枝当作主干培养。逐年提高分枝，呈多干式。

（2）行道树修剪　行道树以道路遮阴为主要功能，同时有卫生防护（防尘、减轻机动车废气污染等）、美化街道等作用。行道树所处的环境比较复杂，首先多与车辆交通有关系；有的受街道走向、宽窄、建筑高低所影响；在市区，尤其是老城区，与架空线多有矛盾，在所选树种合适的前提下，必须通过修剪来解决这些矛盾，达到冠大荫浓等功能效果。

为方便车辆交通，行道树的分枝点一般应在 2.5～3.5m 之上。其中上有电线者，为保持适当距离，其分枝点最低不得低于 2m，主枝应呈斜上生长，下垂枝一定要保持在 2.5m 以上，以防枝刮车辆。郊区公路行道树，分枝点应高些，视树木长势而定，其中高大乔木的分枝点甚至可提到 4～6m 之间。同一条街的行道树，分枝点最好整齐一致，相邻近树木间的差别不要太大。

为解决与架空线的矛盾，除选合适的树种外，多采用杯状形整枝来避开架空线。每年除进行休眠期修剪外，在生长季节与供电、电信部门配合下，随时剪去触碰线路的枝条。树枝与电话线应保持 1m 左右，与高压线保持在 1.5m 左右的距离。

为解决因狭窄街道、高层建筑及地下管线等影响，所造成的街道树倾斜、偏冠，遇大风雨易倒伏带来的危险，应尽早通过适当重剪倾斜方向枝条，对另一方向枝只要不与电线、建筑有矛盾，则行轻剪，以调节生长势，能使倾斜度得到一定的纠正。

总之，行道树通过修剪，应达到：叶茂形美遮阴大，侧不妨碍扫瓦，下不妨碍车人行，上不妨碍架空线。

（3）新植灌木的修剪　灌木一般都裸根移植，为保证成活，一般应做强修剪。一些带土球移植的珍贵灌木树种（如紫玉兰等）可适度轻剪。移植后的当年，如果开花太多，则会消耗养分，影响成活和生长，故应于开花前尽量剪除花芽。

① 有主干的灌木或小乔木，如碧桃、榆叶梅等，修剪时应保留一定高度较短主干，选留方向合适的主枝3～5个，其余的应疏去，保留的主枝短截1/2左右；较大的主枝上如有侧枝，也应疏去2/3左右的弱枝，留下的也应短截。修剪时注意树冠枝条分布均匀，以便形成圆满的冠形。

② 无主干的灌木（又称"丛木"），如玫瑰、黄刺玫、太平花、连翘、金钟花、棣棠等，常自地下发出多数粗细相近的枝条，应选留4～5个分布均匀、生长正常的丛生枝，其余的全部疏去，保留的枝条一般短截1/2左右，并剪成内膛高、外缘低的圆头形。

（4）灌木的养护修剪

① 应使丛生大枝均衡生长，使植株保持内高外低、自然丰满的圆球形。对灌丛中央枝上的小枝应疏剪；外边丛生枝及其小枝则应短截，促使多年斜生枝。

② 定植年代较长的灌木，如果灌丛中老枝过多，应有计划地分批疏除老枝，培养新枝，使之生长繁茂，永葆青春。但对一些有特殊需要，需培养成高大株形的大型灌木，或茎干生花的灌木（多原产热带，如紫荆等），均不在此列。

③ 经常短截突出灌丛外的徒长枝，使灌丛保持整齐均衡。但对一些具拱形枝的树种（如连翘等），所萌生的长枝则例外。

④ 植株上不作留种用的残花、废果，应尽量及早剪去，以免消耗养分。

（5）绿篱修剪　主要应防止下部光秃，外表有缺陷，后期生长过于茂盛。

① 绿篱的高度类型：依目前习惯拟分为矮篱（20～25cm）、中篱（50～120cm）、高篱（120～160cm）、绿墙（160cm以上）。

② 绿篱修剪常用的形状：一般多用整齐的形式，最常见的有圆顶形、梯形及矩形。另外还有栏杆式、玻璃垛口式等。

（6）藤本修剪的质量控制要求　因多数藤本离心生长很快，基部易光秃，小苗出圃定植时，宜只留数芽重剪。吸附类（具吸盘，吸附气根者）引蔓附壁后，生长季可多短截下部枝，促发副梢填补基部空缺处。用于棚架，冬季不必下架防寒者，以疏为主，剪除根、密枝；在当地易抬梢（尚未木质化或生理干旱）者，除应种在背风向阳处外，每年萌芽时就剪除枯梢。钩刺类习性类似灌木，可按灌木去除老枝的剪法，蔓枝一般可不剪，视情况回缩更新。

3. 树木的养护

树木养护的标准各地各有规定，下例仅供参考。

（1）一级

① 生长势好。生长超过该树种规格的平均年生长量（平均年生长量待调查确定）。

② 叶片健壮。叶片正常，落叶树，叶大而肥厚；针叶树，针叶生长健壮，在正常的条件下不黄叶、不焦叶、不卷叶、不落叶；叶上无虫粪、虫网、灰尘。被虫咬食叶片最严重的

每株在 5% 以下（包括 5%，下同）。

③ 枝干健壮。无明显枯枝、死杈；枝条粗壮，越冬前新梢已木质化。无蛀干害虫的活卵、活虫。

蚧壳虫最严重处，主干、主枝上平均每 100cm 有 1 头（活虫）以下（包括 1 头，下同）。较细的枝条平均每 33cm 内在 5 头活虫以下（包括 5 头，下同），株数都在 2% 以下（包括 2%，下同）。

无明显的人为损坏，绿地、草坪内无堆物堆料、搭棚或侵占等；行道树下，距树干 1m 内无堆物堆料、搭棚、围栏等影响树木养护管理和生长的东西；1m 以外如有，则应有保护措施。

树冠完整美观，分枝点合适，主、侧枝分布匀称并且数量适宜、内膛不乱、通风透光。绿篱等应枝条茂密，完满无缺。

④ 缺株在 2%（包括 2%，下同）以下。

（2）二级

① 生长势正常。生长达到该树种该规格的平均生长量。

② 叶片正常。叶色、大小、厚薄正常。较严重黄叶、焦叶、卷叶、带虫粪、虫网、蒙灰尘叶的株数在 2% 以下。被虫咬食的叶片最严重的每株在 10% 以下。

③ 枝、干正常。无明显枯枝、死杈。有蛀干害虫的株数在 2% 以下。

介壳虫最严重处，主干平均每 100cm 就有 2 头活虫以下，较细枝条平均每 33cm 长内在 10 头活虫以下，株数都在 4% 以下。

无较严重的人为损坏，对轻微或偶尔发生难以控制的人为损坏，能及时发现和处理。绿地、草坪内无堆物堆料、搭棚、侵占等，行道树下距树 1m 以内，无影响树木养护管理的堆物堆料、搭棚、围栏等。

树干基本完整，主侧枝分布匀称，树冠通风透光。

④ 缺株在 4% 以下。

（3）三级

① 生长势基本正常。

② 叶片基本正常。叶色基本正常。严重黄叶、焦叶、卷叶、带虫粪、虫网、灰尘叶的株数在 10% 以下。被虫咬食的叶片，最严重的每株在 20% 以下。

③ 枝、干基本正常。无明显枯枝、死杈。有蛀干害虫的株数在 10% 以下。

介壳虫最严重处，主枝主干上平均每 100cm 有 3 个活虫以下；较细的枝条平均每 33cm 内在 15 头活虫以下，株数都在 6% 以下。

对人为损坏能及时进行处理，绿地内无堆料、搭棚侵占等。行道树下无堆放石灰等对树木有烧伤、毒害的物质，无搭棚、围墙、圈占树等。90% 以上的树木树冠基本完善、有绿化效果。

④ 缺株在 6% 以下。

（4）四级

① 有一定的绿化效果。

② 被严重吃光的树叶（被虫咬食的叶片面积、数量都超过一半）的株数，在 2% 以下。

③ 被严重吃光树叶的株数，在 10% 以下。

④ 严重焦叶、卷叶、落叶的株数，在 2% 以下。

⑤ 严重焦梢株数，在10％以下。

⑥ 有蛀干害虫的株数，在30％以下。

⑦ 介壳虫最严重处，主枝主干上平均每100cm有5头害虫以下，较细枝条平均每33cm内20头活虫以下，株数都在10％以下。

⑧ 缺株在10％以下。

树木养护质量标准分为4级，是根据当前生产管理水平的权宜之计。当然，城市绿化树木的养护管理水平都应达到一级标准，这个目标应是城市绿化养护管理的奋斗目标。

## 六、 绿化工程验收项目

1. 种植材料验收项目

种植材料、种植土和肥料等，均应在种植前由施工人员按其规格、质量分批进行验收。

2. 工程中间验收的操作工序

(1) 种植植物的定点、放线应在挖穴、槽前进行。

(2) 种植的穴、槽应在未换种植土和施基肥前进行。

(3) 更换种植土和施肥，应在挖穴、槽后进行。

(4) 草坪和花卉的整地，应在播种或花苗（含球根）种植前进行。

(5) 工程中间验收，应分别填写验收记录并签字。

3. 绿化工程竣工验收文件

工程竣工验收前，施工单位应于一周前向绿化质检部门提供下列有关文件。

(1) 土壤及水质化验报告。

(2) 工程中间验收记录。

(3) 设计变更文件。

(4) 竣工图和工程决算。

(5) 外地购进苗木检验报告。

(6) 附属设施用材合格证或试验报告。

(7) 施工总结报告。

4. 绿化工程竣工验收时间

(1) 新种植的乔木、灌木、攀缘植物，应在一个年生长周期满后方可验收。

(2) 地被植物应在当年成活后，郁闭度达到80％以上进行验收。

(3) 花坛种植的1～2年生花卉及观叶植物，应在种植15天后进行验收。

(4) 春季种植的宿根花卉、球根花卉，应在当年发芽出土后进行验收。秋季种植的应在第二年春季发芽出土后验收。

5. 绿化工程质量验收规定

(1) 乔、灌木的成活率应达到95％以上。珍贵树种和孤植树应保证成活。

(2) 强酸性土、强碱性土及干旱地区，各类树木成活率不应低于85％。

(3) 花卉种植地应无杂草、无枯黄，各种花卉生长茂盛，种植成活率应达到95％。

(4) 草坪无杂草、无枯黄，种植覆盖率应达到95％。

(5) 绿地整洁，表面平整。

(6) 种植的植物材料的整形修剪应符合设计要求。

6. 绿化工程的质量验收标准

绿化工程的质量验收标准见表5-23。

表 5-23　绿化工程质量验收标准

| 项目名称 | 质量标准 | 检验和认可 |
|---|---|---|
| 乔木 | 树干通直,生长健壮,树冠开展,树枝发育正常,根系茁壮、无虫害 | 承包人自检合格后,报监理工程师抽检,并填写各类验收单 |
| | 树干胸径不得小于2cm,树高不低于1.5m | |
| | 不得有直径为2cm以上的未愈合的伤痕和截枝 | |
| 灌木 | 树干直径2cm以上,植于坡脚或边坡之外的高度为1.5～1.0m | |
| | 所有灌木应是常绿、根蔓、枝大、枝干丛生的阔叶灌木,并有该地区生长特性 | |
| 草皮、草籽、花草 | 草本植物应具有耐旱力强、容易生长、蔓面大、根部发达、蔓低矮、多年生的特性,花草应有观赏价值 | |

## 第六章

# 园林给排水工程监理

## 第一节　城市给水工程施工现场监理

### 一、给水工程材料监理细则

1. 给水铸铁管

(1) 铸铁管、管件应符合设计要求和国家现行的有关标准，并有出厂合格证。

(2) 管身内外应整洁，不得有裂缝、砂眼、碰伤。检查时可用小锤轻轻敲打管口、管身，声音嘶哑处即有裂缝，有裂缝的管材不得使用。

(3) 承口内部、插口端部附有毛刺、砂粒和沥青应清除干净。

(4) 铸铁管内外表面的漆层应完整光洁，附着牢固。

2. 钢管

(1) 表面应无裂缝、变形、壁厚不均等缺陷。

(2) 检查直管管口断面有无变形，是否与管身垂直。

(3) 管身内外是否锈蚀，凡锈蚀管子在安装前应进行除锈，并刷防锈漆。

(4) 镀锌管的锌层是否完整均匀。

3. 塑料管

(1) 塑料管、复合管应有制造厂名称、生产日期、工作压力等标记，并具有出厂合格证。

(2) 塑料管、复合管的管材、配件、胶黏剂，应是同一厂家的配套产品。

(3) 管壁应光滑、平整，不允许有气泡、裂口、凹陷、颜色不均等缺陷。

4. 阀门

(1) 核对阀门的型号、规格、材质是否与设计要求一致。

(2) 检查阀体有无裂缝或其他损坏，阀杆转动是否灵活，闸板是否牢固。

(3) $DN100$ 及以上的阀门应 $100\%$ 进行强度和严密性试验。若有不合格，应进行解体、研磨，检查密封填料并压紧，再进行试压。若仍不合格，则不能使用。

## 二、给水管道安装现场监理

1. 安装准备

（1）散管和下管

① 散管。将检查并疏通好的管子沿沟散开摆好，其承口应对着水流方向，插口应顺着水流方向。

② 下管。是指把管子从地面放入沟槽内。当管径较小、重量较轻时，一般采用人工下管。当管径较大、重量较重时，一般采用机械下管；但在不具备下管机械的现场，或现场条件不允许时，可采用人工下管。下管时应谨慎操作，保证人身安全。操作前，必须对沟壁情况、下管工具、绳索、安全措施等认真地检查。

机械下管时，为避免损伤管子，一般应将绳索绕管起吊，如需用卡、钩吊装时，应采取相应的保护措施。

（2）管道对口和调直稳固

① 下至沟底的铸铁管在对口时，可将管子插口稍稍抬起，然后用撬棍在另一端用力将管子插口推入承口，再用撬棍将管子校正，使承插间隙均匀，并保持直线，管子两侧用土固定。遇有需要安装阀门处，应先将阀门与其配合的甲乙短管安装好，而不能先将甲乙短管与管子连接后再与阀门连接。

② 管子铺设并调直后，除接口外应及时覆土，覆土的目的是稳固管子，防止位移，另一方面也可以防止在捻口时将已捻管口振松。稳管时，每根管子必须仔细对准中心线，接口的转角应符合规范要求。

2. 铸铁管安装

（1）铸铁管断管

① 一般采用大锤和剁子进行断管。

② 断管量大时，可用手动油压钳铡管器铡断。该机油压系统的最高工作压力为 60MPa，使用不同规格的刀框，即可用于直径 100～300mm 的铸铁管切断。

③ 对于直径＞560mm 的铸铁管，手工切断相当费力，根据有关资料介绍，用黄色炸药（TNT）爆炸断管比较理想，而且还可以用于切断钢筋混凝土管，断口较整齐，无纵向裂纹。

（2）给水铸铁管青铅接口　给水铸铁管青铅接口时，必须由有经验的工人指导进行施工。

① 准备好化铅工具（铅锅、铅勺等），铅应用 6 号铅。

② 熔铅（化铅）。熔铅时要掌握火候，一般可根据铅溶液的液面颜色判断其热熔温度，如呈白色则温度低了，呈紫红色则说明温度合适。同时用一根铁棒（严禁潮湿或带水）插入到铅锅内迅速提起来，观察铁棒是否有铅液附着在棒的表面上，如没有熔铅附着，则说明温度适宜即可使用。在向已熔融的铅液中加入铅块时，严禁铅块带水或潮湿，避免发生爆炸事故；熬铅时严禁水滴入铅锅内。

③ 灌注铅口时，将管口内的水分及污物擦干净，必要时用喷灯烘干；挖好工作坑。

④ 将灌铅卡箍贴承口套好，开口位于上方，以便灌铅。卡箍应贴紧承口及管壁，可用黏泥将卡箍与管壁接缝部位抹严，防止漏铅，卡子口处围住黏泥。

⑤ 灌铅。取铅溶液时，应用漏勺将铅锅中的浮游物质除去，将铅液掐到小铅桶内，每次取一个接口的用量；灌铅者应站在管顶上部，使铅桶的口朝外，铅桶距管顶约 20cm，使铅液慢慢地流入接口内，目的是为了便于排除空气；如管径较大时铅流也可大些，以防止溶液中途凝固。每个铅口应不断地一次灌满，但中途发生爆炸应立即停止灌铅。

⑥ 铅凝固后，即可取下卡箍，用剁子或扁铲将铅口毛刺铲去，然后用铅錾子贴插口捻打，直至铅口打实为止，最后用錾子将多余的铅打掉并錾平。

铅接口本身的刚性及抗震性能较好，施工完毕又不需要进行养护就可以通水，因此在穿越铁路及振动性较大的部位使用或用于抢修管道均有优越性，但青铅接口造价高，用量大，不适合全部采用青铅接口。

（3）安装质量监理要点

① 安装前，应对管材的外观进行检查，查看有无裂纹、毛刺等，不合格的不能使用。

② 插口装入承口前，应将承口内部和插口外部清理干净，用气焊烤掉承口内及承口外的沥青。如采用橡胶圈接口时，应先将橡胶圈套在管子的插口上，插口插入承口后调整好管子的中心位置。

③ 铸铁管全部放稳后，暂将接口间隙内填塞干净的麻绳等，防止泥土及杂物进入。

④ 接口前挖好操作坑。

⑤ 如口内填麻丝时，将堵塞物拿掉，填麻的深度为承口总深的 1/3，填麻应密实均匀，应保证接口环形间隙均匀。

⑥ 打麻时，应先打油麻后打干麻。应把每圈麻拧成麻辫，麻辫直径等于承插口环形间隙的 1.5 倍，长度为周长的 1.3 倍左右为宜。打锤要用力，凿凿相压，一直到铁锤打击时发出金属声为止。

采用胶圈接口时，填打胶圈应逐渐滚入承口内，防止出现"闷鼻"现象。

⑦ 将配置好的石棉水泥填入口内（不能将拌好的石棉水泥用料超过半小时再打口），应分几次填入，每填一次应用力打实，应凿凿相压；第一遍贴里口打，第二遍贴外口打，第三遍朝中间打，打至呈油黑色为止，最后轻打找平。如果采用膨胀水泥接口时，也应分层填入并捣实，最后捣实至表层面返浆，且比承口边缘凹进 1～2mm 为宜。

⑧ 接口完毕，应速用湿泥或用湿草袋将接口处周围覆盖好，并用虚土埋好进行养护。天气炎热时，还应铺上湿麻袋等物进行保护，防止热胀冷缩损坏管口。在太阳暴晒时，应随时洒水养护。

3. 镀锌钢管安装

（1）镀锌钢管安装要全部采用镀锌配件变径和变向，不能用加热的方法制成管件，加热会使镀锌层破坏而影响防腐能力。也不能以黑铁管零件代替。

（2）铸铁管承口与镀锌钢管连接时，镀锌钢管插入的一端要翻边防止水压试验或运行时脱出，另一端要将螺纹套好。简单的翻边方法可将管端等分锯几个口，用钳子逐个将它翻成相同的角度即可。

（3）管道接口法兰应安装在检查井和地区内，不得埋在土壤中；如必须将法兰埋在土壤中，应采取防腐蚀措施。

给水检查井内的管道安装，如设计无要求，井壁距法兰或承口的距离为：

管径 $DN \leqslant 450mm$，应不小于 250mm；

管径 $DN$>450mm，应不小于 350mm。

### 4. 钢筋混凝土管安装

（1）预应力钢筋混凝土管安装　当地基处理好后，为了使胶圈达到预定的工作位置，必须要有产生推力和拉力的安装工具，一般采用拉杆千斤顶，即预先于横跨在已安装好的 1～2 节管子的管沟两侧安装一截横木，作为锚点，横木上拴一钢丝绳扣，钢丝绳扣套入一根钢筋拉杆，每根拉杆长度等于一节管长，安装一根管，加接一根拉杆，拉杆与拉杆间用 S 形扣连接。这样一个固定点，可以安装数十根管后再移动到新的横木固定点。然后用一根钢丝绳兜扣住千斤顶头连接到钢筋拉杆上。为了使两边钢丝绳在顶装过程中拉力保持平衡，中间应连接一个滑轮。

（2）拉杆千斤顶法监理要点

① 套橡胶圈。在清理干净管端承插口后，即可将胶圈从管端两侧同时由管下部向上套，套好后的胶圈应平直，不允许有扭曲现象。

② 初步对口。利用斜挂在跨沟架子横杆上的倒链把承口吊起，并使管段慢慢移到承口，然后用撬棍进行调整，若管位很低时，用倒链把管提起，下面填砂捣实；若管高时，沿管轴线左右晃动管子，使管下沉。为了使插口和胶圈能够均匀顺利地进入承口，达到预定位置，初步对口后，承插口间的承插间隙和距离务必均匀一致。否则，橡胶圈受压不均，进入速度不一，将造成橡胶圈扭曲而大幅度地回弹。

③ 顶装。初步对口正确后，即可装上千斤顶进行顶装。顶装过程中，要随时沿管四周观察橡胶圈和插口进入情况。当管下部进入较少时，可用倒链把承口端稍稍抬起；当管左部进入较少或较慢时，可用撬棍在承口右侧将管向左侧拨动。进行矫正时则应停止顶进。

④ 找正找平。把管子顶到设计位置时，经找正找平后方可松放千斤顶。相邻两管的高度偏差不超过±2cm。中心线左右偏差一般在 3cm 以内。

（3）利用钢筋混凝土套管连接

① 填充砂浆配合比。水泥：砂＝1：1～1：2，加水 14％～17％。

② 接口步骤。先把管的一端插入套管，插入深度为套管长的一半，使管和套管之间的间隙均匀，再用砂浆充填密实，这就是上套管，做成承口。上套管做好后，放置两天左右再运到现场，把另一管插入这个承口内，再用砂浆填实，凝固后连接即告完毕。

（4）直线铺管质量要求　预应力钢筋混凝土管沿直线铺设时，其对口间隙应符合表 6-1 中的规定。

表 6-1　预应力钢筋混凝土管对口间隙　　　　　　　　　　　单位：mm

| 接口形式 | 管径 | 沿直线铺设间隙 |
|---|---|---|
| 柔性接口 | 300～900 | 15～20 |
|  | 1000～1400 | 20～25 |
| 刚性接口 | 300～900 | 6～8 |
|  | 1000～1400 | 8～10 |

### 5. 给水管道的冲洗消毒

新铺给水管道竣工后，或旧管道检修后，均应进行冲洗消毒。冲洗消毒前，应把管道中已安装好的水表拆下，以短管代替，使管道接通，并把需冲洗消毒管道与其他正常供水干线或支线断开。消毒前，先用高速水流冲洗水管，在管道末端选择几点将冲洗水排出。当冲洗到所排出的水内不含杂质时，即可进行消毒处理。

进行消毒处理时，先把消毒段所需的漂白粉放入水桶内，加水搅拌使之溶解，然后随同管内充水一起加入到管段，浸泡 24h。最后放水冲洗，并连续测定管内水的浓度和细菌含量，直至合格为止。

新安装的给水管道消毒时，每 100m 管道用水及漂白粉用量可按表 6-2 选用。

表 6-2　每 100m 管道消毒用水量及漂白粉量

| 管径 DN /mm | 15～50 | 75 | 100 | 150 | 200 | 250 | 300 | 350 | 400 | 450 | 500 | 600 |
|---|---|---|---|---|---|---|---|---|---|---|---|---|
| 用水量 /m³ | 0.8～5 | 6 | 8 | 14 | 22 | 32 | 42 | 56 | 75 | 93 | 116 | 168 |
| 漂白粉用量/kg | 0.09 | 0.11 | 0.14 | 0.14 | 0.38 | 0.55 | 0.93 | 0.97 | 1.3 | 1.61 | 2.02 | 2.9 |

6. 监理验收标准

（1）给水管道安装质量标准见表 6-3 及表 6-4。

表 6-3　给水管道安装质量标准

| 项目 | 项目内容 | 质量标准 | 检验方法 |
|---|---|---|---|
| 主控项目 | 埋地管道覆土深度 | 给水管道在埋地敷设时，应在当地的冰冻线以下，如必须在冰冻线以上铺设时，应做可靠的保温防潮措施。在无冰冻地区，埋地敷设时，管顶的覆土埋深不得小于 500mm，穿越道路部位的埋深不得小于 700mm | 现场观察检查 |
| | 给水管道不得直接穿越污染源 | 给水管道不得直接穿越污水井、化粪池、公共厕所等污染源 | 观察检查 |
| | 管道上可拆和易腐件，不埋在上中 | 管道接口法兰、卡扣、卡箍等应安装在检查井或地沟内，不应埋在土壤中 | 观察检查 |
| | 管井内安装与井壁的距离 | 给水系统各种井室内的管道安装，如设计无要求，井壁距法兰或承口的距离；管径小于等于 450mm 时，不得小于 250mm；管径大于 450mm 时，不得小于 350mm | 尺量检查 |
| | 管道的水压试验 | 管网必须进行水压试验，试验压力为工作压力的 1.5 倍，但不得小于 0.6MPa | 管材为钢管、铸铁管时，试验压力下 10min 内压力降不应大于 0.05MPa，然后降至工作压力进行检查，压力应保持不变，不渗不漏；管材为塑料管时，试验压力下，稳压 1h 压力降不大于 0.05MPa，然后降至工作压力进行检查，压力应保持不变，不渗不漏 |
| | 埋地管道的防腐 | 镀锌钢管、钢管的埋地防腐必须符合设计要求，如设计无规定时，可按表 7-4 的规定执行。卷材与管材间应粘贴牢固，无空鼓、滑移、接口不严等 | 观察和切开防腐层检查 |
| | 管道冲洗和消毒 | 给水管道在竣工后，必须对管道进行冲洗，饮用水管道还要在冲洗后进行消毒，满足饮用水卫生要求 | 观察冲洗水的浊度，查看有关部门提供的检验报告 |

续表

| 项目 | 项目内容 | 质量标准 | 检验方法 |
|---|---|---|---|
| 一般项目 | 管道的坐标、标高、坡度 | 管道的坐标、标高、坡度应符合设计要求。管道安装的允许偏差应符合表 7-5 的要求 | 见表 7-5 |
| | 管道和支架的涂漆 | 管道和金属支架的涂漆应附着良好，无脱皮、起泡、流淌和漏涂等缺陷。现场观察检查阀门、水表安装位置管道连接应符合工艺要求，阀门、水表等安装位置应正确。塑料给水管道上的水表、阀门等设施其重量或启闭装置的扭矩不得作用于管道上，当管径≥50mm 时必须设独立的支承装置 | 现场观察检查 |
| | 给水与污水管平行铺设的最小间距 | 给水管道与污水管道在不同标高平行敷设，其垂直间距在 500mm 以内时，给水管管径小于等于 200mm 的，管壁水平间距不得小于 1.5m；管径大于 200mm 的，不得小于 3m | 观察和尺量检查 |
| | 管道连接接口 | 捻口用的油麻填料必须清洁，填塞后应捻实，其深度应占整个环型间隙深度的 1/3 | 观察和尺量检查 |
| | | 捻口用水泥强度应不低于 32.5MPa，接口水泥应密实饱满，其接口水泥面凹入承口边缘的深度不得大于 2mm | 观察和尺量检查 |
| | | 采用水泥捻口的给水铸铁管，在安装地点有侵蚀性的地下水时，应在接口处涂抹沥青防腐层 | 观察检查 |
| | | 采用橡胶圈接口的埋地给水管道，在土壤或地下水对橡胶圈有腐蚀的地段，在回填土前应用沥青胶泥、沥青麻丝或沥青锯末等材料封闭橡胶圈接口 | 观察和尺量检查 |

**表 6-4　给水管道安装的允许偏差和检验方法**

| 项目 | | | 允许偏差/mm | 检验方法 |
|---|---|---|---|---|
| 坐标 | 铸铁管 | 埋地 | 100 | 拉线和尺量检查 |
| | | 敷设在沟槽内 | 50 | |
| | 钢管、塑料管、复合管 | 埋地 | 100 | |
| | | 敷设在沟槽内或架空 | 40 | |
| 标高 | 铸铁管 | 埋地 | ±50 | 拉线和尺量检查 |
| | | 敷设在地沟内 | ±30 | |
| | 钢管、塑料管、复合管 | 埋地 | ±50 | |
| | | 敷设在地沟内或架空 | ±30 | |
| 水平管纵横向弯曲 | 铸铁管 | 直段(25m 以上)起点—终点 | 40 | 拉线和尺量检查 |
| | 钢管、塑料管、复合管 | 直段(25m 以上)起点—终点 | 30 | |

（2）铸铁管承插捻口连接的对口间隙应不小于3mm，最大间隙不得大于表6-5的规定。

表6-5    铸铁管承插捻口的对口最大间隙                     单位：mm

| 管径 | 沿直线敷设 | 沿曲线敷设 |
|------|-----------|-----------|
| 75 | 4 | 5 |
| 100～250 | 5 | 7～13 |
| 300～500 | 6 | 14～22 |

注：铸铁管承插捻口连接的对口间隙应不小于3mm，最大间隙不得大于本表的规定。

（3）铸铁管沿直线敷设，承插捻口连接的环型间隙应符合表6-6的规定。沿曲线敷设时，每个接口允许有2°的转角。

表6-6    铸铁管承插捻口的环型间隙                     单位：mm

| 管径 | 标准环型间隙 | 允许偏差 |
|------|------------|---------|
| 75～200 | 10 | +3<br>−2 |
| 250～450 | 11 | +4<br>−2 |
| 500 | 12 | +4<br>−2 |

注：铸铁管沿直线敷设，承插捻口连接的环型间隙应符合本表的规定；沿曲线敷设，每个接口允许有2°转角。

（4）橡胶圈接口的管道，每个接口的最大偏转角不得超过表6-7的规定。

表6-7    橡胶圈接口最大允许偏转角

| 公称直径/mm | 100 | 125 | 150 | 200 | 250 | 300 | 350 | 400 |
|------------|-----|-----|-----|-----|-----|-----|-----|-----|
| 允许偏转角度/(°) | 5 | 5 | 5 | 5 | 4 | 4 | 4 | 3 |

## 三、 管沟及井室施工现场监理

**1. 管道线路测量、 定位**

（1）测量之前先找好固定水准点，其精确度不应低于Ⅲ级，在居住区外的压力管道则不低于Ⅳ级。

（2）在测量过程中，沿管道线路应设临时水准点，并与固定水准点相连。

（3）测定出管道线路的中心线和转弯处的角度，使其与当地固定的建筑物（房屋、树木、构筑物等）相连。

（4）若管道线路与地下原有构筑物有交叉，则必须在地面上用特别标志表明其位置。

（5）定线测量过程应做好准确记录，并记明全部水准点和连接线。

（6）给水管道与污水管道在不同标高平行铺设，其垂直距离在500mm以内，给水管道管径小于等于200mm，管壁间距不得小于1.5mm，管径大于200mm，不得小于3m。

**2. 监理要点**

（1）管沟坐标、标高应按照设计图纸施工，误差应在允许偏差值内。

（2）管沟的沟底层应是原土层，或是夯实的回填土，不得有坚硬的物体、块石等。严禁敷设在冻土和未经处理的松土上，以防管道局部下沉。

（3）管沟回填土应分层夯实，虚铺厚度在机械夯实时不得大于300mm；人工夯实时不得大于200mm。管道接口坑的回填土必须均匀夯实。

（4）井室的砌筑应按设计或给定的标准图施工。井室的底标高在地下水位以上时，基层应为素土夯实，在地下水位以下时，基层应打100mm的混凝土底板。

3. 监理验收标准

管沟及井室施工质量标准见表6-8。

**表6-8 管沟及井室施工质量标准**

| 项目 | 项目内容 | 质量标准 | 检验方法 |
|---|---|---|---|
| 主控项目 | 管沟的基层处理和井室的地基 | 管沟的基层处理和井室的地基必须符合设计要求 | 现场观察检查 |
| | 各类井盖的标识应清楚,使用正确 | 各类井室的井盖应符合设计要求,应有明显的文字标识,各种井盖不得混用 | 现场观察检查 |
| | 通车路面上的各类井盖安装 | 设在通车路面下或小区道路下的各种井室,必须使用重型井圈和井盖,井盖上表面应与路面相平,允许偏差为±5mm。绿化带上和不通车的地方可采用轻型井圈和井盖,井盖的上表面应高出地坪50mm,并在井口周围以2%的坡度向外做水泥砂浆护坡 | 观察和尺量检查 |
| | 重型井圈与墙体结合部处理 | 重型铸铁或混凝土井圈,不得直接放在井室的砖墙上,砖墙上应做不少于80mm厚的细石混凝土垫层 | 观察和尺量检查 |
| 一般项目 | 管沟及各类井室的坐标,沟底标高 | 管沟的坐标、位置、沟底标高应符合设计要求 | 观察、尺量检查 |
| | 管沟的回填要求 | 管沟的沟底层应是原土层,或是夯实的回填土,沟底应平整,坡度应顺畅,不得有尖硬的物体、块石等 | 观察检查 |
| | 管沟岩石基底要求 | 如沟基为岩石、不易清除的块石或为砾石层时,沟底应下挖100~200mm,填铺细砂或粒径不大于5mm的细土,夯实到沟底标高后,方可进行管道敷设 | 观察和尺量检查 |
| | 管沟回填的要求 | 管沟回填土,管顶上部200mm以内应用砂子或无块石及冻土块的土,并不得用机械回填;管顶上部500mm以内不得回填直径大于100mm的块石和冻土块;500mm以上部分回填土中的块石或冻土块不得集中。上部用机械回填时,机械不得在管沟上行走 | 观察和尺量检查 |
| | 井室内施工要求 | 井室的砌筑应按设计或给定的标准图施工。井室的底标高在地下水位以上时,基层应为素土夯实;在地下水位以下时,基层应打100mm厚的混凝土底板。砌筑应采用水泥砂浆,内表面抹灰后应严密不透水 | 观察和尺量检查 |
| | 井室内应严密,不透水 | 管道穿过井壁处,应用水泥砂浆分两次填塞严密、抹平,不得渗漏 | 观察检查 |

## 第二节　排水管道安装施工监理

### 一、排水管道基础施工现场监理

1. 监理工作流程

排水管道基础施工质量监理工作流程，如图 6-1 所示。

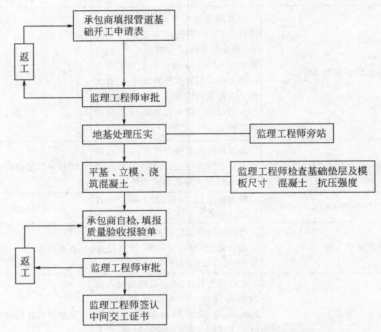

图 6-1　排水管道基础施工质量监理工作流程

2. 施工要求

（1）根据设计图中选用的管节形式、地质及现场情况，核查管道基础的形式。

（2）基础施工前必须复核高程样板的标高。

（3）槽底应清除淤泥及碎土、不得超挖，严禁用土回填，以确保地基质量。

（4）管道基础及排水管道平基横板的拼装高度可以大于基础的厚度，但应在横板内侧弹线控制基础面高程，木模板应润湿。

（5）灌注混凝土应连续进行，其间歇不应超过 2h。

（6）混凝土自由倾落高度不宜超过 2m；大于 2m 时，应采取斜槽等措施。

（7）对于混凝土及钢筋混凝土基础的施工要求，一定要满足混凝土及钢筋混凝土施工规范的要求。

（8）混凝土表面平整、顺直，混凝土密实、无空洞。

3. 监理要点

（1）复核高程样板的标高。

（2）认真验槽。

（3）在地基灌注混凝土前，监理必须严格控制基础面高程，允许偏差为低于设计高程不超过 10mm，但不高于设计高程，必须按设计标高和轴线进行复核。

（4）旁站基础的施工，且在混凝土浇筑完毕后 12h 内不得浸水，以防基础不实而引起管道变形。

（5）检查在已硬化混凝土表面上继续浇筑混凝土前是否已凿毛处理，是否清除表面松动的石子及覆土层。

（6）在灌注管座混凝土时如管径大于 700mm 以上时，要求施工人员必须进入管内，勾抹管座部分的内缝。

4. 监理验收标准

平基、管座允许偏差见表 6-9。

表 6-9　平基、管座允许偏差

| 项目 | | 允许偏差 | 检验频率 | | 检验方法 |
|---|---|---|---|---|---|
| | | | 范围/mm | 点数/组 | |
| 混凝土抗压强度 | | 必须符合设计规定 | 100 | 1 | 必须符合设计规定 |
| 垫层 | 中线每侧宽度 | 不小于设计规定 | 10 | 2 | 挂中心线用尺量每侧计 1 点 |
| | 高程 | $\begin{matrix}0\\-15mm\end{matrix}$ | 10 | 1 | 用水准仪测量 |
| 平基 | 中线每侧宽度 | $\begin{matrix}+10mm\\-0\end{matrix}$ | 10 | 2 | 挂中心线用尺量每侧计 1 点 |
| | 高程 | $\begin{matrix}0\\-15mm\end{matrix}$ | 10 | 1 | 用水准仪测量 |
| | 厚度 | 不小于设计规定 | 10 | 1 | 用尺量 |
| 蜂窝面积 | | 1% | 两井之间（每侧面） | 1 | 用尺量蜂窝总面积 |

## 二、 排水管道安装及接口现场监理

1. 监理工作流程

排水管道安装及接口质量监理工作流程，如图 6-2 所示。

2. 施工要求

（1）排水管道安装要求

① 安装准备。在管道铺设前必须对管道基础作严格的质量验收，复核轴线位置、线形，以及标高是否与设计标高吻合。

② 管材质量检查：管节尺寸、圆度、外观，管材内在质量，不得有裂缝和破损。

③ 应对橡胶圈及衬垫材料的质量进行检查，包括外观及其性能。

④ 排管应从下游排向上游，承口面向上游，管节安装时不得损伤管节，密封橡胶圈不得拖槽和扭曲，承插口的间隙应均匀，间隙不大于 9mm。

⑤ 严格控制管节的标高及走向，相邻管节垫实要稳定，严禁倒坡。

（2）管道接口施工要求

刚性接口施工要求如下。

① 在接口前将管节端部必须清除干净，并凿毛，在接缝处必须用水润湿。

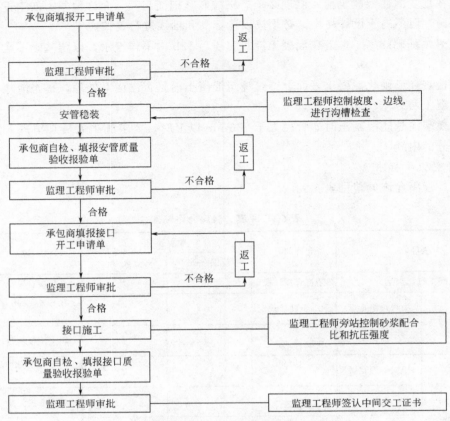

图 6-2　排水管道安装及接口质量监理工作流程

② 管径大于等于 700mm 的管道。管缝超过 10mm 时，抹带前，应在管道内顶部管缝处支垫托。从外部将砂浆填实，然后拆去内托抹平，不得在管缝内填塞碎石、碎砖、木屑等杂物。

③ 在用水泥砂浆抹带前，先将管口洗刷干净，并刷上一层水泥浆。

④ 接缝处必须浇水湿润，涂抹砂浆亦先刮糙后抹光，外光内实，黏结良好。

⑤ 施工完毕应湿治养护。

柔性接口施工要求如下。

① 预应力钢筋混凝土管承插口密封工作面应平整光滑，插口外径及其椭圆度施工时做好记录。

② 胶圈接头宜用热接，接缝应平整牢固，每个胶圈的接头不得超过两个，粗细均匀，质地柔软，无气泡，无裂缝，无重皮。

③ 橡胶密封圈不得与油类接触。

④ 橡胶密封圈应安放在阴凉、清洁环境下，不得在阳光下暴晒。

⑤ 对口时将管子吊离槽底，使插口胶圈准确地对入承口锥面内，利用边线调整管身位置，使管身中线符合设计要求。

⑥ 认真检查胶圈与承口接触是否紧密，如不均匀须进行调整，以便安装时胶圈准确就位。

3. 监理要点

（1）管道安装

① 施工前监理要审查施工单位的安管方案。

② 检查采用的管节是否符合设计要求，检查管节的质量合格证。

③ 抽检轴线位置、线形、标高与设计标高是否吻合。对管道中线的控制，可采用边线法或中线法。采用边线法时，边线的高度与管子中心高度一致，其位置距管外皮 10mm 为宜。

④ 管节安装前是否清除了基础表面的杂物和积水。

⑤ 抽检高程样板。

⑥ 抽检橡胶圈。

（2）接口

① 监理必须检查管节是否清洗干净，是否需要凿毛，接缝处是否浇水湿润。

② 督促施工单位对施工完毕的接缝湿治养护。

③ 监理应检查橡胶圈质量保证单，必要时督促施工单位对其物理性能送检，监理也应抽取橡胶圈送市政质检部门认可的检测单位检测。

④ 监理应抽检橡胶圈的展开长度及其外形尺寸，其偏差应符合规范或设计要求。

⑤ 监理应检查橡胶圈密封圈的外观，表面光洁，质地紧密，不得有空隙气泡，不得有油漆，不得堆放在阳光下暴晒。

4. 监理验收标准

（1）管道安装质量标准及检查见表 6-10。

**表 6-10　管道安装质量标准及检查**

| 量测项目 | | 检查频率 | | 允许偏差/mm | 检查方法 |
|---|---|---|---|---|---|
| | | 范围 | 点数 | | |
| 中线位移 | | 两井间 | 2 点 | 15 | 挂中心线用尺量取最大值 |
| 管内底高程 | $D \leqslant 1000mm$ | 两井间 | 2 点 | ±10 | 用水准仪测 |
| | $D > 1000mm$ | 两井间 | 2 点 | +20，-10 | |
| | 倒虹吸管 | 每道直管 | 4 点 | ±30 | |
| 相邻管内底错口 | $D \leqslant 1000mm$ | 两井间 | 3 点 | 3 | 用钢尺量 |
| | $D > 1000mm$ | 两井间 | 3 点 | 5 | |
| 承插口之间的间隙量 | | 每节 | 2 点 | <9 | 用钢尺量 |

注：$D$ 为管道内径。

（2）管道接口质量标准见表 6-11～表 6-13。

**表 6-11　橡胶圈展开长度及允许偏差**

| 管节内径/mm | $\phi 600$ | $\phi 800$ | $\phi 1000$ | $\phi 1200$ |
|---|---|---|---|---|
| 展开长度/mm | 1800 | 2350 | 2910 | 3450 |
| 允许偏差/mm | ±8 | ±8 | ±12 | ±12 |

**表 6-12　橡胶圈物理性能**

| 邵氏硬度 | 伸长率/% | 拉伸强度/MPa | 拉伸永久变形/% | 拉伸强度降低率/% | 最大压缩变形率/% | 吸水率/% | 耐酸、碱系数 | 老化实验 | 防霉要求 |
|---|---|---|---|---|---|---|---|---|---|
| 45±5 | ≥425 | ≥16 | ≤15 | ≤15 | <25 | ≤5 | ≥0.8 | 70℃×96h | 一般 |

表 6-13 橡胶圈密封展开长度及允许偏差

| 管节内径/mm | φ1350 | φ1500 | φ1650 | φ1800 | φ2000 | φ2200 | φ2400 |
|---|---|---|---|---|---|---|---|
| 展开长度/mm | 4120 | 4580 | 5040 | 5480 | 6085 | 6590 | 7155 |
| 允许偏差/mm | ±6 | | | | ±10 | | |
| 橡胶圈选用高度 | H20 | | | | H24 | | |

## 三、 管道顶进施工现场监理

### 1. 监理工作流程

管道顶进施工质量监理工作流程，如图 6-3 所示。

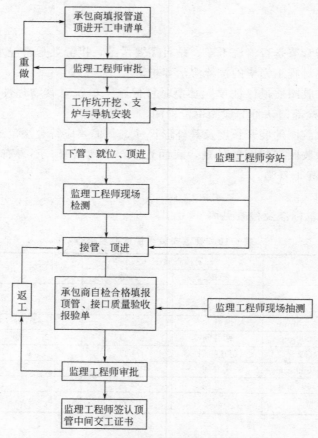

图 6-3 管道顶进施工质量监理工作流程

### 2. 施工要求

（1）通常选择施工条件较好、顶程较短、技术风险较少的顶段作为起始顶管段。

（2）在顶管前进行现场技术数据的测试和分析，设定施工技术系数，通过开始段的顶进，逐步调整各项施工技术参数及顶管机操作情况，为下一段的正常顶进创造更好条件。

（3）管子顶进应在水位降至工作坑底以下再进行，若采用排水井降水时，宜在降水数日后再进行顶进，在构筑物下面严禁带水顶管。

（4）管节在起吊、运输过程中，应轻起轻落，端部接口严禁碰撞，堆放场地应平整。堆放层数：φ1350 及以下，不超过 3 层；φ1500～φ1800，不超过 2 层；φ2000 以上为单层，底层管节必须用垫块塞稳。堆放在路边应设安全标志。

（5）当两条相邻的平行管道均使用顶管施工方法时，应贯彻先深后浅、先大后小的原则。其相邻管壁之间的最小净距应根据顶管施工沿线的土质、顶进方法和两段顶管施工先后的错开时间等因素来确定。一般相邻顶管外壁的间距应不小于大管的管节外径。

（6）支承机头和管节的钢导轨可采用装配式导轨，安置在混凝土基面上。安装导轨前应先测放管道轴线，导轨安装定位后必须稳固，在顶进中不移位、不变形、不沉降，导轨的中轴线应与顶管轴线一致，两根轨道必须平行、等高。钢轨面的中心标高宜按设计管底标高设置，导轨坡度与设计管道坡度相一致。

（7）顶进工作坑的后靠设施和土体的最大允许反力必须经过计算，并满足最大顶力的需要，必须结构稳定，无位移，必要时对结构后靠及土体应予以加固。

（8）在顶管进出预留洞的一段距离范围内，通常可取 10～20m，视土体特性、机头类型、周边地下管线、建筑物的情况，应采取井点降水、土体加固及特设的保护措施，保持土体稳定以及地下管线和建筑物的安全，确保机头顺利进出洞口，防止水土流失、机头下沉磕头。

（9）工作坑的洞口必须设置止水圈和封门板，止水圈应在整个顶管过程中能有效防止水土和触变泥浆的流失，封门板应抽拔方便。

（10）中继环应刚度大、不变形、安装方便、尺寸精确，在使用中具有良好的水密性，接口伸缩应耐磨。

（11）顶管一般可采用工作坑壁的原土作后背，根据需要的顶力对后背的安全进行校核，必要时应采取加固措施，若没有原土作后背时，应就地取材做设计稳定可靠、拆除方便的人工后背。

（12）顶钢管时应先做好管子的防腐绝缘，对防腐绝缘层应有保护措施，一般用铁丝网水泥保护层，并在适当距离焊制保护铁丝网水泥肋板，在顶进设备与管口接触部位，应设特别护口边圈保护管壁。

（13）在顶管过程中，如挖土造成管周围空隙过大时，根据情况，可由地面钻孔进行灌浆。

（14）钢筋混凝土管顶通后，应及时将两端管下混凝土基础做好，以免管端下沉，并将管内、管缝清理干净，勾填管缝，管端不能及时浇筑混凝土基础时，可用方木临时垫好。

（15）在顶管工程中的施工操作。关于顶管质量，顶力、顶程、纠偏压注减阻触变泥浆以及工作坑挖土、支撑、排水等工序施工可按有关规定执行，并做全面详细的记录。

3. 监理要点

（1）对施工组织设计要全面、细致地研究并分析审查。

（2）对洞口构造、中继环的设置、压浆孔的布置、稳定土层的措施要做好审核。

（3）对工程保护措施和环境监测做好审查。

（4）检查工作坑开挖时是否按施工组织设计方案进行基坑排水和边坡支护。检查工作坑平面位置及开挖高程是否符合设计要求。基础处理是否按设计要求进行处理。

（5）检查工作坑结构工程的内容可按排水泵房的监理要求进行。

（6）检查工作坑回填土夯实情况，其密实度是否符合设计要求。

（7）检查施工现场机头和工具管，必须和经过批准的所选定机头设备一致，特别是机头直径、纠偏设备、出土装置、动力等必须匹配，机头与工具的联结必须满足纠偏的技术要求，无渗漏。

（8）对顶管设备必须经维修保养，检验合格后方可进入施工现场。开顶前对顶管全套设备及各类机具进行模拟操作，确保正常方可使用。

（9）检查顶管施工前的以下准备工作是否按施工组织设计进行。

① 顶管设备是否按施工方案配置，状态是否良好。

② 顶管设备能力是否满足顶力计算的要求，千斤顶安装位置、偏差是否满足施工组织设计要求。

③ 检查对降低地下水位、下管、出土、排泥等工作是否按施工方案准备。

④ 当顶管段有水文地质或工程地质不良状况时，沿线附近有建（构）筑物基础时，是否按施工组织设计的要求，准备了相应的技术措施。

（10）检测第一根管的就位情况，主要内容为：管子中线管子内底前后端高程，顶进方向是否符合设计要求，当确认无误并检查穿墙措施全部落实后，方可开始顶进。

顶进过程中应勤监测、及时纠偏，在第一节管顶进200～300mm时，应立即对中线及高程测量进行监查，发现问题及时纠正。在以后的顶进过程中，应在每节管顶进结束后进行监测，每个接口测1点，有错口时测2点；在顶管纠偏时，应加大监测频率至300mm一次，控制纠偏角度，使之满足设计要求，避免顶管发生意外。

（11）机头顶进入洞后，必须按土质情况调整操作，并监控各类技术参数。监理必须按施工组织设计、技术要求进行检查，在管节出洞前，监理对顶管整个系统的安装进行全面检查，确认设备系统运转正常，才准许管节出洞，不经监理批准不准开顶。

（12）检查洞口止水圈，安装必须符合施工要求，应能完全封堵机头与洞口的空隙，洞口前方的土体要稳固，以防因拆除洞口而产生水土流失，对地下管线、地面构筑物，要采取保护措施。

（13）管节进洞前，监理必须严格监控机头的轴线和标高，并对准洞口，控制顶进速度平稳和纠偏量。检查接收坑内支撑机头和工具，管导轨必须安装稳固，轴线与标高应与机头入洞方向一致。

（14）当机头端面临近洞口时，才准拆除洞口砖和开启洞口封板。在洞口封门拆除后，应随即将机头顶入洞口，防止机头在洞口土体中长时间停滞。管节入洞后，检查管壁与洞口间隙的封堵，防止水土流失。

（15）监理人员随时掌握顶进状况，及时分析顶进中的土质、顶力、顶程，压浆、轴线偏差等情况，对发生的问题督促施工单位及时采取相应技术措施给予解决。

（16）当管道超挖或因纠偏而造成管周围空隙过大时，应组织有关人员研究处理措施并监督执行。

（17）顶进过程中应监控接口施工质量，当采用混凝土管时，应监控内胀圈、填料及接口质量。当采用钢管时，应控制焊接、错口质量。

（18）当因顶管段过长、顶力过大而采取用中继环、触变泥浆等措施时，应监控中继环安装及触变泥浆制作质量。

4. 质量标准

（1）钢板桩工作坑的平面尺寸以及后背的稳定和刚度应满足施工操作和顶力的要求，基础标高应符合施工组织设计的要求，钢板桩宜采用咬口联结的方式。平面形状宜平直、整齐。允许偏差：轴线位置100mm，顶部标高±100mm，垂直度1/100。

（2）工作坑后背墙应结构稳定，无位移，与顶机轴线垂直后背墙的承压面积应符合设计和施工设计的要求。允许偏差：宽度 5%，高度 5%，垂直度 1%，检验方法常用钢尺丈量、测斜仪测量。

（3）导轨应安装稳定，轴线、坡度、标高应符合顶管设计要求。允许偏差：轴线为 3mm；标高为 0～3mm。

（4）在顶进中对直线顶管采用钢筋混凝土企口管时，其相邻管节间允许最大纠偏角度不得大于表 6-14 中的数值。

当直线顶管采用钢承口钢筋混凝土管时，可参见表 6-14 控制其最大纠偏角度。

表 6-14　钢筋混凝土企口管允许最大偏角

| 管径/mm | $\phi1350$ | $\phi1500$ | $\phi1650$ | $\phi1800$ | $\phi2000$ | $\phi2200$ | $\phi2400$ |
|---|---|---|---|---|---|---|---|
| 纠偏角度/(°) | 0.76 | 0.69 | 0.62 | 0.57 | 0.52 | 0.47 | 0.43 |
| 分秒值 | 45'5" | 41'15" | 37'30" | 34'23" | 30'58" | 28'08" | 25'47" |

检验方法：根据允许最大纠偏角度控制纠偏千斤顶的行程差值，用钢尺、测量管接口的间隙差值反算偏角。

（5）管道顶进中，管节不偏移、不错口，管底坡度要符合设计要求，管内不得有泥土、垃圾等杂物，顶管的允许偏差应符合表 6-15 的规定。

表 6-15　顶管的允许偏差

| 项目 | | 允许偏差/mm | | 检验频率 | | 检验方法 |
|---|---|---|---|---|---|---|
| | | ≤100m | >100m | 范围 | 点数 | |
| 中线位移 | | 50 | 100 | 每段 | 1 | 经纬仪测量 |
| 管道内高程 $D$/mm | $<\phi1500$ | +30，-40 | +60～+80 | 每段 | 1 | 水准仪测量 |
| | $\geq\phi1500$ | +40，-50 | +80～+100 | 每段 | 1 | 水准仪测量 |
| 相邻管节错口 | | ≤15 | | 每节、管 | 1 | 钢尺量 |
| 内腰箍 | | 不渗漏 | | 每节、管 | 1 | 外观检查 |
| 橡胶止水圈 | | 不脱出 | | 每节、管 | 1 | 外观检查 |

（6）管节出洞后，管端口应露出洞口井壁 20～30cm，管道与井壁的联结必须按设计规定施工，达到接口平整、不渗水。管道轴线与管底标高应符合设计要求，管节进出洞允许偏差见表 6-16。

表 6-16　管节进出洞允许偏差

| 项目 | | 允许偏差/mm | |
|---|---|---|---|
| | | ≤100m | >100m |
| 中线位移 | | 50 | 100 |
| 管道内底高程 | $<\phi1500$ | +30，-40 | +60，-80 |
| | $\geq\phi1500$ | +40，-50 | +80，-100 |

注：采用经纬仪、水准仪测量。

（7）中继间的几何尺寸及千斤顶的布设要符合设计和顶力的要求，中继间的壳体应和管道外径相等，中继间、千斤顶应与油泵并联，油压不能超过设备的设定参数，使用伸缩自如。

检验方法：据设计图，用钢尺丈量，检查油路安装，校对规格，设置油泵控制阀，用前应调试检查。

（8）顶力的配置应大于顶力的估算值并留有足够的余量，实际最大顶力应小于管材允许的顶力，中继间的设置应满足顶力的要求。

检验方法：按千斤顶的规格和技术参数计算顶力，在顶进中应对管节质量进行检查，对管节的内壁和接口进行外观裂缝及破损检查。

## 四、 检查井施工现场监理

**1. 监理工作流程**

检查井施工质量监理工作流程，如图6-4所示。

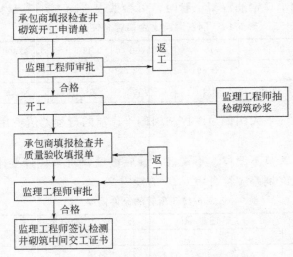

图6-4　检查井施工质量监理工作流程

**2. 施工要求**

（1）砌筑前，应将砌筑部位清理干净，并洒水润湿。

（2）井室砌筑前对凿毛处理的部位刷素水泥浆。

（3）不同形式的井室，墙体尺寸控制及排砖方法均不同。

（4）砌砖体水平灰缝砂浆饱满度不得低于90%，竖向灰缝宜采用挤浆或加浆方法，使其砂浆饱满。严禁用水冲浆灌缝。

（5）砌筑时，要上下错缝，相互搭接，水平灰缝和竖向灰缝控制在8～12mm。

（6）雨水检查井流槽高度为到顶平接的支管线的管中部位。流槽表面采用20mm厚1：2.5水泥砂浆抹面，压实抹光，与上下游管道平顺一致，以减少摩阻。

（7）雨水检查井一般在管径 $D$ 大于等于1600mm时，流槽内设脚窝；污水检查井一般在管径 $D$ 大于等于800mm时，流槽内设脚窝。

（8）踏步应随井墙砌筑随安装，位置准确，随时用尺测量其间距，在砌砖时用砂浆埋牢，不得事后凿洞补装，砂浆未凝固前不得踩踏。

（9）有钢筋混凝土盖板的井室，盖板下第一个踏步距盖板底部120mm为控制踏步。

（10）盖板安装要求位置准确，底部平稳牢固。

（11）圆形收口井井筒砌筑时，根据设计要求进行收口，四面收口时每层不应超过30mm；三面收口时每层不应超过40～50mm。

**3. 监理要点**

（1）监测材质、砂浆配合比是否满足设计要求。

（2）监测检查井形状、尺寸及相对位置的准确性，预留管及支管的设置位置、井口、井盖的安装高程。

（3）砖砌检查井应检查现场施工砂浆配合比，砌体灰缝、勾缝质量，具体要求可参阅建筑工程中的砖砌工程。

（4）块石检查井应检查现场施工砂浆配合比、石料强度等级、新鲜程度，应符合设计要求。应检查砌石工艺、平面尺寸是否符合规范要求。

（5）检查雨季、冬季施工是否按施工组织设计进行。

**4. 监理验收标准**

（1）基本要求

① 砌筑用砖和砂浆等级必须符合设计要求，配比准确，不得使用过期砂浆。

a. 砖的抽检数量：按照检验批抽检试验。

b. 砌筑用砂浆应由中心试验室出具试验配合比报告单。检查井砌筑，每工作班可制取一组试块，同一验收批试块的平均强度不低于设计强度等级，同一验收批试块抗压强度的最小一组平均值最低值不低于设计强度等级的75%。

② 铸铁井盖、井圈应符合设计要求，选择有资质的生产厂家，进场材料应具有产品合格证及检验报告。

③ 对于污水管线及检查井应做闭水试验（一般情况下，管线闭水试验与检查井闭水试验同步进行，以检测其密闭性）。

④ 井内踏步应安装牢固，位置正确。

⑤ 井室盖板尺寸及留孔位置要正确，压墙缝应整齐。

⑥ 井圈、井盖安装平稳，位置要正确。

（2）实测项目

① 井墙体的水平灰缝厚度和竖向灰缝宽度宜为10mm，且不应大于12mn，也不应小于8mm。

② 雨水、污水检查井实测项目应符合表6-17的规定。

表6-17　检查井实测项目

| 项目 | | 允许偏差/mm | | | 检验频率 | | 检验方法 |
|---|---|---|---|---|---|---|---|
| | | | | | 范围 | 点数 | |
| 井室尺寸 | 长、宽 | +20 | ±20 | ±15 | 每座 | 2 | 尺量长、宽各计一点 |
| | 直径 | ±20 | | | | | |
| 井筒直径 | | ±20 | ±20 | ±15 | 每座 | 1 | 用尺量 |
| 井口高程 | 非路面 | ±20 | ±20 | ±15 | 每座 | 1 | 用水准仪测量 |
| | 路面 | 同道路规定一致 | 同道路规定一致 | 同道路规定一致 | 每座 | 1 | 用水准仪测量 |
| 井底高程 | D≤1000mm | ±10 | ±10 | ±10 | 每座 | 1 | 用水准仪测量 |
| | D>1000mm | ±15 | ±15 | | | | |
| 踏步安装 | 水平及垂直一间距、外露长 | — | ±10 | ±10 | 每座 | 1 | 尺量，计偏差最大者 |
| 脚窝 | 高、宽、深 | | ±10 | ±10 | 每座 | 1 | 尺量，计偏差最大者 |
| 流槽宽度 | | — | +10.0 | +10.0 | 每座 | 1 | 用尺量 |

（3）外观鉴定

① 墙角方正互相垂直，没有通缝、瞎缝，灰缝饱满、平整。抹面压光，不得有空鼓、裂纹等现象。内壁勾缝直顺坚实，不得漏勾、脱落。

② 井内流槽应平顺、圆滑，不得有建筑垃圾等杂物。

③ 井圈、井盖必须完整无损。

## 五、 排水管道闭水试验

在进行闭水试验的管道工作压力小于 0.1MPa 时，应按设计要求进行闭水试验。当管道工作压力大于等于 0.1MPa 时，应进行水压试验。

闭水试验应在管道填土前进行，并应在管道灌满水后浸泡 1～2 昼夜再进行，闭水试验管段应按井距分隔带井试验，长度不宜大于 1000m。

### 1. 监理工作流程

排水管道闭水试验质量监理工作流程，如图 6-5 所示。

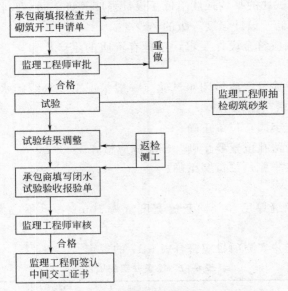

图 6-5  排水管道闭水试验质量监理工作流程

### 2. 试验要求

（1）闭水试验频率

① 污水管道必须逐节检验（两检查井之间的管道为 1 节）。

② 雨水管道及雨污水合流管道一般可不闭水，但在粉砂地区至少必须每 4 节抽验 1 节。

（2）试验管段要求

① 管道及检查井外观质量已验收合格，以无漏水和无严重渗水为合格。

② 管道未填土，沟槽内无积水。

③ 管道两端堵板承载力，应经核算并能完全承受试验水压的合力。

④ 全部预留孔洞应封堵，清除预留进出水管外，应封堵坚固不得渗水。

（3）试验规定

① 试验段上游设计水头不超过管顶内壁时，试验水头以试验段上游管顶内壁加 2m 作为标准试验水头。

② 试验段上游设计水头超过管顶内壁时,试验水头以试验段上游管顶内壁加 2m 计。

③ 当计算出的试验水头已超过上游检查井井口时,试验水头以上游检查井井口高度为准,但不得小于 0.5m。

④ 试验管段灌满水后浸泡时间,对于硬聚氯乙烯管道不得少于 12h,其他材质的管道及管渠不得少于 24h。

⑤ 观测管道的渗水量,应从达到试验水头开始计时,直至观测结束,在观测期间应不断向试验管段内补水,保持试验水头恒定,渗水量的测定时间不得小于 30min。

⑥ 经建设、设计、管理、施工单位确认,现场缺少试验用水时,其管内径小于 1500mm,可按井段数量抽验 1/3 进行闭水试验。

⑦ 管道闭水试验,表格记录应形成文件,作为隐蔽验收依据见表 6-18。

表 6-18 管道闭水试验记录

| 工程名称 | | 试验日期 | | 年 月 日 |
|---|---|---|---|---|
| 桩号及地段 | | | | |
| 管道内径/mm | 管材种类 | | 接口种类 | 试验段长度/m |
| 试验段上游设计水头/m | 实际试验水头/m | | 折合实际试验水头允许渗水量/[(m³/(24h·km)] | |
| 渗水量测定记录 | 次数 | 观测开始时间 $T_1$ | 观测结束时间 $T_2$ / 恒压时间 $T$/min / 恒压时间内补入水量 $W$/L | 实际渗水量 $Q$/[(m³/(24h·km)] |
| | 1 | | | |
| | 2 | | | |
| | 3 | | | |
| | 平均实测渗水量/[m³/(24h·km)] | | | |

3. 监理要点

(1) 检查管道接缝水泥砂浆及混凝土强度是否达到设计强度要求。

(2) 检查在闭水试验前,管道内是否预先充满水 24h 以上。

(3) 正式闭水时,应仔细检查每个接缝,是否有渗漏情况,并做好记录。

(4) 检查是否按要求的水头高度先加水试验 20min,待水位稳定后才进行正式闭水,计算 30min 内水位下降的平均值。

(5) 污水管道与压力管道必须根据设计水头压力要求闭水。

(6) 检查试验频率是否够,检查方法是否对。

(7) 监理必须按实验步骤进行旁站。

4. 监理验收标准

(1) 排水管道闭水试验允许渗水值见表 6-19。

表 6-19 管道闭水允许渗水值

| 管径/mm | 管内底水头/m | 允许渗水量/[kg/(10m·min)] |
|---|---|---|
| 300 | 2.3 | 1.5 |
| 450 | 2.5 | 2.2 |
| 600 | 2.6 | 2.9 |
| 800 | 2.8 | 3.9 |
| 1000 | 3.0 | 0.9 |
| 1200 | 3.2 | 1.0 |
| 1300 | 3.4 | 1.1 |

续表

| 管径/mm | 管内底水头/m | 允许渗水量/[kg/(10m·min)] |
|---|---|---|
| 1500 | 3.5 | 1.3 |
| 1650 | 3.6 | 1.5 |
| 1800 | 3.8 | 1.6 |
| 2000 | 4.0 | 1.8 |
| 2200 | 4.2 | 2.0 |
| 2400 | 4.5 | 2.2 |

（2）排水管道闭水试验质量标准见表 6-20。

表 6-20　排水管道闭水试验质量监理汇总

| 序号 | 项目 | | 允许渗水量 | 检验频率 | | 检验方法 |
|---|---|---|---|---|---|---|
| | | | | 范围 | 点数 | |
| 1 | 倒虹吸管 | | 不大于表6-20的规定 | 每个井段 | 1 | 灌水 |
| 2 | 其他管道 | $D<700mm$ | | 每个井段 | 1 | 计算渗水量 |
| 3 | | $D>700\sim D1500$ | | 每3个井段抽验1段 | 1 | |
| 4 | | $D>1500mm$ | | 每3个井段抽验1段 | 1 | |

注：1. 闭水试验应在管道填土前进行。

2. 闭水试验应在管道灌满水后经 24h 后再进行。

3. 闭水试验的水位，应为试验段上游管道内顶以上 2m。如上游管内顶至检查口的高度小于 2m 时，闭水试验水位可至井口为止。

4. 对渗水量的测定时间不少于 30min。

5. 表中 D 为管径。

## 第三节　沟槽开挖、回填施工监理

给排水工程开工前，监理工程师应熟悉设计图纸，了解设计要求、施工规范，通过对施工组织设计的审核，现场施工准备，人员、材料、机具的进场状况，审批承包人申报的开工申请，并制定该工程的质量监理工作细则、质量标准等。

### 一、排水管渠沟槽开挖现场监理

排水管渠沟槽开挖是排水管渠施工的重要环节。

在测量放样准确的前提下，进行沟槽的开挖，其开挖的质量将直接影响管道埋设质量、施工进度及安全。

1. 监理工作流程

排水管渠沟槽开挖施工质量监理工作流程，如图 6-6 所示。

2. 施工要求

（1）放坡沟槽开挖要求

① 施工单位应认真编制施工组织设计，着重根据当地的地形、地貌及地质条件，根据沟槽开挖的深度，采取合理的支持系统及降水措施，防止沟槽基底隆起、管涌、边坡滑移和塌方等发生。

② 考虑沟槽施工对环境的影响，确定沟槽开挖的断面形式。

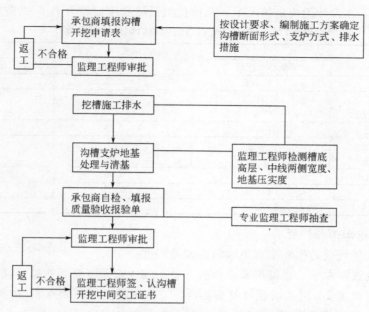

图 6-6　排水管渠沟槽开挖施工质量监理工作流程

③ 用机械挖槽须测管线地面高程。

④ 用人工挖槽须埋设坡度板：坡度板埋设的间距，排水管道宜为 10m，其坡度板距槽底的高度不应大于 3m。

⑤ 坡度板应埋设牢固，板顶不应高出地面，两端伸出槽边不宜小于 30cm。板的截面一般采用 5cm×15cm，在校测坡度板时，必须与另一水准点闭合。

⑥ 受地面或沟槽断面等条件限制，不宜埋设坡度板时，可在沟槽侧壁或槽底两边对称钉设一对高程桩，每对高程桩上钉一对等高的高程钉，高程桩的纵向距离宜为 10m，并且应在挖槽见底前及管道铺设或砌筑前，测设管道中心线或辅助中心线。

⑦ 在挖槽见底前，在灌注混凝土基础前，管道铺设或砌筑前，应校测管道中心线及高程桩的高程。

⑧ 开槽应根据槽底宽度、槽的深度、槽层、边坡等因素确定。

⑨ 消防栓四周、管线阀门窨井、测量标志附近不得堆土；煤气管、上水管顶面上堆土应事先征得有关单位许可；严禁靠墙壁堆土，以防倒塌。

⑩ 应先开挖样洞或样口，以避免损坏地下管线。

⑪ 管道一侧预留工作宽度见表 6-21。

表 6-21　管道一侧的工作面宽度　　　　　　　　　　　　　　单位：mm

| 管道结构的外缘宽度 $D_1$ | 管道一侧的工作面宽度 $b_1$ | |
| --- | --- | --- |
| | 非金属管道 | 金属管道 |
| $D_1 \leqslant 500$ | 400 | 300 |
| $500 < D_1 \leqslant 1000$ | 500 | 400 |
| $1000 < D_1 \leqslant 1500$ | 600 | 600 |
| $1500 < D_1 \leqslant 3000$ | 800 | 800 |

注：1. 槽底需设排水沟时，工作面宽度 $b_1$ 应适当增加。

2. 管道有现场施工的外防水层时，每侧工作面宽度宜取 800mm。

⑫ 当地质条件良好、土质均匀，地下水位低于沟槽底面高程，且开挖深度在 5m 以内

边坡不加支撑时，在设计无规定情况下，沟槽边坡最陡坡度应符合表 6-22 的规定。

表 6-22    深度在 5m 以内的沟槽边坡的最陡坡度

| 土的类别 | 边坡坡度（高：宽） | | |
|---|---|---|---|
| | 坡顶无荷载 | 坡顶有静载 | 坡顶有动载 |
| 中密的砂土 | 1：1.00 | 1：1.25 | 1：1.50 |
| 中密的碎石类土（充填物为砂土） | 1：0.75 | 1：1.00 | 1：1.25 |
| 硬塑的轻亚黏土 | 1：0.67 | 1：0.75 | 1：1.00 |
| 中密的碎石类土（充填物为亚黏土） | 1：0.50 | 1：0.67 | 1：075 |
| 硬塑的亚黏土、黏土 | 1：0.33 | 1：0.50 | 1：0.67 |
| 老黄土 | 1：0.10 | 1：0.25 | 1：0.33 |
| 软土（经井点降水后） | 1：1.00 | — | — |

（2）列板支护沟槽开挖要求

① 横列板及竖列板的尺寸应有足够的强度及刚度。

② 横列板放置要水平、板缝严密、板头齐整，其放置深度要到达碎石基础面。

③ 挖土深度至 1.2m 时，必须撑好头挡板，一次撑板高度宜为 0.6～0.8m。

④ 横撑板宜采用组合钢撑板，其尺寸为：长为 300～400cm，宽为 16～20cm，厚为 6～6.4cm。

⑤ 竖列板应采用木撑板，其尺寸为：长为 250～300cm，宽为 20cm，厚为 10cm。

⑥ 当沟槽宽度为 3m 以内时，撑柱套筒可使用 $\phi$63.5×6mm 钢管。

⑦ 管节长度在 2m 以下时，铁撑柱水平间距不大于 2.5m，管节长为 2.5m 时支撑水平距离应不大于 3m。

⑧ 铁撑柱两头应水平，每层高度应一致，每块竖列板上支撑不应少于两只铁撑柱，上下两块竖列板应交错搭接。

（3）板桩支护沟槽开挖要求

① 钢板桩槽宽度为 0.6～0.8m，应挖至原土层，并暴露地下管线，清除障碍物。

② 钢板桩的入土深度经计算确定，选择的钢板桩排列形式要合理。

③ 钢板桩的咬口要紧密，钢板桩要挺直，打入时要垂直。

④ 挖土深度至 2m 时，距地面 0.6～0.8m 处撑头道支撑，管顶上的一道支撑与管顶净距不小于 20cm，离混凝土基础面上 20cm 处应加一道临时支撑。

⑤ 钢板桩支撑的水平间距，管节长度在 2m 以下时不大于 2.5m，钢筋混凝土承插管不大于 3m，支撑垂直间距不大于 2m。

3. 监理要点

（1）放坡沟槽施工质量监理要点

① 监理工程师应严格审查施工单位提交沟槽开挖施工组织设计，包括材料、机具，设备进场情况及人员配备情况等。

② 监理工程师应复查沟槽开挖的中线位置和沟槽高程。

③ 检查排水、雨、冬季施工措施落实情况。

④ 遇地质情况不良、施工超挖、槽底土层受扰等情况时，应会同设计、业主、承包人共同研究制定地基处理方案、办理变更设计或洽商手续。

（2）列板支护沟槽施工质量监理要点

① 检查承包人的进场人员、机具、材料进场情况、现场施工条件、审批开工申请单。

② 检测开挖断面、槽底高程、槽底坡度、槽底预留保护层厚度，检查边坡支护设施。

③ 开挖过程中，对每道支撑不断检查，是否充分绞紧，防止脱落。

④ 撑柱的水平间距、垂直间距、头档撑柱、末道撑柱等位置要合理、规范。

（3）板桩支护沟槽施工质量监理要点

① 施打钢板桩首先要保证入土深度，并施打垂直咬口紧密，达到横列板水平放置，上下两组竖列板应交错搭接。

② 在粉砂土或淤泥质黏土层，沟槽附近的河道等特殊地带，在开槽前可采用人工降低地下水位的措施来提高槽底以下土层的黏聚力和内摩阻力。

③ 在沟槽挖土时必须与支撑配合好。

④ 拆除支撑前要检查沟槽两边建筑物、电杆是否安全。

⑤ 立板密撑或板桩，一般先填土至下层撑木底面再拆除下撑，在还土到半槽时再拆除上撑，拔出木板或板桩。

⑥ 横板密撑或稀撑，一次拆撑危险时，必须进行倒撑，用撑木把上半槽撑好后，再拆原有撑木及下半槽撑板，下半槽还土后，再拆上半槽的支撑。

4. 监理验收标准

（1）槽底高程允许偏差不得超过下列规定：

① 设基础的重力流管道沟槽，允许偏差为±10mm；

② 非重力流无管道基础的沟槽，允许偏差为±20mm；

③ 槽底宽度不应小于施工规定；

④ 沟槽边坡不得陡于施工规定。

（2）质量标准及检验见表6-23。

表 6-23　沟槽开挖允许偏差及检验

| 量测项目 | 检查频率 | | 允许偏差/mm | 检验方法 |
| --- | --- | --- | --- | --- |
| | 范围 | 点数 | | |
| 槽底高程 | 两井间3点 | | —30 | 水准仪测量 |
| 槽底中线每侧宽度 | 两井间6点 | | 不小于规定 | 挂中心线用尺量，每侧计3点 |
| 沟槽边坡 | 两井间6点 | | 不陡于规定 | 用坡度尺检验，每侧计3点 |
| 槽底土壤不得扰动，严禁超挖后用土回填；槽底应清理干净且不浸水 | | | | |

## 二、沟槽回填现场监理

1. 监理工作流程

沟槽回填质量监理工作流程，如图6-7所示。

2. 施工要求

（1）在土方回填中严禁回填淤泥、腐殖土、弃土及含水量过高的土。

（2）回填土应确保结构物安全，管道及井室等不位移，不破坏；不得将土直接砸在抹带接口及防腐绝缘层上。

（3）穿越沟槽的地下管线根据有关规定认真处理，采用支托地下管线的支墩不得设在管顶上。

（4）应特别注意管道两侧及管顶以上50cm范围内的回填质量。

（5）回填土不得直接卸在管道接口上。

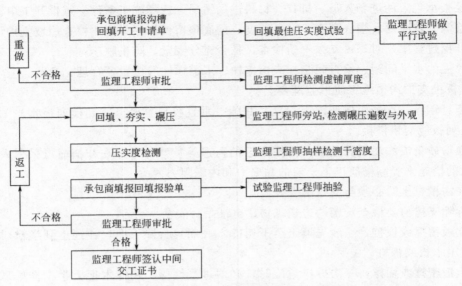

图 6-7　沟槽回填质量监理工作流程

（6）对管径大于等于 1000mm 的钢管、铸铁管，在回填土前应在管内设竖向支撑。

（7）在塑料管、抹带或电缆周围的部位应采用细粒土回填。

（8）在沟槽两侧应同时回填土，其两侧高差不得超过 30cm。

（9）在两个回填段的搭接处，不得形成陡坎，应将夯实层留成阶梯状，阶梯长度应大于高度的两倍。

（10）井室等附属结构物四周的回填应同时进行，需要拌和的回填料，不得在槽内拌和。

（11）填土压实遍数，要根据要求的压实度、虚铺厚度及土的含水量，经现场密实度试验来定。

（12）在夯实中不得有漏夯，当压路机在压实过程中机轮重叠，宽度应大于 20cm，行驶速度不得大于 2km/h。

（13）在管顶以上 50cm 范围内不得使用压路机压实，以防管裂及下沉，当采用重型机具压实，或有较重车辆在回填土上行驶时，在管道顶部以上必须有一定厚度的压实回填土，其最小厚度应按压实机械的规格和管道的设计承载力通过计算确定。

3. 监理要点

（1）不得带水回填，不得回填淤泥、腐殖土及有机物质。

（2）检查穿越沟槽的地下管线是否根据有关规定认真处理。要求地下管线的支墩不得设在管节上。

（3）检查施工单位每层回填土的密实度是否认真做试验进行控制。

（4）检查管座混凝土及接口抹带水泥砂浆强度是否满足设计要求，合格后方可进行回填。

4. 监理验收标准

（1）回填土时，槽内无积水。

（2）不得回填淤泥、腐殖土、冻土及有机物质。

（3）管顶 500mm 内不得回填大于 100mm 的石块、砖块等杂物。

（4）沟槽内不同部位的回填土的压实应符合相关要求。

## 第四节 园林给排水设施施工监理

### 一、 一般规定

在地面排水工程施工中，如遇有下列情况的边沟、截水沟和排水沟，应采取防止渗漏或冲刷的加固措施，加固类型见表6-24。

表 6-24 沟底纵坡与常用沟渠加固类型

| 形式 | 名称 | 铺筑厚度/cm | 适用的沟底纵坡 |
|---|---|---|---|
| 简易式 | 沟底沟壁夯实<br>平铺草皮<br>竖铺草皮<br>水泥砂浆抹平层<br>石灰三合土抹平层<br>黏土碎(卵)石加固层<br>石灰三合土碎(卵)石加固层 | 单层平铺<br>叠铺<br>2～3<br>3～5<br>10～15<br>10～15 | 1%～3%(土质不好)<br>3%～5% |
| 干砌式 | 干砌片石加固层<br>干砌片石水泥砂浆勾缝<br>干砌片石水泥砂浆抹平 | 15～25<br>15～25<br>20～25 | 3%～5%<br><br>5%～7% |
| 浆砌式 | 浆砌片石加固层<br>砖砌水槽 | 20～25<br>6～10 | 5%～7%<br>＞7% |
| 阶梯式 | 跌水 | | ＞7% |

(1) 位于松软或透水性大的土层，以及有裂缝的岩层上。

(2) 流速较大，可能引起冲刷地段。

(3) 当纵坡大于4%，或易产生路基病害地段的边沟。

(4) 路堑与路堤交接处的边沟出口处。

(5) 水田地区，土路堤高度小于0.5m地段地排水沟。

(6) 兼作灌溉沟渠的边沟和排水沟。

(7) 有集中水流进入的截水沟和排水沟。

### 二、 边沟施工现场监理

(1) 凡挖方地段或路基边缘高度小于边沟深度的填方段，均应设置边沟。边沟深底和底宽一般不应小于0.4m。当流量较大时，断面尺寸应根据水力计算确定。

(2) 土质地段一般选用梯形边沟，其边坡内侧一般为（1:1）～（1:1.5），外侧与挖方边坡相同；有碎落石时，外侧也可采用1:1。如选用三角形边沟，其边坡内侧一般为（1:2）～（1:4），外侧一般为（1:1）～（1:2）。石方地段的矩形边沟，其内侧边坡应按其强度采用1:0.5至直立，外侧与挖方边坡相同。

(3) 所有边沟的断面尺寸、沟底纵坡均应符合设计要求。沟底纵坡一般与路线纵坡一致，并不得小于0.2%，在特殊情况下允许减至0.1%，坡面平整、密实。当路线纵坡不能满足边沟纵坡需要时，可采用加大边沟或增设涵洞或将填方路堤提高等措施。梯形边沟的长度，平原区一般不宜超过500m，重丘、山岭区一般不宜超过300m，三角形边沟长度不宜超过200m。

（4）路堑与路堤交接处，应将路堑边沟水徐缓引向路基外侧的自然沟、排水沟或取土坑中，勿使路基附近积水。当边沟出口处易受冲刷时，应设泄水槽或在路堤坡脚的适当长度内进行加固处理。

（5）平曲线处边沟沟底纵坡应与曲线前后沟底相衔接，并且不允许曲线内侧有积水或外溢现象发生。回头曲线外的边沟宜按其原来方向，沿山坡开挖排水沟，或用急流槽引下山坡，不宜在回头曲线处沿着路基转弯冲泄。

（6）一般不允许将截水沟和取水坑中的水排至边沟中。在必须排至边沟的特殊情况下，要加大或加固该段边沟。在路堑地段应做成路堤形式，并在路基与边沟间做成不少于2m宽的护道。

（7）边沟的铺砌应按图纸或监理工程师的指示进行。在铺砌之前应对边沟进行修整，沟底和沟壁应坚实、平顺，断面尺寸应符合设计图纸要求。

（8）采用浆砌片石铺砌时，浆砌片石的施工质量应满足相关的要求，采用混凝土预制块铺砌时，混凝土预制块的强度、尺寸应符合设计，外观应美观，砌缝砂浆应饱满，勾缝应平顺，沟身不漏水。

### 三、 截水沟施工现场监理

（1）无弃土堆时，截水沟边缘至堑顶距离，一般不小于5m，但土质良好、堑坡不高或沟内进行加固时，也可不小于2m。湿陷性黄土路堑，截水沟至堑顶距离一般不小于1m，并应加固防渗。有弃土堆时，截水沟应设于弃土堆上方，弃土堆坡脚与截水沟边缘间应留不小于10m的距离。弃土堆顶部设2%倾向截水沟的横坡。截水沟挖出的土，可在路堑与截水沟之间填筑土台，台顶应有2%倾向截水沟的坡度，土台坡脚离路堑外缘不应小于1m。

（2）截水沟横截面一般做成梯形，底宽和深度应不小于0.5m，流量较大时，应根据水力计算确定。截水沟的边坡，一般为（1∶1）～（1∶1.5）。沟底纵坡，一般不小于0.5%，最小不得小于0.2%。

（3）山坡上的路堤，可用上坡取土坑或截水沟将水引离路基。路堤坡脚与取土坑和截水沟之间，应设宽度不小于2m的护道，护道表面应有2%的外向坡度。

（4）截水沟长度超过500m时，应选择适当地点设出水口或将水导入排水沟中。

（5）所有截水沟的断面尺寸和沟底纵坡，均应符合设计要求或监理工程师的指示。

（6）如截水沟需要加固，应根据加固类型满足相应加固工程的施工要求，在此不再详述。

### 四、 排水沟施工现场监理

（1）排水沟的横断面一般为梯形，其断面大小应根据水力计算确定。排水沟的底宽和深度一般不应小于0.5m；边坡可采用1∶1～1∶1.5；沟底纵坡一般不应小于0.5%，最小不应小于0.2%。

（2）排水沟应尽量采用直线，如需转弯时，其半径不宜小于10m。排水沟的长度不宜超过500m。排水沟与其他沟道连接，应做到顺畅。当排水沟在结构物下游汇合时，可采用半径为10～12倍排水沟顶宽的圆弧或用45°角连接；当其在结构物上游汇合时，除满足上述条件外，连接处与结构物的距离，应不小于2倍河床宽度。

（3）施工或加固完成的排水沟，应满足设计要求或使监理工程师满意。

所有边沟、截水沟、排水沟，如果发现流速大于该土壤容许冲刷的流速，则应采取土沟表面加固措施或设法减小纵坡。

## 五、 跌水与急流槽施工现场监理

（1）跌水和急流槽的边墙高度应高出设计水位，射流时至少 0.3m，细（贴）流时至少 0.2m。边墙的顶面宽度，浆砌片石为 0.3～0.4m，混凝土为 0.2～0.3m；底板厚为 0.2～0.4m。

（2）跌水和急流槽的进、出水口处，应设置护墙，其高度应高出设计水位至少 0.2m。基础应埋至冻结深度以下，并不得小于 1m。进、出水口 5～10m 内应酌情予以加固。出水口处也可视具体情况设置跌水井。

（3）跌水阶梯高度，应视当地地形确定，多级跌水的每阶高度一般为 0.3～0.6m，每阶高度与长度之比一般应大致等于地面坡度；跌水的台面坡度一般为 2%～3%。

（4）跌水与急流槽应按图纸要求修建，如图纸未设置跌水和急流槽而监理工程师指示设置时，承包人应按指示提供施工图纸，经监理工程师批准后方可进行施工。

（5）混凝土急流槽施工前，承包人应提供一份详细的施工方案，以取得监理工程师的批准。工程施工方案中，应说明各不同结构部分的浇筑、回填、压实等作业顺序，证明各施工阶段结构的稳定性。

（6）浆砌片石急流槽的砌筑，应使自然水流与涵洞进、出水口之间形成一平滑的过渡段，其形状应使监理工程师满意。

（7）急流槽应分节修筑，每节长度以 5～10m 为宜，接头处应用防水材料填缝，要求密实，无漏水现象，并经监理工程师检查认为符合要求为止。陡坡急流槽应每隔 2.5～5m 设置基础凸榫，凸榫高宜采用 0.3～0.5m，以不等高度相间布置嵌入土中，以增强基底的整体强度，防止滑移变位。

（8）路堤边坡急流槽的修筑，应能为水流流入排水沟提供一顺畅通道。路缘开口及流水进入路堤边坡急流槽的过渡段应按图纸和监理工程师指示修筑，以便排出路面雨水。

## 六、 倒虹吸管和渡水槽施工现场监理

（1）倒虹吸管且采用钢筋混凝土管道，进、出水口必须设置竖井，包括防淤沉淀井，井底标高低于管道，起沉淀泥浆和杂物的作用。施工时管节接头及进、出水口砌缝应特别严密，不漏水。填土覆盖前应做灌水试验，监理人员必须检查，符合要求后方可填土。

（2）倒虹吸井口处所设的沉砂池、原沟渠与管道之间的过渡段、池底和池壁，如采用砌石抹面或混凝土，其厚度应为 0.3～0.4m（砌石）或 0.25～0.3m（混凝土），池的容量以不溢水为度。水流经沉砂池后，水中仍含有漂浮物或泥沙时，可设网状拦泥栅予以清除，确保倒虹吸管道不堵塞。

（3）倒虹吸管的进、出水口，应在施工中与上下游沟渠平顺衔接，需要时要对土质沟渠进行适当加固。

（4）倒虹吸管如需在冰冻期施工时，应按有关规定办理，还应在冰冻前将管内积水排出，以防冻裂。

（5）渡水槽进、出水口段应注意防止冲刷和渗漏。进、出水口处设置的过渡段，应根据土质情况分别将槽身两端伸入路基两侧地面 2～5m，而且出水口过渡段宜长一些，以防淤

积。如槽身与沟渠横断面相同时，可不设过渡段。

（6）在渡槽开工之前，承包人应向监理工程师提交一份有关施工方法、进度安排的书面报告，在取得监理工程师的批准后才能开工。

（7）渡槽的槽身和基础应符合有关要求，应采取有效方法保证槽身不漏水、基础不沉陷。

（8）预制的槽身必需的混凝土强度达到设计强度的 75％以上后方可吊装。在吊装时，应采取有效措施避免侧壁断裂。如发生构件损坏，应予置换。盖板安装时，正反面不得倒置。相邻两槽身之间及槽身与两岩水渠之间接缝的施工，必须按图纸要求进行，如用其他方法，必须经监理工程师批准。

（9）渡槽进、出水口与地面排水系统的连接，必须按图纸施工，保证不损坏地面排水系统。变更连接处的设计，必须经监理工程师批准。

## 七、 土沟工程施工现场监理

（1）基本要求。土沟边坡必须平整、稳定，严禁贴坡。沟底应平顺、整齐，不得有松散土和其他杂物，排水要畅通。

（2）外观鉴定。表面坚实整洁，沟底无阻水现象。

（3）实测项目及标准（表 6-25）。

表 6-25　土沟实测项目及标准

| 检查项目 | 规定值或允许偏差 | 检查方法和频率 |
|---|---|---|
| 沟底纵坡/‰ | 符合设计 | 水准仪：每 200m 测 4 点 |
| 断面尺寸/mm | 不小于设计 | 尺量：每 200m 测 2 点 |
| 边坡坡底 | 不陡于设计 | 每 200m 检查 2 处 |
| 边棱直顺度/mm | ±50 | 尺量：20m 拉线，每 200m 检查 2 处 |

## 八、 浆砌排水沟施工现场监理

（1）基本要求

① 砌体砂浆配合比准确，砌缝内砂浆均匀、饱满，勾缝密实。

② 浆砌片（块）石、混凝土预制块的质量和规格应符合设计要求。基础沉降缝应和墙身沉降缝对齐。

③ 砌体抹面应平整、压实、抹光、直顺，不得有裂缝、空鼓现象。

（2）外观鉴定。砌体内侧及沟底应平顺。沟底不得有杂物及阻水现象。

（3）实测项目及标准（表 6-26）。

表 6-26　浆砌排水沟实测项目及标准

| 检查项目 | 规定值或允许偏差 | 检查方法和频率 |
|---|---|---|
| 砂浆强度/MPa | 在合格标准内 | 按规定检查 |
| 轴线偏位/mm | 50 | 经纬仪：每 200m 测 5 点 |
| 沟底高程/mm | ±50 | 水准仪：每 200m 测 5 点 |
| 墙面直顺度或坡度/mm | ±30 或不陡于设计 | 20m 拉线、坡度尺：每 200m 查 2 点 |
| 断面尺寸/mm | ±30 | 尺量：每 200m 查 2 点 |
| 铺砌厚度/mm | 不小于设计 | 尺量：每 200m 查 2 点 |
| 基础垫层宽、厚/mm | 不小于设计 | 尺量：每 200m 查 2 点 |

## 九、 盲沟工程施工现场监理

（1）基本要求

① 盲沟的设置及材料规格、质量等，应符合设计要求和施工规范规定。

② 反滤层应用筛选过的中砂、粗砂、砾石等渗水性材料分层填筑。

③ 排水层应采用石质较硬的较大颗粒填筑，以保证排水孔隙度。

（2）外观鉴定。反滤层应层次分明；进、出水口应排水通畅；杂物要及时清理干净。

（3）实测项目及标准（表 6-27）。

**表 6-27　盲沟实测项目及标准**

| 检查项目 | 规定值或允许偏差 | 检查方法和频率 |
|---|---|---|
| 沟底纵坡/% | ±1 | 水准仪：每 10～20m 测 1 点 |
| 断面尺寸/mm | 不小于设计 | 尺量：每 20m 检查 1 处 |

## 十、 检查井工程施工现场监理

（1）基本要求

① 井基混凝土强度达到 5MPa 时，方可砌筑井体。

② 砌筑砂浆配合比准确，井壁砂浆饱满、灰缝平整。圆形检查井内壁应圆顺，抹面光实，踏步安装牢固。井框、井盖安装必须平稳，井口周围不得有积水。

（2）外观鉴定。井内砂浆抹面无裂缝，井内平整圆滑，收分均匀。

（3）实测项目及标准（表 6-28）。

**表 6-28　检查井实测项目及标准**

| 检查项目 | 规定值或允许偏差 | | 检查方法和频率 |
|---|---|---|---|
| 砂浆强度/MPa | 在合格标准内 | | 按有关规定检查 |
| 轴线偏位/mm | 50 | | 经纬仪：每个检查井检查 |
| 圆井直径或方井长、宽/mm | ±20 | | 尺量：每个检查井检查 |
| 井盖与相邻路面高差/mm | 高速，一级公路 | −2，−5 | 水准仪，水平尺：每个检查井检查 |
| | 其他公路 | −5，−10 | |

注：井盖必须低于相邻路面，表中规定了其低于路面的最大、最小值。

## 第五节　园林给排水系统试验

给排水系统安装完毕后，交付使用前，由施工单位会同设计单位、建设单位、监理单位按设计规定进行强度、严密性等试验，以检查系统及各连接部位的工程质量。

## 一、 室内给水系统试验

室内给水管道一般只进行水压试验。可先分段，后全系统试验；也可全系统同时进行。

1. 压力要求

室内给水管道水压试验压力不应小于 0.6MPa，生活饮用水和生产、消防合用的管道，试验压力为工作压力的 1.5 倍，但不得超过 1.0MPa。

2. 试压步骤

（1）准备：将试压所需的泵桶、管材、管件、阀件、压力表等工具材料准备好，所用压力表必须经过校验，其精度不得低于 1.5 级，且铅封良好。

（2）试验：先将室内给水引入管外侧用堵塞板堵死。室内各配水设备（如水嘴、球阀等）一律不得安装，并将敞开管口堵严；在试压系统的最高点设排气阀，以便向系统充水时排气，并对系统进行全面检查，确认无遗漏项目时，即可向系统内充水加压。试验时，升压不能太快。当升至试验压力时，停止升压，记录试压时间，并注意压力的变化情况，在10min 内压力降不得超过 0.05MPa，然后将试验压力降至工作压力，对系统作外观检查，无渗漏为合格。

**3. 试压注意事项**

（1）试压时一定要排尽空气，若管线过长可在最高处（多处）排空。

（2）试压时应保证压力表阀呈开启状态，直至试压完毕。

（3）试压时，如发现螺纹或零件有小的渗漏，可上紧至不漏为合格，如有大漏需更换零件时，则应将水排出后再进行修理。

（4）若气温低于 5℃，应采取防冻措施。试压合格后，需将系统内的存水排除干净。

## 二、 室外给水系统试验

室外给水系统一般进行水压试验。按试验目的分为检查管道力学性能的强度试验和检查管道连接情况的严密性试验。

**1. 压力要求**

室外给水管道水压试验的压力要求见表 6-29。

表 6-29  室外给水管道水压试验压力                单位：MPa

| 管材 | 工作压力 $P$ | 实验压力 $P_s$ |
|---|---|---|
| 铸铁管 | $\leq 0.5$ | $2P$ |
|  | $> 0.5$ | $P+0.5$ |
| 碳素钢管 |  | $P+0.5$,且不小于 0.9 |
| 预应力、自应力混凝土管 | $\leq 0.6$ | $1.5P$ |
|  | $> 0.6$ | $P+0.3$ |
| 硬聚氯乙烯塑料管 |  | $1.5P$,最低不小于 0.5 |

**2. 试压准备**

（1）分段：水压试验管段长度可根据施工地段条件而定，一般条件下为 500～1000m；若管段转弯较多，则为 300～500m；若在湿陷性黄土地区施工，则以 200m 为一段；若管道穿越河流、铁路等障碍物时，可单独进行试压。

（2）浸泡：充水时，应注意排净管内空气，排气孔通常设置在起伏的各顶点处，对于长距离的水平管道，须进行多点开孔排气。充水浸泡时间见表 6-30。

表 6-30  充水浸泡时间

| 管道种类 | 管径/mm | 浸泡时间/h |
|---|---|---|
| 铸铁管 |  | 24 |
| 钢管 |  | 24 |
| 预（自）应力钢筋混凝土管 | $DH \leq 1000$ | 48 |
|  | $DH > 1000$ | 72 |
| 硬聚氯乙烯管 |  | 48 |

（3）试压系统准备：对各管件的支撑、挡墩、后背进行外观检查，试压管段两端及所有支管甩头均不得用闸板代替堵板；消火栓、排气阀、泄水阀等附件，一律不准安装，管口必须用堵板堵死。当管径在 300mm 以下时，堵板厚度不应小于 20mm，管径在 300mm 以上时，堵板厚度不应小于 28mm。若管道接口处有回填土覆盖时，应取出回填土。

3. 试压步骤

（1）系统连接。

（2）打开自来水向管内灌水时，应打开放气阀门，排净空气。以免打压时压力表指针摆动，升压慢，压力不稳定。

（3）逐步升压，以每次升压 0.2MPa 为宜，升压时观察管口是否渗漏。升至工作压力时，停泵检查。

（4）继续升压至试验压力，观察压力表 10min 内压降不超过 0.05MPa，管道、附件和接口等未发生渗漏，然后将压力降至工作压力，进行外观检查，不漏为合格。

值得注意的是，埋地管道水压试验，必须在管基检查合格，管身两侧及上部回填土不小于 0.5m 以后进行压力试验（接口部分除外，待试压合格后再回填）。组装的有焊接接口的钢管，必要时可在沟边先分段试验，下沟连接以后整段进行。

4. 试压泵的规格和性能

手动试压泵的性能及规格见表 6-31，电动试压泵的性能及规格见表 6-32。

表 6-31 手动试压泵性能及规格

| 型号 | | 最大工作压力/MPa | 排水量/(L/次) | 柱塞直径/mm | 柱塞行程/mm | 手柄最大施力/N | 泵外形尺寸/(长×宽×高)mm |
|---|---|---|---|---|---|---|---|
| 立式 SB-60 | | 6 | 0.03 | 24 | 65 | 36 | 410288250 |
| 立式 SB-100 | | 10 | 0.019 | — | — | 35 | |
| 立式 400-1 | | 40 | 水箱最大储水量/L 174 | 16 | 46 | 60 | 365290995 |
| 卧式 | 高压 | 0.5 | 0.175 | 50 | 905 | 10 | 9604101190 |
| | 低压 | 20 | 0.015 | 16 | | 45 | |

表 6-32 电动试压泵性能及规格

| 型号 | 高压流量/(L/h) | 额定排出压力/MPa | 型号 | 高压流量/(L/h) | 额定排出压力/MPa |
|---|---|---|---|---|---|
| 4D-SY15/80 | 15 | 80 | 4D-SY40/35 | 40 | 35 |
| 4D-SY16/70 | 16 | 70 | 4D-SY46/15 | 46 | 15 |
| 4D-SY18/130 | 18 | 130 | 4D-SY46/24 | 46 | 24 |
| 4D-SY22/63 | 22 | 63 | 4D-SY63/16 | 63 | 16 |
| 4D-SY25/38 | 25 | 38 | 4D-SY74/6 | 74 | 6 |
| 4D-SY25/60 | 25 | 60 | 4D-SY100/10 | 100 | 10 |
| 4D-SY25/40 | 30 | 40 | 4D-SY165/6.3 | 165 | 6.3 |
| 4D-SY40/25 | 40 | 25 | 4D-SY600/4 | 600 | 5 |

5. 试验步骤

（1）按图 6-8 连接好试验系统，升压至试验压力，关闭泵出口阀门，记录压力下降 0.1MPa 所需的时间 $t_1$。

（2）继续升压至试验压力，关闭泵出口阀门，打开阀门向量水槽放水，记录压力下降 0.1MPa 所需时间 $t_2$，同时测量在此时间内的放水量 $W$。

（3）按下列公式计算渗水量：

$$Q = \frac{W}{t_1 - t_2}$$

式中　$Q$——管道渗水量，L/min；

　　　$W$——每下降 0.1MPa 放入量水槽的水量，L；

　　　$t_1$——未放水时，从试验压力下降 0.1MPa 所需的时间，min；

$t_2$——放水时，从试验压力下降 0.1MPa 所需的时间，min。

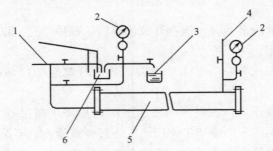

图 6-8　渗漏试验

1—进水管；2—压力表；3—盛水槽；

4—放气管；5—试压管道系统；6—手摇泵

6. 试压注意事项

（1）水压试验要密切注意最低点的压力不可超过管道附件及阀门的承受能力，排放水时，必须先打开上部的排气阀。

（2）试压时，应先将暴露的管子或接口用草帘子盖严，无接口处管身应回填，试压完毕后，尽快将水放净。

（3）管道压力试验增压应缓慢地进行，停泵稳压后，方可进行检查。检查人员不得正对着管道盲板、堵头等处站立。

### 三、 给水管道的冲洗消毒

新铺设的给水管道竣工后或旧管道检修后，必须对其进行冲洗消毒，以清除管道内的焊渣、污垢等杂物，其操作方法和要求如下。

（1）冲洗前，应拆除管道中已安装的水表，加短管代替，使管道接通，并把需冲洗的管道与其他正常供水干线或支线隔断。

（2）冲洗时，用高速水流冲洗管道，在管道末端选择几个放水点排除冲洗水，直至所排出水中无杂质方可。

（3）配制好消毒液，随向管内充水一起加入管中，浸泡 24h 后，放清水清洗，并连续检测管内水的含氯量和细菌含量，直到合格。

新安装的给水管道冲洗消毒时，漂白粉量及用水量可参照表 6-33。

表 6-33　每 100m 管道漂白粉量及用水量

| 管径/mm | 用水量/m³ | 漂白粉量/kg | 管径/mm | 用水量/m³ | 漂白粉量/kg |
|---|---|---|---|---|---|
| 1550 | 0.85 | 0.09 | 100 | 8 | 0.14 |
| 75 | 6 | 0.11 | 150 | 14 | 0.14 |
| 200 | 22 | 0.38 | 400 | 75 | 1.30 |
| 250 | 32 | 0.55 | 450 | 93 | 1.61 |
| 300 | 42 | 0.93 | 500 | 116 | 2.02 |
| 350 | 56 | 0.97 | 600 | 168 | 2.90 |

### 四、 室内排水系统的试验

室内排水系统安装完毕后，除检查管道的外观质量、复核安装尺寸、进行通水试验外，一般无需进行系统的严密性试验，但对高层建筑、暗装或埋地的排水管道必须灌水试压，其试验方法和要求如下。

（1）试验时，先将排出管外端及底层地面上各承口堵严，然后以一层楼高为标准往管内灌水，但灌水高度不能超过 8m（暗装或埋地的排水管道，其灌水高度不低于底层地面高度；雨水管灌水高度必须到每根立管最上部的雨水漏斗），对试验管段进行外观检查，若无渗漏则认为合格。

（2）楼层管道的试验自下而上分层进行，选用球胆、微型汽车内胎或自行车、摩托车内胎充气作为塞子堵住检查口上端试验管段，分层进行试验，不渗、不漏为合格。内胎折叠后用绳捆扎法放入管道内充气至一定压力即可堵死管道。

（3）对非金属管材接口完毕后，需先灌水浸泡 12h，再进行试验。

## 五、 室外排水系统的试验

室外生活排水管道施工完毕后，需做闭水试验，在管道内施加适当压力，以观察管接头处及管材上有无渗水情况。

1. 试验步骤

（1）试验前需对管道内部进行检查，要求管内无裂纹、小孔、凹陷、残渣和孔洞。

（2）在上游井和下游井处用钢制堵板堵住管子两端，同时在上游井的管沟边设置一试验水箱，进行试验（图 6-9）。

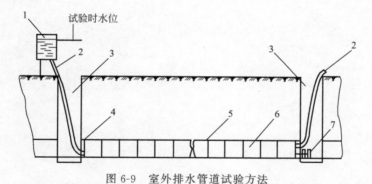

图 6-9 室外排水管道试验方法
1—水箱；2—胶管；3—排水井；4—堵板；5—接口；6—试验管段；7—阀门

（3）将进水管接至堵板下侧，游井内管子的堵板下侧应设泄水管，并挖好排水沟。从水箱向管内充水，管道充满水后，一般应浸泡 1~2 昼夜进行预检查；无漏水现象为合格。

（4）无特殊要求的排水管道试验时，允许有未形成水流的个别湿斑，若数量不超过检查段管子根数的 5%，则认为预检查合格。然后用测定渗出（或渗入）水量的方法行最后试验。试验时观察时间不应小于 30min，水的渗出（或渗入）水量如不大于表 6-34 所规定的允许值，则认为最后试验合格。

表 6-34 每 1000m 长管道在一昼夜内允许的渗漏水量　　　　　单位：m³

| 管径/mm | 150 | 200 | 250 | 300 | 350 | 400 | 450 | 500 | 600 |
|---|---|---|---|---|---|---|---|---|---|
| 钢筋混凝土管、混凝土管、石棉水泥管 | 7.0 | 20 | 24 | 28 | 30 | 32 | 34 | 36 | 40 |
| 陶土管（缸瓦管） | 7.0 | 12 | 15 | 18 | 20 | 21 | 22 | 23 | 23 |

2. 试验注意事项

（1）在潮湿土壤中检查地下水渗入管内的水量，可根据地下水位线的高低而定。地下水位线超过管顶点 2～4m，渗入管内的水量不应超过表 6-34 所规定。地下水位线超过管顶 4m以上，则每增加 1m，渗入水量允许增加 10％。当地下水位不高于 2m 时，可按干燥土壤进行试验。

（2）检查干燥土壤中管道的渗出水量，其充水高度应高出上游检查井内管顶 4m，渗出的水量不应大于表 6-34 的规定。

（3）对于雨水和与其性质相似的管道，除敷设在大孔性土壤及水源地区外，可不做渗水量试验。

（4）排出腐蚀性污水的管道，不允许有渗漏。

## 第七章

# 园林水景工程监理

园林水景是园林中非常吸引人的景观，常见的有喷泉、瀑布、水幕等形式。

## 第一节　驳岸与护坡施工现场监理

园林中的各种水体需要有稳定、美观的岸线，并使陆地与水面之间保持一定的比例关系，防止因水岸坍塌而影响水体，因而在水体的边缘修筑驳岸或进行护坡处理。

驳岸用来维系陆地与水面的界限，使其保持一定的比例关系。驳岸是正面临水的挡土墙，用来支撑墙后的陆地土壤。如果水际边缘不做驳岸处理，就很容易因为水的浮托、冻胀或风浪淘刷而使岸壁坍塌，导致陆地后退，岸线变形，影响园林景观。

驳岸能保证水体岸坡不受冲刷。通常水体岸坡受冲刷的程度取决于水面的大小、水位高低、风速及岸土的密实程度等。当这些因素达到一定程度时，如水体岸坡不做工程处理，岸坡将失去稳定，而造成破坏。因而，要沿岸线设计驳岸以保证水体坡岸不受冲刷。

驳岸还可以强化岸线的景观层次。驳岸除支撑和防冲刷作用之外，还可以通过不同的形式处理，增加驳岸的变化，丰富水景的立面层次，增强景观的艺术效果。

## 一、一般规定

（1）严格管理，并按工程规范严格施工。

（2）岸坡施工前，一般应放空湖水，以便于施工。新挖湖池应在蓄水之前进行岸坡施工。属于城市排洪河道、蓄洪湖泊的水体，应分段围堵截流，排空作业现场围堰以内的水。选择枯水期施工，如枯水位距施工现场较远，当然也就不必放空湖水再施工。岸坡采用灰土基础时，以干旱季节施工为宜，否则会影响灰土的凝结。浆砌块石施工中，砌筑要密实，要尽量减少缝穴，缝中灌浆务必饱满。浆砌石块缝宽应控制在 2～3cm，勾缝可稍高于石面。

（3）为防止冻凝，岸坡应设伸缩缝并兼作沉降缝。伸缩缝要做好防水处理，同时也可采用结合景观的设计使岸坡曲折有度，这样既丰富岸坡的变化，又减少伸缩缝的设置，使岸坡的整体性更强。

（4）为排除地面渗水或地面水在岸墙后的滞留，应考虑设置泄水孔。泄水孔可等距离分布，平均3～5m处可设置一处。在孔后可设倒滤层，以防阻塞（图7-1）。

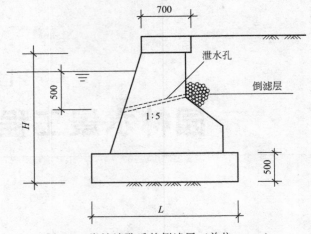

图7-1　岸坡墙孔后的倒滤层（单位：mm）

## 二、驳岸工程施工现场监理

图7-2表明驳岸的水位关系。由图可见，驳岸可分为湖底以下部分，常水位至低水位部分、常水位与高水位之间部分和高水位以上部分。

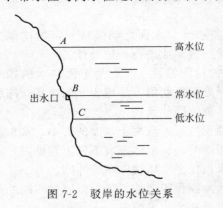

图7-2　驳岸的水位关系

高水位以上部分是不淹没部分，主要受风浪撞击和淘刷、日晒风化或超重荷载，致使下部坍塌，造成岸坡损坏。

常水位至高水位部分（$B \sim A$）属周期性淹没部分，多受风浪拍击和周期性冲刷，使水岸土壤遭冲刷淤积水中，损坏岸线，影响景观。

常水位到低水位部分（$B \sim C$）是常年被淹部分，其主要是湖水浸渗冻胀，剪力破坏，风浪淘刷。我国北方地区因冬季结冻，常造成岸壁断裂或移位。有时因波浪淘刷，土壤被淘空后导致坍塌。

$C$以下部分是驳岸基础，主要影响地基的强度。

### 1. 驳岸的造型

按照驳岸的造型形式将驳岸分为规则式驳岸、自然式驳岸和混合式驳岸三种。

规则式驳岸指用块石、砖、混凝土砌筑的几何形式的岸壁，如常见的重力式驳岸、半重力式驳岸、扶壁式驳岸等（图7-3）。规则式驳岸多属永久性的，要求较好的砌筑材料和较高的施工技术。其特点是简洁规整，但缺少变化。

自然式驳岸是指外观无固定形状或规格的岸坡处理，如常用的假山石驳岸、卵石驳岸。这种驳岸自然堆砌，景观效果好。

混合式驳岸是规则式与自然式驳岸相结合的驳岸造型。一般为毛石岸墙，自然山石岸顶。混合式驳岸易于施工，具有一定装饰性，适用于地形许可且有一定装饰要求的湖岸。

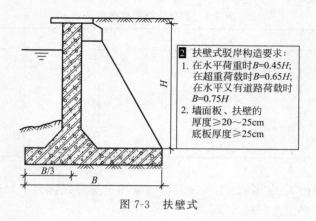

2　扶壁式驳岸构造要求：
1. 在水平荷重时 $B=0.45H$；
   在超重荷载时 $B=0.65H$；
   在水平又有道路荷载时
   $B=0.75H$
2. 墙面板、扶壁的
   厚度 $\geq 20\sim 25cm$
   底板厚度 $\geq 25cm$

图 7-3　扶壁式

### 2. 砌石类驳岸

砌石类驳岸是指在天然地基上直接砌筑的驳岸，埋设深度不大，但基址坚实稳固。如块石驳岸中的虎皮石驳岸、条石驳岸、假山石驳岸等。此类驳岸的选择应根据基址条件和水景景观要求确定，既可处理成规则式，也可做成自然式。

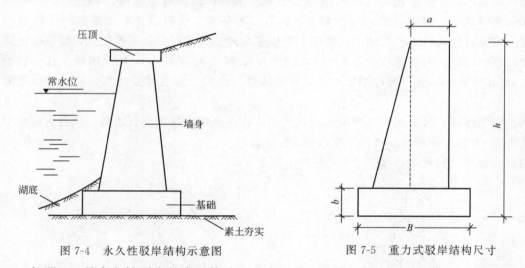

图 7-4　永久性驳岸结构示意图　　　　图 7-5　重力式驳岸结构尺寸

如图 7-4 是永久性驳岸的常见构造，它由基础、墙身和压顶三部分组成。基础是驳岸承重部分，通过它将上部重量传给地基。因此，驳岸基础要求坚固，埋入湖底深度不得小于50cm，基础宽度月则视土壤情况而定，砂砾土为 $0.35\sim 0.4h$，砂壤土为 $0.45h$，湿砂土为 $0.5\sim 0.6h$。饱和水壤土为 $0.75h$。墙身处于基础与压顶之间，承受压力最大，包括垂直压力、水的水平压力及墙后土壤侧压力。因此，墙身应具有一定的厚度，墙体高度要以最高水位和水面浪高来确定，岸顶应以贴近水面为好，便于游人亲近水面，并显得蓄水丰盈饱满。压顶为驳岸最上部分，宽度 $30\sim 50cm$，用混凝土或大块石做成。其作用是增强驳岸稳定，美化水岸线，阻止墙后土壤流失。图 7-5 是重力式驳岸结构尺寸图，与表 7-1 配合使用。整形式块石驳岸迎水面常采用 1∶10 边坡。

如果水体水位变化较大，即雨季水位很高，平时水位很低，为了岸线景观起见，则可将岸壁迎水面做成台阶状，以适应水位的升降。

驳岸施工前应进行现场调查，了解岸线地质及有关情况，作为施工时的参考。施工程序如下。

（1）放线。布点放线应依据设计图上的常水位线，确定驳岸的平面位置，并在基础两侧

表 7-1　常见块石驳岸选用表　　　　　　单位：cm

| $h$ | $a$ | $B$ | $b$ |
|---|---|---|---|
| 100 | 30 | 40 | 30 |
| 200 | 50 | 80 | 30 |
| 250 | 60 | 100 | 50 |
| 300 | 60 | 120 | 70 |
| 350 | 60 | 140 | 70 |
| 400 | 60 | 160 | 70 |
| 500 | 60 | 200 | 70 |

各加宽 20cm 放线。

（2）挖槽。一般由人工开挖，工程量较大时采用机械开挖。为了保证施工安全，对需要放坡的地段，应根据规定进行放坡。

（3）夯实地基。开槽后应将地基夯实。遇土层软弱时需进行加固处理。

（4）浇筑基础。一般为块石混凝土，浇筑时应将块石分隔，不得互相靠紧，也不得置于边缘。

（5）砌筑岸墙。浆砌块石岸墙的墙面应平整、美观；砌筑砂浆饱满，勾缝严密。每隔 25～30m 做伸缩缝，缝宽 3cm，可用板条、沥青、石棉绳、橡胶、止水带或塑料等防水材料填充。填充时应略低于砌石墙面，缝用水泥砂浆勾满。如果驳岸有高差变化，则应做沉降缝，确保驳岸稳固。驳岸墙体应于水平方向 2～4m、竖直方向 1～2m 处预留泄水孔，口径为 120mm×120mm，便于排除墙后积水，保护墙体。也可于墙后设置暗沟，填置砂石排除积水。

（6）砌筑压顶。可采用预制混凝土板块压顶，也可采用大块方整石压顶。顶石应向水中至少挑出 5～6cm，并使顶面高出最高水位 50cm 为宜。

砌石类驳岸结构做法，如图 7-6～图 7-10 所示。

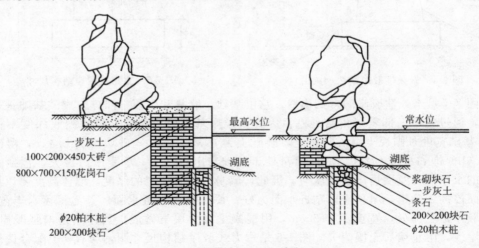

图 7-6　驳岸做法（一）（单位：mm）

3. 桩基类驳岸

桩基是我国古老的水工基础做法，直至现在仍是常用的一种水工地基处理手法。当地基表面为松土层且下层为坚实土层或基岩时最宜用桩基。其特点是：基岩或坚实土层位于松土层下，桩尖打下去，通过桩尖将上部荷载传给下面的基岩或坚实土层；若桩打不到基岩，则

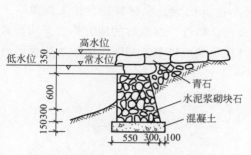

图 7-7 驳岸做法（二）（单位：mm）

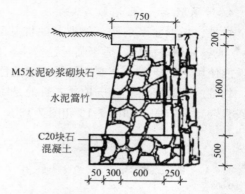

图 7-8 驳岸做法（三）（单位：mm）

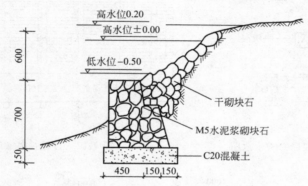

图 7-9 驳岸做法（四）（单位：mm）

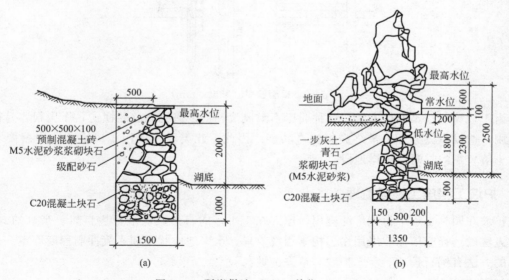

图 7-10 驳岸做法（五）（单位：mm）

利用摩擦桩，借摩擦桩侧表面与泥土间的摩擦力将荷载传到周围的土层中，以达到控制沉陷的目的。

图 7-11 是桩基驳岸结构示意，它由桩基、卡挡石、盖桩石、混凝土基础、墙身和压顶等几部分组成。卡挡石是桩间填充的石块，起保持木桩稳定作用。盖桩石为桩顶浆砌的条石，作用是找平桩顶以便浇灌混凝土基础。基础以上部分与砌石类驳岸相同。

#### 4. 竹篱驳岸、板墙驳岸

竹桩、板桩驳岸是另一种类型的桩基驳岸。驳岸打桩后，基础上部临水面墙身由竹篱（片）或板片镶嵌而成，适于临时性驳岸。竹篱驳岸造价低廉、取材容易，施工简单，工期短，能使用一定年限，凡盛产竹子，如毛竹、大头竹、勤竹、撑篱竹的地方都可采用。施工时，竹桩、竹篱要涂上一层柏油，目的是防腐。竹桩顶端由竹节处截断以防雨水积聚，竹片镶嵌直顺紧密牢固，如图 7-12 和图 7-13 所示。

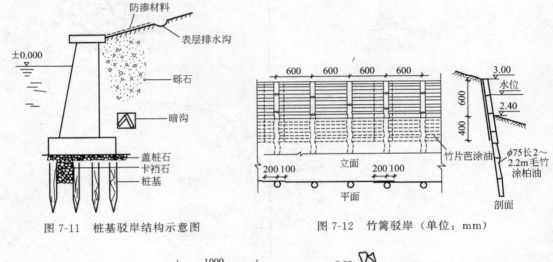

图 7-11　桩基驳岸结构示意图　　　　图 7-12　竹篱驳岸（单位：mm）

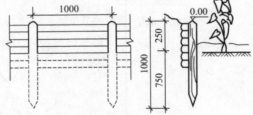

图 7-13　板墙驳岸（单位：mm）

由于竹篱缝很难做得密实，这种驳岸不耐风浪冲击、淘刷和游船撞击，岸土很容易被风浪淘刷，造成岸篱分开，最终失去护岸功能。因此，此类驳岸适用于风浪小、岸壁要求不高、土壤较黏的临时性护岸地段。

### 三、护坡工程施工现场监理

护坡在园林工程中得到广泛应用，原因在于水体的自然缓坡能产生自然、亲水的效果。护坡方法的选择应依据坡岸用途、构景透视效果、水岸地质状况和水流冲刷程度而定。目前常见的方法有铺石护坡、灌木护坡和草皮护坡。

#### 1. 铺石护坡

当坡岸较陡，风浪较大或因造景需要时，可采用铺石护坡。铺石护坡由于施工容易，抗冲刷力强，经久耐用，护岸效果好，还能因地造景，灵活随意，是园林常见的护坡形式。

护坡石料要求吸水率低（不超过 1%）、密度大（大于 $2t/m^3$）和较强的抗冻性，如石灰岩、砂岩、花岗石等岩石，以块径 18～25cm、长宽比 1：2 的长方形石料最佳。

铺石护坡的坡面应根据水位和土壤状况确定，一般常水位以下部分坡面的坡度小于

1：4，常水位以上部分采用1：1.5～1：5。

施工方法如下：首先把坡岸平整好，并在最下部挖一条梯形沟槽，槽沟宽40～50cm，深50～60cm。铺石以前先将垫层铺好，垫层的卵石或碎石要求大小一致，厚度均匀，铺石时由下至上铺设。下部要选用大块的石料，以增加护坡的稳定性。铺时石块摆成丁字形，与岸坡平行，一行一行往上铺，石块与石块之间要紧密相贴，如有突出的棱角，应用铁锤将其敲掉。铺后检查一下质量，即当人在铺石上行走时铺石是否移动？如果不移动，则施工质量合乎要求。下一步就是用碎石嵌补铺石缝隙，再将铺石夯实即成。

### 2. 灌木护坡

灌木护坡较适于大水面平缓的坡岸。由于灌木有韧性，根系盘结，不怕水淹，能削弱风浪冲击力，减少地表冲刷，因而护岸效果较好。护坡灌木要具备速生、根系发达、耐水湿、株矮常绿等特点，可选择沼生植物护坡。施工时可直播，可植苗，但要求较大的种植密度。若因景观需要，强化天际线变化，可适量植草和乔木，如图7-14所示。

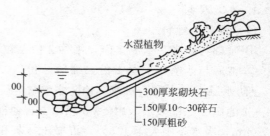

图7-14　灌木护坡（单位：mm）

### 3. 草皮护坡

草皮护坡适于坡度在1：5～1：20之间的湖岸缓坡。护坡草种要求耐水湿，根系发达，生长快，生存力强，如假俭草、狗牙根等。护坡做法按坡面具体条件而定，如果原坡面有杂草生长，可直接利用杂草护坡，但要求美观。也有直接在坡面上播草种，加盖塑料薄膜，或如图7-15所示，先在正方砖、六角砖上种草，然后用竹签四角固定作护坡。最为常见的是块状或带状种草护坡，铺草时沿坡面自下而上成网状铺草，用木方条分隔固定，稍加压踩。若要增加景观层次、丰富地貌、加强透视感，可在草地散置山石，配以花灌木。

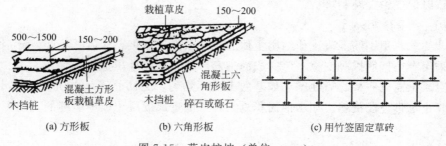

(a) 方形板　　　(b) 六角形板　　　(c) 用竹签固定草砖

图7-15　草皮护坡（单位：mm）

## 第二节　水池施工现场监理

水池在园林中的用途很广泛，可用作处理广场中心、道路尽端以及和亭、廊、花架等各种建筑，形成富于变化的各种组合。这样可以在缺乏天然水源的地方开辟水面以改善局部的小气候条件，为种植、饲养有经济价值和观赏价值的水生动植物创造生态条件，并使园林空间富有生动活泼的景观。常见的喷水池、观鱼池、海兽池及水生植物种植池都属于这种水体类型。水池平面形状和规模主要取决于园林总体与详细规划中的观赏与功能要求，水景中水池的形态种类众多,深浅和池壁、池底材料也各不相同。

常用的水池材料分刚性材料和柔性材料两种,刚性材料以钢筋混凝土、砖、石等为主,而柔性材料则有各种改性橡胶防水卷材、高分子防水薄膜、膨润土复合防水垫等。刚性材料宜用于规则式水池,柔性材料则用于自然式水池较为合适。

## 一、 刚性材料水池施工现场监理

刚性材料水池一般施工工艺如下。

1. 施工准备

(1) 混凝土配料

① 基础与池底:水泥1份,细砂2份,粒料4份,所配的混凝土强度为C18。

② 池底与池壁:水泥1份,细砂2份,0.6～2.5cm粒料3份,所配的混凝土强度为C13。防水层:防水剂3份或其他防水卷材。

③ 池底、池壁必须采用42.5级以上普通硅酸盐水泥,水灰比≤0.55,粒料直径不得大于40mm,吸水率不大于1.5%,混凝土抹灰和砌砖抹灰用32.5级水泥或42.5级水泥。

(2) 添加剂 混凝土中有时需要加入适量添加剂,常见的有U型混凝土膨胀剂、氯化钙促凝剂、加气剂、缓凝剂、着色剂等。

(3) 放样 按设计图纸要求放出水池的位置、平面尺寸、池底标高定桩位。

2. 基坑开挖

一般可采用人工开挖,如水面较大也可采用机挖;为确保池底基土不受扰动破坏,机挖必须保留200mm厚度,由人工修整。需设置水生植物种植槽的,在放样时应明确,以防超挖而造成浪费;种植槽深度应视种植的水生植物特性确定。

池基挖方会遇到排水问题,工程中常见基坑排水,这是既经济又简易的排水方法。此法是沿池基边挖成临时性排水沟,并每隔一定距离在池基外侧设置集水井,再通过人工或机械抽水排走,以保证施工顺利进行。

3. 池底、壁结构施工

按设计要求,用钢筋混凝土作结构主体的,必须先支模板,然后扎池底、壁钢筋;两层钢筋间需采用专用钢筋撑脚支撑,已完成的钢筋严禁踩踏或堆压重物。

浇捣混凝土需先底板、后池壁。如基底土质不均匀,为防止不均匀沉降造成水池开裂,可采用橡胶止水带分段浇捣;如水池面积过大,可能造成混凝土收缩裂缝的,则可采用后浇带法解决。

施工缝采用3mm厚钢板止水带,留设在底板上口300mm处,如图7-16所示。施工前先凿去缝内混凝土浮浆及杂物并用水冲洗干净。混凝土浇捣时,应加强接缝处的振捣,使新旧混凝土结合充分密实。

如要采用砖、石作为水池结构主体的,必须采用M75～M10水泥砂浆砌筑底,灌浆饱满密实,在炎热天要及时洒水养护砌筑体。

4. 池壁抹灰

(1) 内壁抹灰前2天应将墙面扫清,用水洗刷干净,并用铁皮将所有灰缝刮一下,要求凹进1～1.5cm。

(2) 应采用42.5级普通硅酸盐水泥配制水泥砂浆,配合比为1:2,必须称量准确,可掺适量防水粉,搅拌均匀。

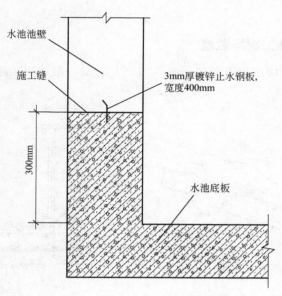

图 7-16 水池池壁施工缝的留置

（3）在抹第一层底层砂浆时，应用铁板用力将砂浆挤入砖缝内，增加砂浆与砖壁的黏结力。底层灰不宜太厚，一般在 5～10mm。第二层将墙面找平，厚度为 5～12mm。第三层为面层，进行压光，厚度为 2～3mm。

（4）砖壁与钢筋混凝土底板结合处，要特别注意操作，加强转角抹灰的厚度，使其呈圆角，以免渗漏。

（5）外壁抹灰可采用 1∶3 水泥砂浆，并用一般操作做法。

5. 水池粉刷

为保证水池防水可靠，在作装饰前，首先应做好蓄水试验，在灌满水 24h 后未有明显水位下降后，即可对池底、壁结构层采用防水砂浆粉刷，粉刷前要将池水放干清洗，不得有积水、污渍，粉刷层应密实牢固，不得出现空鼓现象。

6. 工程施工质量要求

（1）砖壁砌筑必须做到横圆竖直，灰浆饱满。不得留踏步式或马牙槎。砖的强度等级不低于 MU10，砌筑时要挑选，砂浆配合比要称量准确，搅拌均匀。

（2）钢筋混凝土壁板和壁槽灌缝之前，必须将模板内杂物清除干净，用水将模板湿润。

（3）池壁模板不论采用无支撑法还是有支撑法，都必须将模板紧固好，防止混凝土浇筑时模板发生变形。

（4）防渗混凝土可掺用素磺酸钙减水剂，掺用减水剂配制的混凝土耐油、抗渗性好，而且节约水泥。

（5）矩形钢筋混凝土水池，由于工艺需要，长度较长，在底板、池壁上设有伸缩缝。施工中必须将止水钢板或止水胶皮正确固定好，并注意浇灌，防止止水钢板、止水胶皮移位。

（6）水池混凝土强度的好坏，养护是重要的一环。底板浇筑完后，在施工池壁时，应注意养护，保持湿润。池壁混凝土浇筑完后，在气温较高或干燥情况下，过早拆模会引起混凝土收缩产生裂缝。因此，应继续浇水养护，底板、池壁和池壁灌缝的混凝土的养护期应不少于 14 天。

## 二、 柔性材料水池施工现场监理

柔性材料水池的结构，如图 7-17～图 7-19 所示。其一般施工工序如下。

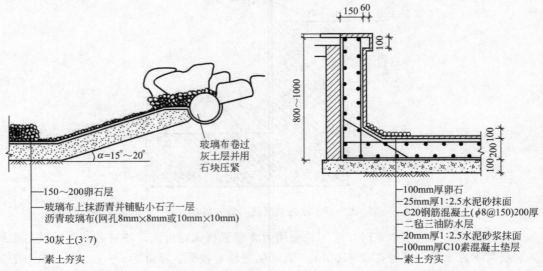

图 7-17  玻璃布沥青防水层水池结构（单位：mm）　　图 7-18　油毡防水层水池结构（单位：mm）

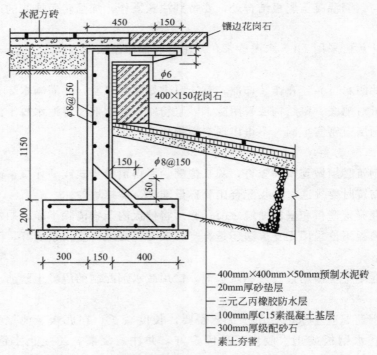

图 7-19　三元乙丙橡胶防水层水池结构（单位：mm）

（1）放样、开挖基坑要求与刚性水池相同。

（2）池底基层施工。在地基土条件极差（如淤泥层很深，难以全部清除）的条件下才有必要考虑采用刚性水池基层的做法。

不做刚性基层时，可将原土夯实整平，然后在原土上回填300～500mm的黏性黄土压实，即可在其上铺设柔性防水材料。

（3）水池柔性材料的铺设。铺设时应从最低标高开始向高标高位置铺设；在基层面应先按照卷材宽度及搭接长度要求弹线，然后逐幅分割铺贴，搭接也要用专用胶黏剂满涂后压紧，防止出现毛细缝。卷材底空气必须排出，最后在每个搭接边再用专用自粘式封口条封闭。一般搭接边长边不得小于80mm，短边不得小于15mm。

如采用膨润土复合防水垫，铺设方法和一般卷材类似，但卷材搭接处需满足搭接200mm以上，且搭接处按0.4kg/m铺设膨润土粉压边，防止渗漏产生。

（4）柔性水池完成后，为保护卷材不受冲刷破坏，一般需在面上铺压卵石或粗砂作保护。

## 三、 水池的给排水系统施工现场监理

### 1. 给水系统

水池的给排水系统主要有直流给水系统、陆上水泵循环给水系统、潜水泵循环给水系统和盘式水景循环给水系统等4种形式。

（1）直流给水系统。直流给水系统如图7-20所示。将喷头直接与给水管网连接，喷头喷射一次后即将水排至下水道。这种系统构造简单、维护简单且造价低，但耗水量较大。直流给水系统常与假山、盆景配合，作小型喷泉、瀑布、孔流等，适合在小型庭院、大厅内设置。

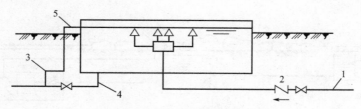

图7-20　直流给水系统

1—给水管；2—止回隔断阀；3—排水管；4—泄水管；5—溢流管

（2）陆上水泵循环给水系统。陆上水泵循环给水系统如图7-21所示。该系统设有贮水池、循环水泵房和循环管道，喷头喷射后的水多次循环使用，具有耗水量少、运行费用低的优点。但系统较复杂，占地较多，管材用量较大，投资费用高，维护管理麻烦。此种系统适

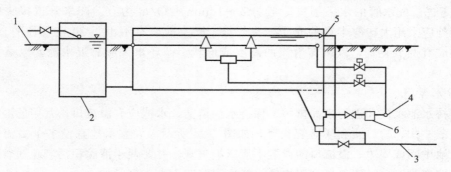

图7-21　陆上水泵循环给水系统

1—给水管；2—补给水井；3—排水管；4—循环水泵；5—溢流管；6—过滤器

合各种规模和形式的水景，一般用于较开阔的场所。

（3）潜水泵循环给水系统。潜水泵循环给水系统如图 7-22 所示。该系统设有贮水池，将成组喷头和潜水泵直接放在水池内作循环使用。这种系统具有占地少、投资低、维护管理简单、耗水量少的优点，但是水姿花形控制调节较困难。潜水泵循环给水系统适用于各种形式的中型或小型喷泉、水塔、涌泉、水膜等。

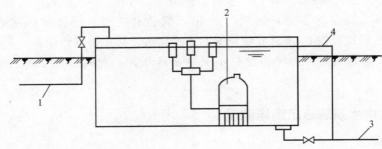

图 7-22　潜水泵循环给水系统

1—给水管；2—潜水泵；3—排水管；4—溢流管

（4）盘式水景循环给水系统。盘式水景循环给水系统如图 7-23 所示。该系统设有集水盘、集水井和水泵房。盘内铺砌踏石构成甬路。喷头设在石隙间，适当隐蔽。人们可在喷泉间穿行，满足人们的亲水感，增添欢乐气氛。该系统不设贮水池，给水均循环利用，耗水量少，运行费用低，但存在循环水易被污染、维护管理较麻烦的缺点。

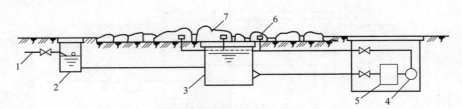

图 7-23　盘式水景循环给水系统

1—给水管；2—补给水井；3—集水井；4—循环泵；5—过滤器；6—喷头；7—踏石

上述几种系统的配水管道宜以环状形式布置在水池内，小型水池也可埋入池底，大型水池可设专用管廊。一般水池的水深采用 $0.4\sim0.5m$，超高为 $0.25\sim0.3m$。水池充水时间按 $24\sim48h$ 考虑。配水管的水头损失一般为 $5\sim10mmH_2O/m$ 为宜。配水管道接头应严密平滑，转弯处应采用大转弯半径的光滑弯头。每个喷头前应有不小于 20 倍管径的直线管段；每组喷头应有调节装置，以调节射流的高度或形状。循环水泵应靠近水池，以减少管道的长度。

**2. 排水系统**

为维持水池水位和进行表面排污，保持水面清洁，水池应有溢流口。常用的溢流形式有堰口式、漏斗式、管口式和联通管式等，如图 7-24 所示。大型水池宜设多个溢流口，均匀布置在水池中间或周边。溢流口的设置不能影响美观，并要便于清除积污和疏通管道，为防止漂浮物堵塞管道，溢流口要设置格栅，格栅间隙应不大于管径的 1/4。

为便于清洗、检修和防止水池停用时水质腐败或池水结冰，影响水池结构，池底应有

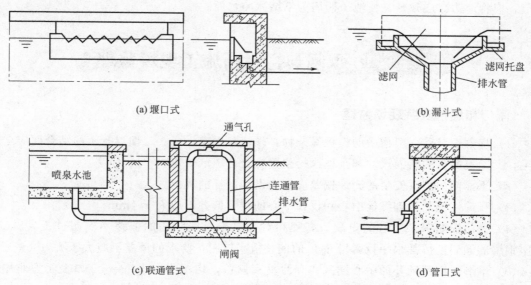

(a) 堰口式

(b) 漏斗式

滤网　滤网托盘　排水管

通气孔

喷泉水池

连通管

排水管

闸阀

(c) 联通管式

(d) 管口式

图 7-24　水池各种溢流口

0.01 的坡度，坡向泄水口。若采用重力泄水有困难时，在设置循环水泵的系统中，也可利用循环水泵泄水，并在水泵吸水口上设置格栅，以防水泵装置和吸水管堵塞，一般栅条间隙不大于管道直径的 1/4。

## 四、　室外水池防冻工程现场监理

我国北方地区冰冻期较长，对于室外园林地下水池的防冻处理，就显得十分重要。若为小型水池，一般是将池水排空，这样池壁受力状态是：池壁顶部为自由端，池壁底部铰接（如砖墙池壁）或固接（如钢筋混凝土池壁）。空水池壁外侧受土层冻胀影响，池壁承受较大的冻胀推力，严重时会造成水池池壁产生水平裂缝或断裂。

冬季池壁防冻，可在池壁外侧采用排水性能较好的轻骨料，如矿渣、焦渣或砂石等，并应解决地面排水，使池壁外回填土不发生冻胀情况，如图 7-25 所示，池底花管可解决池壁外积水（沿纵向将积水排除）。

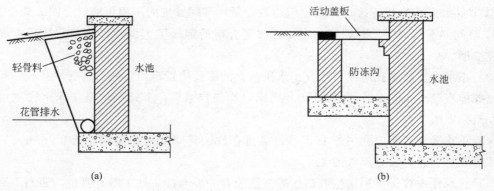

活动盖板

轻骨料

水池

花管排水

(a)

防冻沟

水池

(b)

图 7-25　池壁防冻措施

在冬季，大型水池为了防止冻胀推裂池壁，可采取冬季池水不撤空，池中水面与池外地坪持平，使池水对池壁压力与冻胀推力相抵消。因此为了防止池面结冰，胀裂池壁，在寒冬季节，应将池边冰层破开，使池子四周为不结冰的水面。

第三节 **水闸与拦污栅施工现场监理**

## 一、 闸门和埋件安装现场监理

（1）埋件安装前，门槽中的模板等杂物必须清除干净。一、二期混凝土的结合面应全部凿毛，二期混凝土的断面尺寸和预埋锚栓位置应符合图纸规定。

（2）平面闸门埋件安装的允许偏差应符合设计图样的规定。

（3）弧门铰座的基础螺栓中心和设计中心的位置偏差不应大于1mm。

（4）弧门铰座钢梁中心的里程、高程和对孔口中心线距离的偏差不应超过±1.5mm。铰座钢梁的倾斜度按其水平投影尺寸 $L$ 的偏差值来控制，要求的偏差不应大于 $L/1000$。

（5）锥形铰座基础环的中心偏差和表面垂直偏差，均不应大于1mm（如表面为非加工面，则垂直偏差为2mm），其表面对孔口中心线距离的允许偏差为 $^{+2.0}_{-1.0}$mm。

（6）埋件安装调整后，应用加固钢筋与预埋锚栓焊牢，锚栓应扳直，加固钢筋的直径不应小于锚栓的直径，其两端与埋件及锚栓的焊接长度，均不应小于50mm。

（7）深孔闸门埋件过流面上的焊疤和焊缝加强高应铲平，弧坑应补平。

（8）埋件安装完，经检查合格后，应在5～7天内浇筑二期混凝土。如过期或有碰撞，应予复测，复测合格，方可浇筑混凝土。浇筑时，应注意防止撞击。

（9）埋件的二期混凝土拆模后，应对埋件进行复测，并做好记录。同时检查混凝土表面尺寸，清除遗留的钢筋头和杂物，以免影响闸门启闭。

## 二、 平面闸门安装现场监理

（1）整体到货的闸门在安装前，应对其各项尺寸按有关规定进行复查。

（2）分节到货的闸门组成整体后，其各项尺寸，除应按规定进行复查外，并应满足下列要求。

① 节间如采用螺栓连接，则螺栓应均匀拧紧，节间橡皮的压缩量应符合图纸规定。

② 节间如采用焊接，则焊接前应按已评定合格的焊接工艺编制焊接工艺规程，焊接时应监视变形。

（3）止水橡皮的螺孔应按门叶或止水压板上的螺孔位置定出，然后进行冲孔或钻孔，孔径应比螺栓直径小1.0mm，严禁烫孔。当螺栓均匀拧紧后，其端头应低于止水橡皮自由表面8.0mm以上。

（4）止水橡皮表面应光滑平直，不得盘折存放。其厚度允许偏差为±1.0mm，其余外形尺寸的允许偏差为设计尺寸的2%。

（5）止水橡皮接头可采用生胶热压等方法胶合，胶合接头处不得有错位、凹凸不平和疏松现象。

（6）止水橡皮安装后，两侧止水中心距离和顶止水中心至底止水底缘距离的偏差均不应超过±3.0mm，止水表面的平面度为2.0mm。闸门处于工作部位后，止水橡皮的压缩量应符合图纸规定，其允许偏差为 $^{+2.0}_{-1.0}$mm。

（7）单吊点的平面闸门应作静平衡试验。试验方法为：将闸门吊离地面 100mm，通过滚轮或滑道的中心测量上、下与左、右方向的倾斜，倾斜度不应超过门高的 1/1000，且不大于 8.0mm。

## 三、 弧形闸门安装现场监理

（1）圆柱形、球形和锥形铰座安装的允许偏差，应符合表 7-2 的规定。

**表 7-2  圆柱形、球形和锥形铰座安装的允许偏差**

| 项目 | 允许偏差/mm |
|---|---|
| 铰座中心对孔口中心线的距离 | ±1.5 |
| 里程 | ±2 |
| 高程 | ±2 |
| 铰座轴孔倾斜 | 1/1000 |
| 两铰座轴线的同轴度 | 2 |

注：铰座轴孔倾斜是指任何方向的倾斜。

（2）分节到货的弧门门叶组成整体后，应在焊接前按已评定合格的焊接工艺编制焊接工艺规程，焊接时监视变形。

（3）弧门安装的偏差应符合下列规定。

① 支臂两端的连接板和铰链、主梁组装焊接时，应采取措施减少变形，焊接后其组合面应接触良好。抗剪板应和连接板顶紧。

② 铰轴中心至面板外缘的曲率半径的偏差，对露顶式弧门不应超过 ±8.0mm，两侧相对差不应大于 5.0mm，对潜孔式弧门不应超过 ±4.0mm，两侧相对差不应大于 3.0mm。

## 四、 人字闸门安装现场监理

（1）底枢装置安装的偏差应符合下列规定。

① 蘑菇头中心的偏差不应大于 2.0mm，高程偏差不超过 ±3.0mm，左、右两蘑菇头标高相对差不应大于 2.0mm。

② 底枢轴座的水平偏差不应大于 1/1000。

（2）顶枢装置安装的偏差应符合下列规定。

① 顶枢埋件应根据门叶上顶枢轴座板的实际高程进行安装，拉杆两端的高差不应大于 1.0mm。

② 两拉杆中心线的交点与顶枢中心偏差不应大于 2.0mm。

③ 顶枢轴线与底枢轴线应在同一轴线上，其偏离值不应大于 2.0mm。

④ 顶枢轴两座板要求同心，其倾斜度不应大于 1/1000。

（3）支、枕座安装时，以顶、底支、枕座中心的连线检查中间支、枕座的中心线，要求其任何方向的偏移值不应大于 2.0mm。

（4）支、枕垫块调整后，应符合下列规定。

① 不作止水的支、枕垫块间不应有大于 0.2mm 的连续间隙，局部间隙不大于 0.4mm；兼作止水的支、枕垫块间，应不大于 0.15mm 的连续间隙，局部间隙不大于 0.3mm；间隙累计长度应不超过支、枕垫块长度的 10%。

② 每对相接触的支、枕垫块中心线的相对偏移值不应大于 5.0mm。

（5）支、枕垫块与支、枕座间浇注填料应符合下列规定。

① 如浇注环氧垫料，则其成分、配制比例和允许最小间隙宜经试验决定。

② 如浇注巴氏合金，则当支、枕垫块与支、枕座间的间隙小于 7mm 时，应将垫块和支、枕座均匀加热到 200℃后方可浇注。禁用氧-乙炔焰加热。

（6）旋转门叶从全开到全关过程中，斜接柱上任意一点的最大跳动量：当门宽小于等于 12m 时为 1.0mm；门宽大于 12m 时为 2.0mm。

（7）人字闸门安装后，底横梁在斜接柱一端的下垂值不应大于 5.0mm。

（8）当闸门全关，各项止水橡皮的压缩量为 2.0～4.0mm 时，门底的限位橡皮块应与闸门底槛角钢的竖面均匀接触。

## 五、闸门试验

（1）闸门安装完，应在无水情况下作全行程启闭试验。共用闸门应对每个门槽做启闭试验。试验前必须清除门叶上和门槽内所有杂物并检查吊杆的连接情况。启闭时，应在止水橡皮处浇水润滑。有条件时，工作闸门应做动水启闭试验。

（2）闸门启闭过程中应检查滚轮转动情况，闸门升降有无卡阻，止水橡皮有无损伤等现象。

（3）闸门全部处于工作部位后，应用灯光或其他方法检查止水橡皮的压紧程度，不应有透亮或有间隙。如闸门为上游止水，则应在支承装置和轨道接触后检查。

（4）闸门在承受设计水头的压力时，通过橡皮止水每米长度的漏水量不应超过 0.1L/s。

## 六、拦污栅制造和安装

（1）拦污栅埋件制造的允许偏差应符合表 7-3 的规定。

表 7-3　拦污栅埋件制造的允许偏差

| 项目 | 允许偏差 |
| --- | --- |
| 工作面弯曲度 | 构件长度的 1/1000，且不超过 6.0mm |
| 侧面弯曲度 | 构件长度的 1/750，且不超过 8.0mm |
| 工作面局部凹凸不平度 | 每 1m 范围内不超过 2.0mm |
| 扭曲 | 3.0mm |

（2）拦污栅单个构件制造的允许偏差应符合相关标准或规范的规定。

（3）拦污栅栅体制造的偏差应符合下列规定。

① 栅体宽度和高度的偏差不应超过±8.0min。

② 栅体厚度的偏差不应超过±4.0mm。

③ 栅体对角线相对差不应超过 6.0mm；扭曲不应超过 4.0mm。

④ 各栅条应互相平行，其间距偏差不应超过设计间距的±5%。

⑤ 栅体的吊耳孔中心距偏差不应超过±4.0mm。

⑥ 栅体的滑块或滚轮应在同一平面内，其工作面的最高点和最低点的差值不应大于 4.0mm。

⑦ 滑块或滚轮的跨度偏差不应超过±6.0mm，同侧滑块或滚轮的中心线偏差不应超过±3.0mm。

⑧ 两边梁下端的承压板应在同一平面内，若不在同一平面内则其平面度公差应不大

于 3.0mm。

（4）活动式拦污栅埋件安装的允许偏差应符合表 7-4 的规定。

**表 7-4  活动式拦污栅栏埋件安装的允许偏差**

| 项目 | 允许偏差/mm | | |
|---|---|---|---|
| | 底槛 | 主轨 | 反轨 |
| 里程 | ±5.0 | | |
| 高程 | ±5.0 | | |
| 工作表面一端对另一端的高差 | 3.0 | | |
| 对栅槽中心线 | | +3.0<br>−2.0 | +5.0<br>−2.0 |
| 对孔口中心线 | ±5.0 | ±5.0 | ±5.0 |

对于倾斜设置的拦污栅埋件，其倾斜角的偏差不应超过±1°。

（5）固定式拦污栅埋件安装时，各横梁工作表面应在同一平面内，其工作表面最高点或最低点的差值不得超过 3.0mm。

（6）栅体吊入栅槽后，应做升降试验，检查其动作情况及各节的连接是否可靠。

## 第四节  水景工程施工质量控制与检验

### 一、 水景施工质量要求

水景是通过其形状、色彩、质地、光泽、流动、声响等品性相互作用，紧密联系，形成一个整体，来渲染和烘托空间气氛与情调的。

（1）水本身没有固定的形式，而是成形于容器。因此，水容器的施工质量是水景艺术效果的前提。其基本要求是：结构牢固，表面平整，无渗漏现象。

（2）水本身清滢无色，因此会显露出容器饰面材料的色彩和质感，且随水层厚度、动态及光照条件的变化而发生相应的变化。因此水容器的设计与施工要充分考虑到其与水共同产生的视觉作用。

（3）水景的成形效果是在盛水容器及设施施工完成之后才显现出来的，因此盛水容器及设施的施工应严格按照设计要求实施。

### 二、 水景施工

1. 水景工程施工程序

水景工程的施工程序一般可分为施工前准备阶段和现场施工阶段两大部分。

（1）施工前准备阶段。在施工准备期内，施工人员的主要任务是：领会图纸设计的意图，掌握工程特点，了解工程质量要求，熟悉施工现场，合理安排施工力量，为顺利完成现场各项施工任务做好准备工作。其内容一般可分为技术准备、生产准备、施工现场准备、后勤保障准备和文明施工准备五个方面。

（2）现场施工阶段。水景工程现场施工阶段应重点注意下列事项。

① 严格按照施工组织设计和施工图进行施工安排，若有变化，须经计划、设计双方和有关部门共同研究讨论并以正式的施工文件形式决定后，方可实施变更。

② 严格执行各有关工种的施工规程，确保各工种技术措施的落实。不得随意改变，更

不能混淆工种施工。

③ 严格执行各工序间施工中的检查、验收、交接手续的要求，并将其作为现场施工的原始资料妥善保管，明确责任。

④ 严格执行现场施工中各类变更的请示、批准、验收、签字的规定，不得私自变更和未经甲方检查、验收、签字而进入下一道工序，并将有关文字材料妥善保管，作为竣工结算、决算的原始依据。

⑤ 严格执行施工的阶段性检查、验收的规定，尽早发现施工中的问题，及时纠正，以免造成大的损失。

⑥ 严格执行施工管理人员对进度、安全、质量的要求，确保各项措施在施工过程中得以贯彻落实，以防各类事故发生。

⑦ 严格服从工程项目部的统一指挥、调配，确保工程计划的全面完成。

2. 施工准备工作

（1）技术准备　技术准备是水景工程施工准备工作的核心，主要包括以下内容。

① 熟悉并审查施工图纸和有关资料。在施工前应熟悉设计图纸的详细内容，掌握设计意图，确认现场状况，以便编制施工组织设计，为工程施工提供各项依据。在研究图纸时，需要特别注意的是特殊施工说明书的内容、施工方法、工期以及所确认的施工界线等。

② 原始资料的调查分析。做好施工准备工作，既要掌握有关拟建工程的书面资料，还应该对拟建工程进行实地勘测和调查，获得第一手资料，这对拟定一个合理、切合实际的施工组织设计是非常必要的。

③ 编制施工图预算和施工预算。工程预算是水景工程建设计划的一部分。因此，在准备建造一个水景之前，应详细地把预算考虑在计划之内。施工图预算应由施工单位按照施工图纸所确定的工程量、施工组织设计拟定的施工方法、建设工程预算定额和有关费用定额编制。施工预算是施工单位内部编制的一种预算。它是在施工图预算的控制下，结合施工组织设计中的平面布置、施工方法、技术组织措施以及现场施工条件等因素编制而成的。

④ 编制施工组织设计。拟建工程应根据其规模、特点和建设单位的要求，编制指导该工程施工全过程的施工组织设计。

（2）施工工具、设备的选择　水景的建造方式有多种选择，需要何种类型的水景往往决定了所使用的施工工具和设备。

（3）劳动组织准备

① 有能进行现场施工指导的专业技术人员。

② 施工项目管理人员应是有实际工作经验的专业人员。

③ 各工种应有熟练的技术工人，并应在进场前进行有关的入场教育。

（4）施工现场准备　水景工程施工现场准备主要包括以下内容。

① 施工现场的控制网测量。根据给定的永久性坐标和高程，按照总平面图要求，进行施工场地的控制网测量，设置场区永久性控制测量标桩。

② 做好"四通一清"。确保施工现场水通、电通、道路畅通、通信畅通和场地清理。水景建设中的场地平整要因地制宜，合理利用竖向条件，既便于施工，又能保留良好的地形景观。

③ 做好施工现场的补充勘探。对施工现场做补充勘探是为了进一步寻找隐蔽物。特别

要清楚地下管线的布局，以便及时拟定处理隐蔽物的方案和措施，为基础工程施工创造条件。

④ 建造临时设施。按照施工总平面图的布置建造临时设施，为正式开工准备好用于生产、办公、生活、居住和储存等的临时用房。

⑤ 安装调试施工机具。根据施工机具的需求计划，按施工平面图要求，组织施工机械、设备和工具进场，按规定地点和方式存放，并应进行相应的保养和试运转等工作。

⑥ 组织施工材料进场。各项材料按需求计划组织进场，按规定地点和方式存放。

⑦ 其他。如做好冬季、雨季施工安排，树木的保护和保存等。

3. 施工前质量检验要点

（1）设计单位向施工单位交底，除结构构造要求外，主要针对其水形、水的动态及声响等图纸难以表达的内容提出技术、艺术的要求。

（2）对于构成水容器的装饰材料，应按设计要求进行搭配组合试排，研究其颜色、纹理、质感是否协调统一，还要了解其吸水率、反光度等性能，以及表面是否容易被污染。

4. 施工过程中质量检验要点

（1）以静水为景的池水，重点应放在水池的定位、尺寸是否准确；池体表面材料是否按设计要求选材及施工；给水与排水系统是否完备等方面。

（2）流水水景应注意沟槽大小、坡度、材质等的精确性，并要控制好流量。

（3）水池的防水防渗应按照设计要求进行施工，并经验收。

（4）施工过程中要注意给、排水管网，供电管线的预埋（留）。

## 三、 水景的施工质量预控措施

一般来说，水池的砌筑是水景施工的重点，现以混凝土水池为例进行质量预控。

1. 施工准备工作

（1）复核池底、侧壁的结构受力情况是否安全牢固，有无构造上的缺陷。

（2）了解饰面材料的品种、颜色、质地、吸水、防污等性能。

（3）检查防水、防渗漏材料，构造是否满足要求。

2. 施工阶段

（1）根据设计要求及现场实际情况，对水池位置、形状及各种管线放线定位。

（2）浇筑混凝土水池前，应先施工完成好各种管线，并进行试压、验收。

（3）混凝土水池应按有关施工规程进行支模、配料、浇注、振捣、养护及取样检查，经验收后方可进行下道施工工序。

（4）防水防漏层施工前，应对水池基面抹灰层进行验收。

（5）饰面应纹理一致，色彩与块面布置均匀美观。

3. 放水试验

检查安全性、平整度，有无渗漏，水形、光色与环境是否协调统一。

## 四、 水景施工过程中的质量检查

（1）检查池体结构混凝土配比通知书，材料试验报告，强度、刚度、稳定性是否满足要求。

（2）检查防水材料的产品合格证书及种类，制作时间，储存有效期，使用说明等。

（3）检查水质检验报告，有无污染。

（4）检查水、电管线的测试报告单。

（5）检查水的形状、色彩、光泽、流动等与饰面材料是否协调统一。

## 五、 水池试水

试水时应先封闭管道孔，由池顶放入水池，一般分几次进水，根据具体情况，控制每次进水高度。从四周上下进行外观检查，做好记录，如无特殊情况，可继续灌水到储水设计标高。同时要做好沉降观察。灌水到设计标高后，停1天，进行外观检查，并做好水面高度标记，连续观察7天，外表面无渗漏及水位无明显降落方为合格。

水池施工中还涉及许多其他工种与分项工程，如假山工程、给排水工程、电气工程、设备安装工程等。

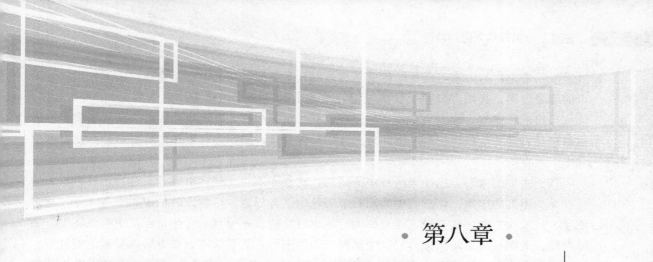

## 第八章

# 园林假山、叠石工程施工现场监理

## 第一节　材料、工具质量监理

假山是园林中以造景为目的，用土、石等材料构筑的山。假山具有多方面的造景功能，如构成园林的主景或地形骨架，划分和组织园林空间，布置庭院、驳岸、护坡、挡土，设置自然式花台。还可以与园林建筑、园路、场地和园林植物组合成富于变化的景致，借以减少人工气氛，增添自然生趣，使园林建筑融汇到山水环境中。因此，假山成为表现中国自然山水园的特征之一。

### 一、假山材料

堆叠假山的材料主要为自然山石。我国幅员辽阔，地质结构变化大，这为假山的堆制提供了优越的物质基础。宋代杜绾撰《云林石谱》所收录的石种有116种。但其中大多数属于盆玩石，不一定都能适用于堆叠假山。明代计成所著《园冶》中收录的15种山石，大多数可以用于堆山。

按假山石料的产地、质地来看，假山的石料可以分为湖石、黄石、青石、石笋，以及其他石品五大类，每一类产地地质条件差异而又可细分为多种。

#### 1. 湖石

因原产太湖一带而得此名。这是在江南园林中运用最为普遍的一种，也是历史上开发较早的一类山石。我国历史上大兴掇山之风的宋代寿山艮岳也不惜民力从江南遍搜名石奇卉运到汴京（今开封），这便是"花石纲"。"花石纲"所列之石也大多是太湖石。于是，从帝土宫苑到私人宅园竞以湖石炫耀家门，太湖石风靡一时。实际上湖石即经过熔融的石灰岩，在我国分布很广，除苏州太湖一带盛产外，北京的房山、广东的英德、安徽的宣城、灵璧以及江苏的宜兴、镇江、南京，山东的济南等地均有分布，只不过在色泽、纹理和形态方面有些差别。在湖石这一类山石中又可分为以下几种。

（1）太湖石（又称南太湖石）　真正的太湖石原产于苏州所属太湖中的洞庭西山，其中消夏湾一带出产的太湖石品质最优良。这种山石是一种石灰岩，质坚而脆，由于风浪或地下水的熔融作用，其纹理纵横，脉络显隐。石面上遍多坳坎，称为"弹子窝"，扣之有微声，还很自然地形成沟、缝、窝、穴、洞、环。有时窝洞相套，玲珑剔透，蔚为奇观，犹如天然的雕塑品，观赏价值比较高。因此常选其中形体险怪，嵌空穿眼者作为特置石峰。此石水中和土中皆有所产。

产于水中的太湖石色泽于浅灰中露白色，比较丰润、光洁，也有青灰色的，具有较大的皱纹而少很细的皱褶。产于土中的湖石于灰色中带青灰色。性质比较枯涩而少有光泽，遍多细纹，好像大象的皮肤一样，也有称为"象皮石"的。外形富于变化，青灰中有时还夹有细的白纹。太湖石大多是从整体岩层中选择开采出来的，其靠岩层面必有人工采凿的痕迹。

（2）房山石（又称北太湖石）　产于北京房山大灰石一带山上，因之得名，也属石灰岩。新开采的房山岩呈土红色、橘红色或更淡一些的土黄色，日久以后表面带些灰黑色，质地不如南方的太湖石那样脆，但有一定的韧性。这种山石也具有太湖石的窝、沟、环、洞等的变化。因此也有人称之为北太湖石。它的特征除了颜色和太湖石有明显区别以外，密度比太湖石大，扣之无共鸣声，多密集的小孔穴而少有大洞。因此外观比较沉实、浑厚、雄壮，这和太湖石外观轻巧、清秀、玲珑是有明显差别的。和这种山石比较接近的还有镇江所产的砚山石，形态颇多变化而色泽淡黄清润，扣之微有声。也有灰褐色的，石多穿眼相通。

（3）英德石　原产广东省英德县一带。岭南园林中有用这种山石掇山，也常见于几案石晶。英德石质坚而特别脆，用手指弹扣有较响的共鸣声。淡青灰色，有的间有白脉笼络。

这种山石多为中、小形体，很少见有很大块的。现存广州市西天逢源大街8号名为"风云际会"的假山就是完全用英德石掇成，别具一种风味。英德石又可分白英、灰英和黑英三种。一般所见以灰英居多，白英和黑英均甚罕见，所以多用作特置或散点。

（4）灵璧石　原产安徽省灵璧县。石产土中，被赤泥渍满，须刮洗方显本色。其石中灰色而甚为清润，质地亦脆，用手弹亦有共鸣声。石面有坳坎的变化，石形亦千变万化，但其眼少有宛转回折，须经人工修饰以全其美。这种山石可掇山石小品，更多的情况下作为盆景石玩。

（5）宣石　产于安徽省宁国市。其色有如积雪覆于灰色石上，也由于为赤土积渍，因此又带些赤黄色，非刷净不见其质，所以愈旧愈白。由于它有积雪一般的外貌，扬州个园的冬山、深圳锦绣中华的雪山均用它作为材料，效果显著。

2. 黄石

黄石是一种带橙黄颜色的细砂岩，产地很多，以常熟虞山的自然景观为著名。苏州、常州、镇江等地皆有所产。其石形体顽劣，见棱见角，节理面近于垂直，雄浑沉实。与湖石相比又别是一番景象，平正大方，立体感强，块钝而棱锐，具有强烈的光影效果。明代所建上海豫园的大假山、苏州耦园的假山和扬州个园的秋山均为黄石掇成的佳品。

3. 青石

青石即一种青灰色的细砂岩。北京西郊红山口一带均有所产。青石的节理面不像黄石那样规整，不一定是相互垂直的纹理，也有交叉互织的斜纹。就形体而言多呈片状，故又有"青云片"之称。北京圆明园"武陵春色"的桃花洞、北海的濠濮间和颐和园后湖某些局部都用这种青石为山。

## 二、 假山工程施工过程

园林工程的施工区别于其他工程的最大特点就是技艺并重，施工的过程也是再创造的过程。假山的施工最典型地体现了这一特点。

假山的施工过程一般包括准备、放线、挖槽、立基、拉底、中层施工、收顶、做脚。

### 1. 准备石料

（1）石料的选购　根据假山设计意图及设计方案所确定的石材种类，需要到山石的产地进行选购。在产地现场，通常需根据所能提供的石料的石质、大小、形态等，设想出那些石料可用于假山的何种部位，并要通盘考虑山石的形状与用量。

石料有新、旧、半新半旧之分。采自山坡的石料，由于暴露于地面，经长期的风吹、日晒、雨淋，自然风化程度深，属旧石，用来叠石造山，易取得古朴、自然的良好效果。而从土中挖出的石料，需经长期风化剥蚀后，才能达到旧石的效果。有的石头一半露于地面，一半埋于地下，则为半新半旧之石。应尽量选购旧石，少用半新半旧之石，避免使用新石。

（2）石料的运输　石料的运输，特别是湖石的运输，最重要的是防止其被损坏。在装卸过程中，宁可多费一些人力、物力，也要尽力保护好石料的自然石面。

峰石在运输过程中更要注意保护。一般在运输车中放置黄沙或虚土，厚约 20cm，而后将峰石仰卧于沙土之上，这样可以保证峰石的安全。

（3）石料的分类　石料运到工地后应分块平放在地面上，以供"相石"方便。然后再将石料分门别类，进行有秩序地排列放置。

### 2. 放线

放线是指按设计图纸确定的位置与形状在地面上放出假山的外形形状，一般基础施工比假山的外形要宽，特别是在假山有较大幅度的外挑时，一定要根据假山的重心位置来确定基础的大小，需要放宽的幅度会更大。

### 3. 挖槽

北方地区堆叠假山一般是在假山范围内满拉底，基础也要满打。而南方通常是沿假山外轮廓及山洞位置设置基础，内部则多为填石，对基础的承重能力要求相对较低。因此，挖槽的范围与深度要根据设计图纸的要求进行。

### 4. 基础施工

最理想的假山基础是天然基岩，否则就需人工立基。基础的做法有以下几种。

（1）桩基　这是一种古老的基础做法，至今仍有实用价值，特别是在水中的假山和假山石驳岸。

（2）灰土基础　北方园林中位于陆地上的假山多采用灰土基础。石灰为气硬性胶结材料。灰土凝固后具有不透气性，可有效防止土壤冻胀现象。灰土基础的宽度要比假山底面宽出 0.5m 左右，即"宽打窄用"。灰土比例常用 3：7，厚度据假山高度确定，一般 2m 以下一步灰土，以后每增加 2m 基础增加一步。

（3）混凝土基础　现代假山多采用浆砌块石或混凝土基础。浆砌块石基础也称毛石基础，适用于基底土壤坚实的场合，砌石时用 M5.0 水泥砂浆；对于水中假山，混凝土基础应于水池的底面混凝土同时浇注形成整体。如果山体是在平地上堆叠，则基础平面应低于周围地平面至少 20cm。山体堆叠成形后再回填土，既隐蔽了基础，又可沿山体边沿栽植花草，使山体与临近地面的过渡更加自然生动。若假山上种植有高大树木时，为了能使其根系从基底土壤中吸收水分，通常需在种植位置下基础留白。

### 5. 拉底

即在基础上铺置最底层的自然山石，古代匠师把"拉底"看成叠山之本，因为拉底山石虽大部分在地面或水面以下，但仍有一小部分露出，为山景的一部分。而且假山空间的变化都立足于这一层，如果底层未打破整形的格局，则中层叠石也难于变化。

拉底山石不需形态特别好，但要求耐压、有足够的强度。通常用大块山石拉底，避免使用过度风化的山石。

### 6. 中层施工

中层即底石以上、顶层以下的部分。由于这部分体量最大、用材广泛、单元组合和结构变化多端，因此可以说是假山造型的主要部分。其变化丰富与上、下层叠石乃至山体结顶的艺术效果关联密切，是决定假山整体造型的关键层段。

假山堆叠既是一个施工操作的过程，同时也是一个艺术创作的过程。假山的成败，一方面与设计方案有关，另一方面也更是对假山匠师艺术造型能力的一个检验。

叠石造山无论其规模大小，都是由一块块形态、大小不同的山石拼叠起来的。对假山师傅来说，造型技艺就是相石拼叠的技艺。"相石"就是假山师傅对山石材料的目视心记。相石拼叠的过程依次是：相石选石—想象拼叠—实际拼叠—造型相形，而后再从造型后的相形再回到上述相石拼叠的过程。每一块山石的拼叠施工过程都是这样，都需要把这一块山石的形态、纹理与整个假山的造型要求和纹理脉络变化联系起来。如此反复循环下去，直到整体的山体完成为止。

### 7. 收顶

收顶即处理假山最顶层的山石。山顶是显现山的气势和神韵的突出部位，假山收顶是整组假山的魂。观赏假山素有远看山顶、近看山脉的说法，山顶是决定叠山整体重心和造型的最主要部位。收顶用石体量宜大，以便能合凑收压而坚实稳固，同时要使用形态和轮廓均富有特征的山石。假山收顶的方式一般取决于假山的类型：峦顶多用于土山或土多石少的山；平顶适用于石多土少的山；峰顶常用于岩山。峦顶多采用圆丘状或因山岭走势而有些伸展。平台则有平台式、亭台式等，可为游人提供一个赏景、活动的场所，其外围仍可堆叠山石以形成石峰、石崖等，但须坚固。

峰顶根据造型特征可分为5种形式：剑立式（挺拔高耸）、斧立式（稳重而又险峻）、斜劈式（险峻且具动势）、流云式（形如奇云横空、玲珑秀丽）、悬垂式（以奇制胜）。

### 8. 做脚

即在掇山基本完成之后，在紧贴拉底石的部位布置山石，以弥补拉底石因结构承重而造成的造型不足问题。做脚又称补脚，它虽然不承担山体的重压，却必须与主山的造型相适应，成为假山余脉的组成部分。

## 第二节 假山工程施工监理

## 一、 假山建立工作流程

假山建立工作流程如图 8-1 所示。设计变更、工程洽商图如图 8-2 所示。

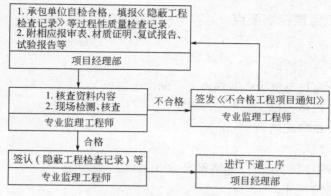

图 8-1 假山建立工作流程

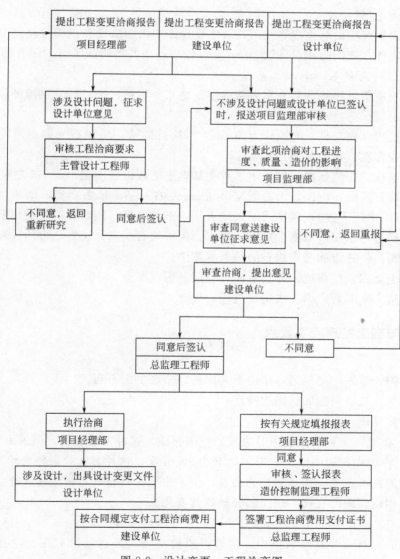

图 8-2 设计变更、工程洽商图

## 二、假山基础施工监理控制要点

### 1. 假山施工

假山施工有以下三个阶段。

（1）第一阶段：定位与放线、基础施工、侧山山脚施工。

（2）第二阶段：山体、山顶的堆叠阶段。

（3）第三阶段：植物配植。

### 2. 假山定位与放线

（1）施工图中方格网的绘制。方格网尺寸 5m×5m 或 10m×10m，确定参照点或参照线，标出方格网的定位尺寸。

（2）施工现场放格网的测绘。按图纸将方格网放大到现场地面，如假山形体较大，可在关键点打桩，设龙门桩。

（3）绘出山脚线与山洞边线等。用石灰将设计图中的山脚线在地面方格网中放大绘出。

（4）施工边线。依山脚线向外取 50cm 宽度绘出一条与山脚线平行的闭合曲线。

### 3. 基础施工（天然基础与人工基础）

（1）可不挖地槽直接将地基夯实做基础层。地基夯实后，按设计分层摊铺和压实基础的各结构层。

（2）桩基做法：梅花桩，间距约为 20cm。小块石嵌紧；压顶石（如不用压顶石可用一步灰土平铺并夯实在桩基的顶面。）

（3）灰土基础：开挖基槽，打灰土。灰土基础应比假山底面宽出 50cm 左右。

（4）浆砌块石基础：应比假山底面宽出 50cm 左右。基础地面夯实，做垫层（碎石、三七灰土，或 1∶3 水泥干沙），浆砌或灌浆砌石。块石的选择：棱角分明、质地坚实、有大有小的石材。浆砌：用水泥砂浆挨个拼砌。灌浆：先将块石嵌紧铺装好，再用稀释的水泥砂浆倒在块石层上面，使其流动灌入块石的每条缝隙中。

（5）混凝土基础：挖槽坑，夯实地面，垫层，做混凝土。

（6）基础施工完成后，第二次定位放线。

## 三、假山山脚施工监理控制要点

### 1. 拉底

（1）在山脚线范围内砌筑第一层山石，即做出垫底的山石层。

（2）拉底的方式：满拉底；周边拉底。

（3）山脚线处理

① 露脚。在地面上直接做起山底边线的垫脚石圈。这种方法省料，但效果略差。

② 埋脚。将山底周边垫底山石埋入地下约 20cm 深，这种方法效果较自然。

（4）拉底的技术要求：选择适合的山石；垫平垫稳；石与石间要紧联互咬；山石之间要不规则地断续相连，相断有连；边缘部分要错落变化。

### 2. 起脚

（1）垫底的山石上开始砌筑假山。应选择质地坚硬、形状安稳实在、少有空穴的山石材料。

（2）起脚宜小不宜大，以造险峻之势而不显山形臃肿。

（3）定点、摆线要准确。

（4）起脚边线的做法

① 点脚法。即在山脚边线上，用山石相隔不同距离作墩点，用片块状山石盖于其上，做成透空的小洞穴。

② 连脚法。即按山脚边线连续摆砌弯弯曲曲、高低起伏的山脚石，形成整体的连线山脚法。

③ 块面法。即用大块面的山石，连续摆砌成大凹大凸的山脚线，使其整体感很强。

3. 做脚

用山石砌筑成山脚，是在假山的上面部分山形山势大体施工完成后，于紧贴脚石外缘部分拼叠山脚，以弥补脚造型的不足。

（1）山脚的造型有凹进脚、凸出脚、断连脚、承上脚、悬底脚和平板脚等。

（2）做脚的方法有点脚法、连脚法、块面脚法等。

① 点脚法。运用于具有透空型山体的山脚造型，点脚指的是先在山脚线处用山石做成相隔一定距离的点，点与点之间再用片石或条石盖上。点脚应相互错开，点与点之间距离的变化也应注意。

② 连脚法。做山脚的山石依据山脚的外轮廓变化，成曲线状起伏连接，使山脚具有连续弯曲的线形。

③ 块面脚法。山脚也是连续的，但是坡面脚要使做出的山脚线呈大进大出的形象。一般用于起脚厚实的大型假山。

## 四、 假山叠石工程安全监理控制要点

1. 吊装与运输

吊装与运输是假山叠石工程中一项重要的操作技术。

（1）零星山石起吊主要运用起吊木架、滑轮和绞盘或吊链组成不同的起吊机构，结合人力进行起重。由于石材体量不一，常用的起吊构架有秤竿、滑车、龙门扒杆等。工程量较大时宜采用机械吊车施工。

（2）水平运输大致可分大搬运、小搬运及"走石"三个阶段。大搬运是从采石地点运到施工堆料场；小搬运是从堆料地点运到叠筑假山的大致位置上；走石是指在叠筑时使山石作短距离的平移或转动。大搬运一般采用汽车机械运输，小搬运中常用人工抬运。人工抬运时应注意以下几点。

① 绳扣应结活扣，并须受力后牢实，拆下时易解，常用者有元宝扣与"鸭别翅"等。元宝扣是运输中使用最为广泛和方便的一种扣结，使用中应注意绳扣要压紧扣实。

② 扛抬分为直杆扛抬、加杆扛抬和架杆扛抬。北京地区抬运100kg以上山石多用"对脸"的抬法。如运距较长，可采用对脸起杆，起杆后再"倒肩"。过重的抬杆周围应有专人引路，上下坡道时应有人在杆端辅助推拉。

③ 走石用撬棍利用杠杆原理翻转和移动山石。撬棍应为铁制，长30～100cm，多人操作应设专人指挥，注意动作一致，防止压挤手脚。

2. 施工安全

（1）要求施工单位在操作前对施工人员应进行安全交底，增强自我保护意识，严格执行安全操作规程。

（2）山石吊装前应认真检查机具吊索、绑扎位置、绳扣、卡子，发现隐患立即要求整改更换。

（3）山石吊装应由有经验的人员操作，并在起吊前进行试吊，五级风以上及雨中禁止吊装。

（4）垫刹时，应由起重机械带钩操作，脱钩前必须对山石的稳定性进行检查，松动的垫刹石块必须背紧背牢。

（5）山石打刹垫稳后，严禁撬移或撞击搬动刹石，已安装好但尚未灌浆填实或未达到70％强度前的半成品，严禁任何非操作人员攀登。

（6）应分层施工，避免由于荷载过大造成事故。

（7）脚手架和垂直运输设备的搭设，应符合有关规范要求。

（8）督促施工单位建立健全安全生产责任制，做好安全应急预案，落实施工现场围护、设置安全警示标志等。

## 五、　山石加固与胶结施工监理控制要点

**1. 山石的固定与衔接**

（1）支撑　山石临时固定在一定状态时，需要支撑。支撑材料为木棍、铁棍或长形条石。

（2）捆扎　适用于体量较小的山石固定。材料为8号或10号铁丝。

（3）铁活固定

① 松软山石：铁爬钉。

② 质地坚硬的山石：银锭扣连接。

（4）刹垫　先将山石位置、朝向、姿态调整好，再把水泥砂浆塞入石底，然后用小石片轻轻打入不平稳的石缝中，直到石片卡紧为止。

（5）填肚　用水泥砂浆把山石接口处的缺口填补起来，直至与石面平齐。

**2. 山石胶与植物配植**

（1）山石胶接与构缝

① 古代的假山胶结材料：石灰及其他辅助材料，配成纸筋石灰（造价低）、明矾石灰（造价高，但凝固后强度高，较长采用）、桐油石灰（凝固较慢，造价高，但粘接性能良好，适合小型假山）和糯米浆拌石灰（同明矾石灰）。

② 现代的假山胶结材料：水泥砂浆和混合砂浆。

③ 山石胶结面的刷洗：胶结前进行。

④ 胶结操作的技术要求：水泥砂浆现配现用；待胶结的两块山石胶结面上都涂上水泥砂浆后，再相互贴合与胶接；两块山石贴合固定好后，再用水泥砂浆填满，不留空隙。

（2）假山抹缝处理

① 工具。柳叶抹。

② 抹缝注意事项。尽量使缝口窄些。

③ 抹缝的两种形式。平缝、阴缝。

（3）胶合缝表面处理

① 采用与山石同色的胶合材料。灰色或青灰色山石用水泥抹缝，再用扫帚将水泥缝口表面扫干净；白色湖石用灰白色石灰砂浆抹缝；灰黑色山石在水泥砂浆中加入炭黑抹缝。

② 用砂子和石灰粉来掩盖胶合缝。

（4）假山上的植物配植

① 留种植穴：种植穴有盆状、坑状、筒状、槽状、袋状等，向植物穴内填种植土。

② 植物选择：不宜选择树体高大、叶片宽阔的品种；以灌木为主；具有一定的耐旱能力。

③ 山脚下配植麦冬草、沿阶草等；崖顶配植一些下垂的灌木如迎春花、金钟花等；洞口可配植金丝桃、棣棠、金银木等。

## 六、 人工塑造山石工程监理控制要点

假山叠石工程质量包含营造质量和造景艺术质量，营造质量监理可以按照规范和标准进行检验，而造景艺术质量的检验标准很难确定，二者很难统一，这对监理质量控制带来很大难度。

（1）严格审查施工单位及人员资质，特别是现场指挥者必须具备相关专业的素养和实际业绩。

（2）重视施工组织设计、施工方案的审核。

（3）检查进场假山叠石所选石料。

① 石种要统一，石料的新旧成色和风化程度不应相差太大。

② 假山石料应坚实，不得有明显的裂痕、损伤、剥落现象。

③ 石料单块重量和数量搭配比例应基本合理，符合招标文件中的规定。

④ 随时检查假山叠石工程工艺流程。要求施工单位按照规定的工艺流程施工：施工放线—土方开挖—基础施工—拉底（指在基础上铺置最底层的自然山石）—中层施工（底层以上，顶层以下部分）—扫缝—收顶—整理完形。

（4）石料过磅全程跟踪，做好计量工作。

（5）基础和土方工程的质量监理

① 基础土方开挖，清除浮土挖至老土。

② 要求严格按设计图纸要求施工。

③ 单块高度大于 1.2m 的假山石与基础贴接处必须用混凝土窝脚。

（6）主体工程质量监理

① 主体工程形体和截面必须符合结构安全需要，无安全隐患。

② 检查假山叠石石料石种是否统一，成色纹路有无明显差异。

## 七、 施工安全监理

（1）操作前对施工人员应进行安全技术交底，增强自我保护意识，严格执行安全操作规程。

（2）施工人员应按规定着装，佩戴劳动保护用品，穿胶底防滑铁包头保护皮鞋。

（3）山石吊装前应认真检查机具吊索、绑扎位置、绳扣、卡子，发现隐患立即更换。

（4）山石吊装应由有经验的人员操作，并在起吊前进行试吊，五级风以上及雨中禁止吊装。

（5）垫刹时，应由起重机械带钩操作，脱钩前必须对山石的稳定性进行检查，松动的垫刹石块必须背紧背牢。

（6）山石打刹垫稳后，严禁撬移或撞击搬动刹石，已安装好但尚未灌浆填实或未达到70％强度前的半成品，严禁任何非操作人员攀登。

（7）高度6m以上的假山，应分层施工，避免由于荷载过大造成事故。

（8）脚手架和垂直运输设备的搭设，应符合有关规范要求。

## 第三节　假山叠石施工质量控制与检验

### 一、假山叠石施工控制

（1）对石料的产地、品种、色泽、质感、纹理、造型、尺度等特性全面了解，认真比较。必要时，由设计、采石、造景三方共同选石。

（2）石料到场后，应按照设计要求，对石料进行甄别、分类、标记，并做实物试排或模型试排。

（3）施工操作前，认真做好各工序施工技术交底。

（4）做好吊运、安装、固定的施工计划，保证施工场地要求。

（5）明缝石景，胶结材料颜色要协调；暗缝石景，胶结材料不可外漏。

（6）选择技术好、责任心强，并具有一定艺术素养的工人带头组织施工。

### 二、假山叠石施工过程中的质量检查项目

1. 主控项目

（1）悬挂、临空俯视之石，必须严格控制该石重量及悬吊尺寸，压脚石应确保悬吊部分的平衡，必要时应采取预埋铁件进行钩、托等多种技术施工，确保牢固。铁件表面应作防锈处理，黏结材料应满足强度要求。

检验方法：观察检查。

（2）假山、叠石和景石布置临路侧的岩面应圆润，不带锐角或"快口"。

检验方法：观察检查。

（3）假山叠石结构必须合理，截面符合设计要求，稳定、牢固；假山叠石必须符合使用安全，在确保安全的基础上符合造型艺术效果。

检验方法：观察检查和查阅相关资料。

2. 一般项目

（1）峰石应形态完美，具有观赏价值。假山叠石或景石堆置处，其山势和造型应达到设计图和设计说明的要求，具有整体感。并应注意石不可杂、纹不可乱、块不可均、缝不可多，石种、石色、纹理应一致，形态自然完整。

检验方法：观察检查。

（2）假山、叠石和景石布置后的石块间缝隙，先经混凝土或铁件、石质材料填塞、嵌实，再以1：2的水泥砂浆进行勾缝。露面缝宽应小于2cm，并达到平整。勾缝砂浆应先调色，使之干燥后与石料色泽相近。

检验方法：观察检查和尺量检查。

（3）假山叠石块面重量的比例应符合下列规定（室内、屋顶除外）。

叠石用料的数量单块＞100kg 的应＞60％，单块＞50kg 应＞15％。

检验方法：观察检查和查阅相关资料。

（4）叠石堆置走向及嵌缝应符合下列规定。

叠石堆置走向应一致，假山石料应统一，整体自然感强；搭接嵌缝应使用高标号水泥砂浆勾嵌缝，嵌缝处应自然光滑，色泽与假山石相似。

检验方法：观察检查。

## 三、 假山工程选石要求

叠石造山无论其规模大小，都是由一块块形态、大小各异的山石拼叠而成的，所谓拼是山石水平相靠，所谓叠是山石上下相摞。

（1）同质　是指山石拼叠组合时，其品种、质地要一致。在叠石造山时，将黄石、湖石混在一起拼叠，由于石料的质地不同，石性各异，违反了自然山川岩石构成的规律，强行将其组合，必然难以兼容，不伦不类，从而失去整体感。

（2）同色　即使山石品种质地相同，其色泽也有差异。如湖石就有灰黑色、灰白色、褐黄色和青色之别，黄石也有深黄、淡黄、暗红、灰白等色泽变化。所以除质地相同外，也要力求主色泽上的一致或协调，这样才不会失其自然风格。

（3）接形　根据山石外形特征，将其互相拼叠组合，在保证预期变化的基础而又浑然一体，这就叫做"接形"。

接形山石的拼叠面力求形状相似，拼叠面如凹凸不平，应以垫刹石为主，其次才用铁锤击打吻合。石形互接，特别讲究顺势，如向左则先用石造出左势；如向右，则用石造成右势，欲向高处先出高势，欲向低处先出低势。

（4）合纹形　是指山石的外轮廓，纹是指山石表面的纹理脉络。当山石拼叠时，合纹就不仅是指山石原有的纹理脉络的衔接，而且还包括外轮廓的接缝处理。也就是说，当石料处于单独状态时，外形的变化是外轮廓；当石与石相互拼叠时，山石间的石缝就变成了山石的内在纹理脉络。所以，在山石拼叠技法中，以石形代石纹的手法就叫做"合纹"。

## 四、 假山的布置要点

### 1. 山水依存， 相得益彰

水无山不流，山无水不活，自然山体的外貌亦是受水影响的，山水结合可以取得刚柔共济、动静交呈的效果，避免"枯山"一座，应形成山环水抱之势。例如苏州环秀山庄，山峦起伏，构成主体；弯月形水池环抱山体西、南两面，一条幽谷山涧，贯穿山体，再入池尾，是山水结合成功的佳例。

### 2. 立地合宜， 造山得体

在一个园址上，采用哪些山水地貌组合单元，都必须结合相地、选址，因地制宜，统筹安排，才能做到"造山得体"。山的体量、石质和造型等均应与自然环境相互协调。例如，一座大中型园林可造游览之山，庭院多造观赏的小山，造型庞大者须雄奇，高耸者须秀拔，低矮者须平远。

### 3. 巧于因借， 混假于真

按照环境条件，因势利导，从事造山。例如无锡的寄畅园，借九龙山、惠山于园内，在真山前面造假山，竟如一脉相贯，取得"真假难辨"的效果。

**4. 宾主分明，"三远" 变化**

假山的布局应主次分明，互相呼应。先定主峰的位置和体量，后定次峰和配峰。主峰高耸、浑厚，客山拱伏、奔趋，这是构图的基本规律。画山有所谓"三远"。宋代郭熙《林泉高致》中说："山有三远，自山下而仰山巅，谓之高远；自山前而窥山后，谓之深远；自近山而望远山，谓之平远。"。苏州环秀山庄的湖石假山，并不是以奇异的峰石取胜，而是从整体着眼，巧妙地运用了三远变化，使其在有限的地盘上，叠出逼似自然的山石林泉。

**5. 远观山势，近看石质**

这里所说的"势"，是指山水的轮廓、组合和所体现的态势。山的组合，要有收有放，有起有伏；山渐开而势转，山欲动而势大；山外有山，形断而意连。远观整体轮廓，求得合理的布局。"质"指的是石质、石性、石纹、石理。叠山所用的石材、石质、石性需一致；叠时对准纹路，要做到理通纹顺；好比山水画中，要讲穷"效法"一样，使叠成的假山，符合自然之理，做假成真。

**6. 树石相生，未山先麓**

石为山之骨，树为山之衣。没有树的山缺乏生机，给人以"枯山"的感觉。叠石造山先看山脚是否处理得当，若要山巍，则需脚远，可见山脚造型处理的重要性。

**7. 寓情于石，情景交融**

叠山往往运用象形、比拟和激发联想的手法创造意境。例如扬州个园的四季假山，即是寓四时景色于一园的。春山选用石笋与修竹象征"雨后春笋"；夏山选用灰白色太湖石叠石，并结合荷、山洞和树荫，用以体现夏景；秋山选用富于秋色的黄石，以象征"重九登高"的民情风俗；冬山选用宣石和腊梅，石面洁白耀目，如皑皑白雪，加以墙面风洞之寒风呼啸，冬意更浓。冬山与春山，仅一墙之隔，墙开透窗，可望春山，有"冬去春来"之意。由此可见，该园的叠山耐人寻味，立意不凡。

## 五、 假山叠石工程施工步骤

（1）应在基础范围内作山体轮廓放样，然后进行山石起脚。

（2）假山堆置后，其山势应达到设计图和设计说明的要求，具有整体感。应注重石色、纹理一致，形体自然、完整。

（3）假山山洞必须按设计图施工。洞壁凹凸面不得影响游人安全。洞内应注意采光，不得积水。

（4）假山的登山道走向符合图纸，登道踏步面石铺设平整牢固，台阶高度适宜。不得有任何山石伸入登山道或道路的宽度内。

（5）假山瀑布出水口宜自然，瀑身的形式应达到设计规定。

（6）溪流花驳叠石，应体现溪流的自然特性，汀步安置应稳固，面石平整。

（7）水池及池岸花驳、花坛边的叠石，造型应体现自然平整，山石纹理或褶皱处理要和谐、协调。路旁以山石堆叠的花坛边其侧面及顶面应基本平整。

（8）孤赏石、峰石宜形态完美，具有观赏价值。安置时应注意面掌的方向，施工时必须注意重心，确保稳固。

（9）叠石工程必须按照设计图施工，壁石与地面衔接处应浇捣混凝土黏合，墙面上的壁石必须稳固，其厚度及体量应严格控制，并对壁石采用预埋铁件进行勾、托等多种技术方法施工。

（10）散置的山石应根据设计意图，不得随意堆置。所有散置山石，必须安置稳固。

（11）假山叠石施工，应有一定数量的种植穴，留有出水口。

（12）假山石的搭接应以山石本身的相互嵌合为主，各缝隙应按设计所指定的砂浆或混凝土标号在施工中使堆叠与填塞浇捣交叉进行。

（13）假山叠石的勾缝：假山叠石整体完成后，块石之间应用高标号水泥砂浆填、塞、嵌，再进行勾缝，缝宽宜 2～3mm，并达到平整。勾缝材料应与石料颜色相近。

# 参考文献

[1] 陈远吉.监理工程师便携手册.长沙：湖南科学技术出版社，2011.

[2] 陈立道等.安全监理手册.上海：上海科学技术出版社，1995.

[3] 李世华.道路桥梁维修技术手册.北京：中国建筑工业出版社，2003.

[4] 梁伊任.园林建设工程.北京：中国城市出版社，2000.

[5] 孟兆祯.园林工程.北京：中国林业出版社，2001.

[6] 潘全祥.施工现场十大员技术管理手册.2版.北京：中国建筑工业出版社，2001.

[7] 覃辉.土木工程测量.上海：同济大学出版社，2004.

[8] 田会杰.给水排水工程施工.北京：中国建筑工业出版社，1998.

[9] 国家标准.建设工程监理规范（GB 50319—2000）.北京：中国建筑工业出版社，2001.

[10] 中国建筑工业出版社.新版建筑工程施工质量验收规范汇编.修订版.北京：中国建筑工业出版
社，2003.

[11] 杜训.建设监理工程师实用手册.南京：东南大学出版社，1994.

[12] 《监理工程师工作手册》编委会.监理工程师工作手册.天津：天津大学出版社，2009.

[13] 熊广忠.建设工程监理实用手册.北京：中国建筑工业出版社，1994.

[14] 上海市建筑业联合会，建设工程监督委员会.建筑工程质量控制与验收.北京：中国建筑工业出版
社，2002.

[15] 田永复.中国园林建筑施工技术.北京：中国建筑工业出版社，2002.

[16] 王华生等.怎样当好现场监理工程师.北京：中国建筑工业出版社，2002.

[17] 俞宗卫.监理工程师实用指南.北京：中国建材工业出版社，2004.

[18] 郑金兴.园林测量.北京：高等教育出版社，2002.

[19] 梅月植.市政工程质量监督手册.北京：中国建筑工业出版社，2006.

[20] 陈远吉.建设工程质量、投资、进度控制专项突破.上海：上海科学技术出版社，2011.

[21] 丛培经.实用工程项目管理手册.北京：中国建筑工业出版社，1999.

[22] 张向群.建筑工程质量检查验收一本通.北京：中国建材工业出版社，2005.

[23] 《工程项目施工安全管理便携手册》编委会.工程项目施工安全管理便携手册.北京：地震出版
社，2005.

[24] 《工程项目施工组织与进度管理便携手册》编委会.工程项目施工组织与进度管理便携手册.北京：地
震出版社，2005.

[25] 《建设工程施工监理便携系列手册》编委会.建筑工程施工监理便携手册.北京：中国建材工业出版
社，2005.

[26] 欧震修.建筑工程施工监理手册.北京：中国建筑工业出版社，1995.

[27] 本书编委会.监理工程师工作手册.天津：天津大学出版社，2009.

[28] 熊广忠.建设工程监理实用手册.北京：中国建筑工业出版社，1994.